探検データサイエンス

データサイエンスのための確率統計

尾畑伸明
［著］

共立出版

「探検データサイエンス」編集委員会

刊行にあたって

データが世界を動かす「データ駆動型社会」は，既に到来しているといえるだろう．情報通信技術や計測技術の発展により，社会のあらゆる領域でデータが収集・蓄積され，そこから得られる分析結果が瞬時に実世界へフィードバックされて，社会的価値を生み出している．インターネットで買い物をすれば，次に興味をもちそうな商品リストが提示されるといったサービスはもはや日常のものとなっているが，これらは膨大な顧客の行動履歴に基づく行動予測の理論と実装が大きく進歩したことで実現した．

このように，大規模なデータ（ビッグデータ）から最適解を見つけるというデータ駆動型の手法は，日々の生活や娯楽はもとより，医療，製造，交通，教育，経営戦略，政策決定，科学研究などに至るまで，急速に浸透している．身の回りのものが常時ネットワークに接続され，社会全体のデジタル化が加速し，様々なデータが集積される現代において，データサイエンスや人工知能(AI)，およびその基礎数理の素養は，情報の正しい利活用，社会課題の解決，ビジネスチャンスの拡大，新たなイノベーションの創出のために必須となることは明らかである．

このような時代の要請に応えるべく，全国の大学ではデータサイエンス教育強化が進行している．本シリーズは，AI・数理・データサイエンス (AIMD) の基礎・応用・実践を，人文社会系・生命系・理工系を問わず現代を生きるすべての人々に提供することを目指して企画された．各分野で期待されるデータサイエンスのリテラシーとしての水準をカバーし，さらに少し先を展望する内容を含めることで，人文社会系や生命系の学部・大学院にも配慮された内容としている．データサイエンスは情報技術の発展を支える研究分野に違いないが，本来データサイエンスとは，データをめぐる様々な事象に対して，原因と結果を探し求め，その本質的な仕組みの解明を目的とするサイエンスであるという視点を本シリーズでは大事にする．

データサイエンスはまだ若く，多様な領域にまたがった未踏の原野が遥かに広がっている．データサイエンスへの手掛かりをいろいろな切り口から提供する本シリーズをきっかけとして，読者の皆さんが未踏の領域に好奇心を抱き，まだ見ぬ原野に道を拓き，その探検者となることを期待している．

編集委員を代表して

尾畑伸明

まえがき

本書の目的は，データ科学（データサイエンス）の数理的基礎付けとして確率と統計を学ぶことである．データ駆動型社会の到来にあたって，確率と統計の基礎知識はデータを実務として扱うことがなくとも，日常生活の中で様々に現れるデータを的確に理解し役立てるためにもますます重要になっている．近年，高等学校においても確率と統計を学ぶ機会が増えている．本書は高等学校で学ぶ確率のごく初歩と数学リテラシーを前提とするが，必要に応じて補習すれば十分であろう．微積分の数式が時々出てくるが，本書のレベルでは微積分の計算はあまり必要ない．数式を見た方が理解が早いという読者には好都合であるし，数式が苦手であってもそれを概念的にとらえることで十分に役に立つ．最後の章（第 12 章）では多変量データを扱うが，そのために必要となる「行列」については必要最低限の記述で済ませた．多変量データ解析を志す読者は，行列について線形代数の教科書などで一通り学ぶことをお薦めしたい．

統計学は伝統的に，収集されたデータから有用な情報を抽出して，データの意味や価値を見出し，合理的な意思決定を行うことを目的として体系化された学問である．可能な限り大量の資料を収集して，そこから何らかの情報や法則を得ようとする試みは，国家の現況を把握するための人口統計を例に見ても実に古くから行われてきた．しかし，数理的な根拠をもって統計を扱い始めたのは 19 世紀以降であり，推測統計学として今日の形式が整ったのは 20 世紀になってからである．その基本的な立場は，収集されたデータは調査対象（母集団）の一部にすぎないので，母集団の性質を完全に復元することはできず，あくまで推測というところにある．推測に合理性をもたせるためには信頼性の評価が欠かせないが，20 世紀初頭に確立した現代確率論という強力な数学を用いることで，推測統計学として発展して今に至っている．

ところが，今日の状況は 20 世紀初頭とは大きく異なる．情報通信技術や計算機の発展とともに，計算機の利用を前提とした大規模なデータ（ビッグデータ）が身近になったのである．初期の推測統計学では少数のデータを大切に扱って，できるだけ正確な推測をすることが重視されていたといえる．その観点の重要性は，少数データを扱う限り今日でも変わらない．一方，大規模データの解析では，データから法則性を見出し，構造的な特徴を抽出し，それを説明するモデルの導入（モデリング）がより重要になる．モデリングそのものは伝統的な統計学においても主要な課題の一つであるが，従来の手法に加えて機械学習に代表される強力な計算技術が開発され，データ科学の数理として大きく展開する時代の到来が感じられる．

本書は確率論の基礎から始めて，推測統計の典型的なテーマである母数の推定と検定を扱う．統計処理の処方箋の提示で終わることなく，理論的な仕組みをできるだけ丁寧に記述することで，より深い理解を期待している．さらに，多変量解析の典型として回帰分析と主成分分析の基本を学ぶ．データを説明するモデルの構築として線形回帰モデルを扱い，構造的な特徴の抽出として主成分というアイデアを紹介する．例題のデータ数は大きくはないが，データの配置や統計量の計算を実感するために表計算ソフトが使えると助けになる．もちろん，Python などのプログラミング言語が使えれば，いろいろな試みが可能になる．

本書を「探検データサイエンス」シリーズの１冊として執筆できたことに対して関係諸氏に謝意を表したい．本書がデータサイエンスを志す方々にとって少しでも役に立てれば著者にとって誠に幸いである．最後に，著者の遅筆に関わらず，励まし続けてくださった共立出版編集部の山内千尋氏と天田友理氏に感謝したい．

2021 年 6 月

尾畑伸明

目　次

第 1 章

データの統計的扱い

1.1 データ

日常語では判断や推論のもとになる資料一般をデータというが，本書では実験や調査によって収集されるひとまとまりの観測結果をデータと称する．データは，観測方法に応じて数値，文字，画像，音声など様々な形式で取得されるが，計算処理のために数値データが最も基本的である．

■ **量的データ**　個数を数えたり（計数），何らかの量を測る（計量）ことで得られる数値データを**量的データ**という．たとえば，スポーツチーム A に所属する選手 83 名の身長，体重，年齢を調査して作った表 1.1 は量的データである．各調査項目には**変量**または**変数**を対応づける[1)]．ここでは，身長，体重，年齢を順に x, y, z としている．これを用いると，i 番目の選手の身長，体重，年齢は順に x_i, y_i, z_i と表される．たとえば，$x_1 = 178$, $y_{30} = 84$, $z_{61} = 39$ である．

一般に，調査対象の各個体について p 項目の調査や測定がなされれば，各個体ごとに p 個の数値データが対応する．このようなデータを $\boldsymbol{p}$ **変量データ**

---

1)　統計データ処理を主たる対象とする分野では「変量」と称することが多い．一方，「変数」はきわめて一般的な数学用語であり幅広く用いられる．どちらでもよいが，慣例的な使い分けがなされている．

表 1.1　チーム A に所属する選手の身長 (x)，体重 (y)，年齢 (z)

No.	x	y	z
1	178	100	33
2	185	90	22
3	190	90	29
4	175	79	27
5	185	81	29
6	196	106	30
7	188	100	31
8	186	87	23
9	188	84	19
10	182	77	31
11	180	82	19
12	176	82	30
13	186	85	25
14	178	88	31
15	177	77	26
16	180	77	35
17	187	108	25
18	175	68	26
19	177	78	39
20	193	105	25
21	186	96	24
22	174	78	32
23	178	85	26
24	177	81	18
25	175	81	27
26	182	86	18
27	183	80	19
28	179	93	27
29	173	74	24
30	182	84	24
31	180	89	27
32	178	80	27
33	178	85	23
34	168	69	24
35	189	90	18
36	174	74	24
37	172	72	20
38	184	74	25
39	185	88	28
40	173	72	29
41	172	75	18
42	183	78	25
43	190	84	19
44	183	83	23
45	180	80	36
46	175	77	28
47	172	96	20
48	182	90	29
49	185	92	27
50	174	79	25
51	178	82	29
52	178	83	30
53	180	73	22
54	178	76	23
55	180	93	25
56	180	74	23
57	181	85	25
58	173	75	24
59	177	86	22
60	181	75	25
61	173	73	39
62	180	79	23
63	183	85	24
64	180	75	30
65	175	75	37
66	185	85	21
67	185	86	24
68	175	73	25
69	178	73	18
70	178	85	32
71	172	70	30
72	178	87	22
73	177	85	35
74	174	82	22
75	171	75	26
76	176	78	24
77	185	85	33
78	179	80	30
79	180	96	23
80	175	79	30
81	185	82	23
82	180	93	24
83	184	85	17

または **$\boldsymbol{p}$ 次元データ**と呼び，$p \geq 2$ である **$\boldsymbol{p}$ 変量データ**を総称して**多変量データ**と呼ぶ．たとえば，表 1.1 は各選手に対して身長，体重，年齢の 3 項目について調査，測定されたものであるから 3 変量データとなる．しかし，身長のデータだけを取り出せば，それは 1 変量データである．

■ **質的データ**　数量として測定されないデータを質的データと総称する．さらにいくつかに分類されるが，ここでは主なものを 2 つ述べる．実験や調査において得られる結果を属性によって分類して，ラベルを付けることによって得られるデータを**カテゴリデータ**あるいは**名義データ**という．例として，性別，国籍，出身県，血液型などを思い浮かべておこう．また，順位付けを表すようなデータを**順序データ**という．農産品の等級，資格や検定の級，顧客満足度，試験や競走の順位などが例になる．

たとえば，学生 10 人に対して性別，出身県，ある資格の級を調査したとしよう．調査結果は，男女別，都道府県名，級の呼称で記述されるが，数値化して扱うのが便利である．男女別については，たとえば，男なら 0, 女なら 1 とおくことができる．また，都道府県名なら適当に番号付けして $1, 2, 3, \ldots, 47$ とし，級なら $1, 2, \ldots$ とすることができる．こうして，調査結果をまとめたものが表 1.2 である．性別や出身県はカテゴリデータである．たとえ数値化されていたとしても，あくまで分類上のラベルにすぎず，数値の大小やそれらの四則演算には一般には意味がない．ただし，例外もあり，表 1.2 において，性別のデータの和は，調査対象学生のうち女子の人数を与える．資格の級は順序データであり，数値の大小に意味があるが，それらの四則演算には一般には意味がない．1 級と 2 級には級としての上下はあるが，それらの違いを数値的に 1 と 2 の差や比で比較することに意味はない．

表 1.2　学生 10 人の性別，出身県，資格の級

番号	性別	出身県	資格の級
1	0	5	2
2	1	3	4
3	1	8	2
4	0	14	5
5	1	26	1
6	0	5	3
7	1	17	1
8	1	32	2
9	0	4	4
10	1	5	3

本書では，もっぱら量的データを扱うので，以下では，単にデータといえば量的データを意味するものとする．

1.2 統計的な視点

■ 母集団と標本 データを得るにあたり，観測や測定がなされる一つ一つの調査対象を**個体**といい，それら対象の全体を**母集団**という．数学的には，母集団は一つの集合であり，その各構成要素が個体ということになる．母集団に属するすべての個体を調べることを**全数調査**という．多くの場合，様々な制約から全数調査ではなく，母集団の一部を調べることになる．これを**標本調査**という．調査対象を選ぶことを**標本抽出**といい，選ばれた個体を**標本**という．標本調査に選ばれた個体の総数をその**標本の大きさ**という．同一環境下での繰り返し実験も標本調査とみなされる．

■ データ行列 調査対象の各個体について p 項目の観測や測定が行われ，p 変量のデータが得られたとしよう．変量の個数が多くなると，$x, y, z, \ldots$ のように異なる文字では表しきれないので，変量も番号で区別して $x_1, x_2, \ldots, x_p$ のように書く．この記法では，i 番の個体のデータ値は

$$x_{i1},\ x_{i2},\ \ldots,\ x_{ij},\ \ldots,\ x_{ip}$$

となる．つまり，x_{ij} は i 番目の個体から得られる変量 x_j のデータとなる．1 番目の個体のデータを 1 行目に，2 番目の個体のデータを 2 行目にという風に，最後の n 番目の個体のデータを n 行目に整然と配列して，

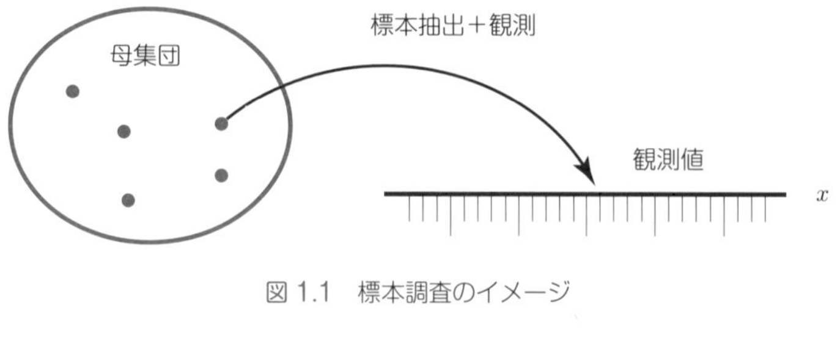

図 1.1 標本調査のイメージ

$$
\begin{bmatrix}
x_{11} & \cdots & x_{1j} & \cdots & x_{1p} \\
\vdots & \ddots & \vdots & \ddots & \vdots \\
x_{i1} & \cdots & x_{ij} & \cdots & x_{ip} \\
\vdots & \ddots & \vdots & \ddots & \vdots \\
x_{n1} & \cdots & x_{nj} & \cdots & x_{np}
\end{bmatrix}
\tag{1.1}
$$

のように書いたものを**データ行列**という[2)]．ここで，n は調査対象の個体数，すなわちデータの大きさとなる．

■ **データの縮約と統計量**　収集されたばかりでまだ何ら手を加えていないデータを**ローデータ**または**生データ**と呼ぶ．表 1.1 や表 1.2 に例示したデータ，あるいはそこから数値だけを取り出して作ったデータ行列はローデータである．ローデータは数値の羅列にすぎないので，ただ眺めているだけでは有用な情報を取り出すことはできない．何らかの計算によって，より少数の別の数値群に変換して，全体の特徴を調べることが重要になる．この操作を一般に**データの縮約**といい，得られた数値を**統計量**と総称する．本書の主要な目的は基本的な統計量の仕組みと使い方を学ぶことにある．

■ **推測統計と確率論**　統計学の歴史は古いが，統計調査が母集団に対する全数調査なのか，母集団から選ばれた標本に対する標本調査なのかを明確に区別するようになったのは 20 世紀初めになってからである．標本調査では，母集団から偶然に選ばれた標本によって母集団の性質を推定しているにすぎず，推定誤差を避けることはできない．むしろ，この推定誤差を確率的に評価することで，少数の標本からでも母集団の性質を合理的に推測することが可能になる．そのための理論や手法を研究する分野が推測統計であり，偶然誤差を扱うため数学的基礎として確率論が必須なのである．

---

2)　一般に，数を長方形に配列したものを**行列**といい，横の並びを**行**，縦の並びを**列**と呼ぶ．そうすると，式 (1.1) は n 行 p 列の行列（または $n \times p$ 行列ともいう）になる．

第2章
1変量データ

2.1　1変量データの整理

一般の1変量データは

$$x_1,\, x_2,\, \ldots,\, x_i,\, \ldots,\, x_n \tag{2.1}$$

のような数列で与えられる．ここでは変量を x で表し，i 番目の個体を測定して得られたデータ値を x_i としている．また，データの大きさは n となる．まず必要なことは，データ値の分布状況を知ることである．

■ **度数分布表**　数直線を x 軸として，その上にデ—タ値が点としてプロットされている様子を思い浮かべよう（図2.1）．データ値をすべて含むような大きな区間 I をとり，それを等間隔に分割して，

$$I : c_0 < c_1 < \cdots < c_{j-1} < c_j < \cdots < c_k$$

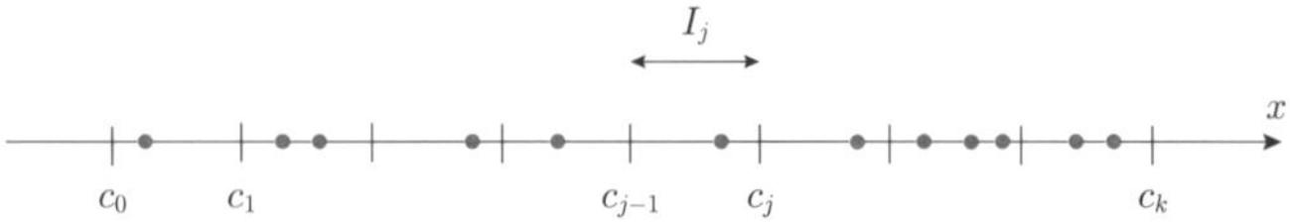

図2.1　数直線（x 軸）上にプロットされたデータと階級

とする．このとき，c_{j-1} と c_j で区切られる小区間 I_j を**階級**という．階級の区切りにあるデータが 2 つの階級に属することを避けるため，$I_j = [c_{j-1}, c_j)$（I_j は c_{j-1} を含むが c_j は含まない）または $I_j = (c_{j-1}, c_j]$（I_j は c_{j-1} を含まないが c_j は含む）の形を指定する[1)]．

各階級 I_j に落ちるデータの個数 f_j を**絶対度数**または単に**度数**という．各データはただ 1 つの階級に落ちるので，

$$\sum_{j=1}^{k} f_j = n$$

が成り立つ．各度数に対して，比

$$p_j = \frac{f_j}{n}$$

を**相対度数**という．階級 I_j の中央の値

$$a_j = \frac{c_{j-1} + c_j}{2}$$

を**階級値**といい，その階級を代表する値とする．これらをまとめてできる表を**度数分布表**という（表 2.1）．

表 2.1　度数分布表

階級	階級値	度数	相対度数
I_1	a_1	f_1	p_1
⋮	⋮	⋮	⋮
I_j	a_j	f_j	p_j
⋮	⋮	⋮	⋮
I_k	a_k	f_k	p_k
合計		n	1

■ ヒストグラムと度数折れ線　階級値を横軸にとり，各階級の上に度数（または相対度数）に比例する高さの長方形を描いたものが**ヒストグラム**である．

1)　点数，年齢，身長のようなデータのときは $[c_{j-1}, c_j)$ のように階級を決めると便利である．たとえば，$[30, 40)$ なら 30 以上 40 未満，つまり 30 台（年齢なら 30 代）を意味する．一方，確率変数による理論との整合性では $(c_{j-1}, c_j]$ の形の方が都合がよい．

このとき，隣り合う長方形の間には隙間を作らないのがよい．ヒストグラムを構成している各長方形の上辺を集めたものが数理統計で基本的な密度関数のグラフに対応するからである．また，階級値を折れ線で結んだものを**度数折れ線**または**度数多角形**という．これも密度関数に対応するものとみなされる．

例 2.1　下の表は試験結果（100 点満点）のローデータである．

78	68	47	74	67	46	52	48	54	44
55	48	78	49	93	70	63	72	68	73
43	26	74	56	61	58	55	73	33	67
76	64	62	54	52	59	75	67	49	64
84	61	78	35	65	52	85	82	75	44
32	55	85	30	60	83	37	68	98	52
85	79	67	84	75	62	87	60		

まず，度数分布表は次のようになる[2]．

表 2.2　試験の結果（例 2.1）

階級	階級値	度数	相対度数
20−30	25	1	0.015
30−40	35	5	0.074
40−50	45	9	0.132
50−60	55	12	0.176
60−70	65	17	0.250
70−80	75	14	0.206
80−90	85	8	0.118
90−100	95	2	0.029
合計		68	1.000

これをもとにしたヒストグラムと度数折れ線を図 2.2 に示す．ヒストグラムの縦軸には相対度数をとっているが，度数に取り替えても形状は同じである．

■ **累積度数**　各階級の度数を階級値の小さい方から累積したものを**累積度数**という．同様に，各階級の相対度数を累積したものを**累積相対度数**という．こ

2）本書では，数値計算による近似値は表示されている桁未満を四捨五入している．また，階級 20−30 は 20 以上 30 未満を意味する．

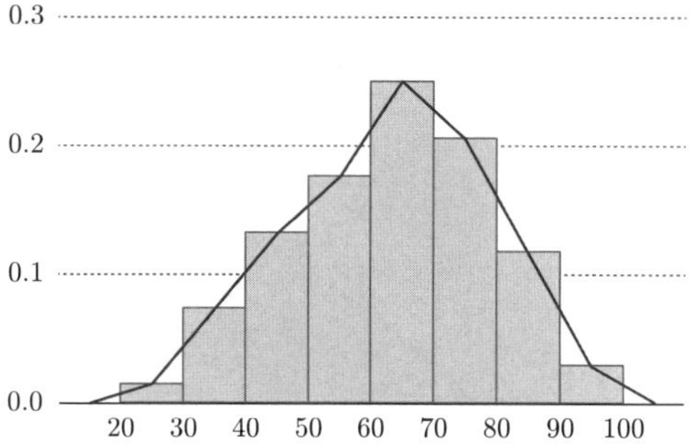

図 2.2　ヒストグラムと度数折れ線（例 2.1）

れらもデータの分布状況を知るためによく用いられる．表 2.3 は，すでに得られている度数分布表（表 2.2）に累積度数と累積相対度数を加筆したものである．さらに，図 2.3 は累積相対度数のグラフを示している．

表 2.3　試験の結果（例 2.1）

階級	階級値	度数	累積度数	相対度数	累積相対度数
20−30	25	1	1	0.015	0.015
30−40	35	5	6	0.074	0.088
40−50	45	9	15	0.132	0.221
50−60	55	12	27	0.176	0.397
60−70	65	17	44	0.250	0.647
70−80	75	14	58	0.206	0.853
80−90	85	8	66	0.118	0.971
90−100	95	2	68	0.029	1.000
合計		68	—	1.000	—

なお，ローデータから度数分布表をつくるとき，階級の幅や階級数を決める特別なルールはない．階級を粗く刻むほど，分布状況に関する情報が減っていく．逆に，階級を細かく刻めば，もとのデータのもつ情報をより忠実に再現できるが，分布の概要をつかむ目的からは外れてしまう．目的に合った視覚化のためには，いろいろ試すのがよい．

また，度数分布表では，ローデータのもつ情報の一部が失われる．実際，度数分布表から，階級 I_j に落ちたデータが f_j 個あることがわかるが，それらの

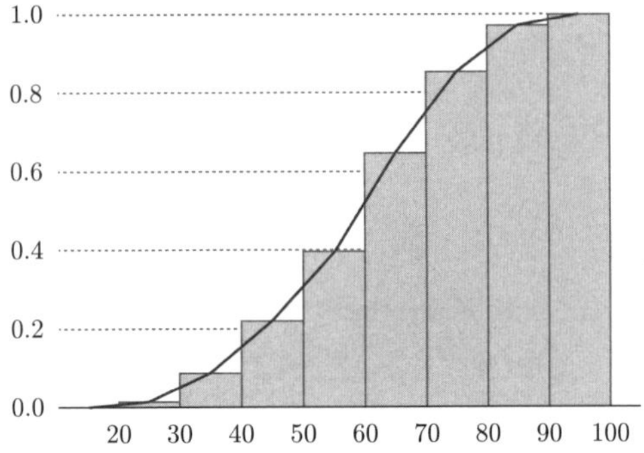

図 2.3 累積相対度数（例 2.1）

詳しい値は再現できない．度数分布表から議論を始めるときは，階級 I_j に落ちた f_j 個のデータは，その区間に均等に分布しているものと考えることになる．

2.2 代表値

次に，1 変量データ (2.1) を 1 つの値で代表させることを考える．

■ **平均値** データ値 x_i の総和をデータの大きさ n で割った

$$\bar{x} = \frac{1}{n}\sum_{i=1}^{n} x_i \tag{2.2}$$

を**平均値**という[3)]．平均値は変量にバーを付けて表すことが多い．データ (2.1) では，変量を x としているので，その平均値を $\bar{x}$（エックス・バー）と書いている．

度数分布表をもとに平均値を計算する必要もある．平均値 $\bar{x}$ の本来の定義式 (2.2) ではローデータの総和が必要であるが，それを度数分布表から再現することはできない．階級 I_j に落ちた f_j 個のデータは，その階級に均等に分布

3) 相乗平均・調和平均など平均にもいろいろあるので，はっきり区別したいときは定義式 (2.2) を**算術平均**と呼ぶ．

していると して扱うので，それらの和は $a_j f_j$ となる．これらを j について和をとって n で割った，

$$\bar{x} = \frac{1}{n}\sum_{j=1}^{k} a_j f_j \tag{2.3}$$

を平均値の定義とする．さらに，相対度数が $p_j = f_j/n$ で定義されていることを思い出せば，式 (2.3) は

$$\bar{x} = \frac{1}{n}\sum_{j=1}^{k} a_j f_j = \sum_{j=1}^{k} a_j \frac{f_j}{n} = \sum_{j=1}^{k} a_j p_j$$

となる．つまり，平均値 $\bar{x}$ は相対度数 p_j を用いて，

$$\bar{x} = \sum_{j=1}^{k} a_j p_j \tag{2.4}$$

のように計算される．ローデータから直に計算した平均値と度数分布表に整理してから計算した平均値は一致しないが，その違いは階級の幅の半分以下なので実用上問題にしない（問題 2.2）．なお，式 (2.4) は確率変数の平均値の定義とも整合がとれている（第 5.2 節）．

■ **メディアン**　データ (2.1) を小さいものから順に並び替えて

$$x_{(1)} \leq x_{(2)} \leq \cdots \leq x_{(n)} \tag{2.5}$$

とするとき，$x_{(i)}$ を i 番目の**順序統計量**という．特に，データの最小値は

$$\min = \min\{x_1, x_2, \ldots, x_n\} = x_{(1)}, \tag{2.6}$$

最大値は

$$\max = \max\{x_1, x_2, \ldots, x_n\} = x_{(n)} \tag{2.7}$$

で与えられる．また，式 (2.5) の中で順位がちょうど真ん中にある量を**メディアン**または**中央値**という．n が奇数のときはよいが，n が偶数のときは，ちょ

うど真ん中の順位がないので，前後の2つの値の平均をとる．つまり，n 個のデータ $x_1, x_2, \ldots, x_n$ のメディアンは，

$$\mathrm{med} = \mathrm{med}\{x_1, x_2, \ldots, x_n\} = \begin{cases} x_{\left(\frac{n+1}{2}\right)}, & n \text{ が奇数のとき}, \\ \dfrac{1}{2}\left\{x_{\left(\frac{n}{2}\right)} + x_{\left(\frac{n}{2}+1\right)}\right\}, & n \text{ が偶数のとき}, \end{cases}$$

によって定義される．なお，度数分布表から始めるときは，累積度数が初めて $n/2$ を越える階級の階級値をメディアンとする．

■ **モード** 度数分布表において，度数が最も多い階級の階級値を**モード**または**最頻値**という．定義から，度数が最大となる階級値が複数あればモードも複数となる．なお，分布の理論では，最大値とは限らず分布のピークを与える階級値をモードと定義することもある．

平均値，メディアン，モードは多数のデータを1つの値で代表させるときに用いられる．ただし，それらの大小関係に一般的な規則はない（問題 2.1）．

例 2.2（世帯所得金額） 図 2.4 は，適切な方法で抽出された約 32500 世帯を対象に実施された 2018 年の年間所得の調査結果（集計対象は約 22300 世帯）を示すヒストグラムである[4)]．ただし，2000 万円以上の階級は1つにまとめてあるので注意しよう．この種のデータによく見られる特徴として，分布が片方に長く伸びていることがあげられる．公表されているデータによると，

$$\text{平均値} = 552.3, \qquad \text{メディアン} = 437, \qquad \text{モード} = 250$$

であり，お互いにかなり違いがあることがわかる．いずれも世帯所得金額の代表値として意味があるが，データを使う立場によって適切なものを選ぶ必要がある．実際，公表によると，平均値以下となる世帯は全体の 61.1% に達しており，平均値を「真ん中の値」と思い込むのは危険である．「真ん中の値」はメディアンである．また，多くの世帯ではどうなのかという議論においても平均値を使うのは適切ではないだろう．

4） データの出典：政府統計の総合窓口 e-Stat から厚生労働省 2019 年国民生活基礎調査．

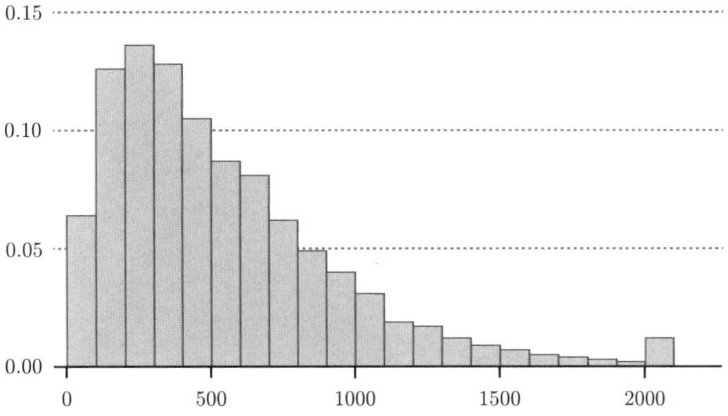

図 2.4 2018 年の世帯所得金額（単位：万円）

例 2.3（年齢別人口） 人口動態も興味深いテーマである．図 2.5 のヒストグラムは，2019 年における日本の年齢別人口を，横軸に年齢，縦軸に相対度数をとって示したものである[5]．ただし，100 歳以上は 1 つの階級にまとめてある．また，総人口は 12617 万人である．このデータから

$$\text{平均値} = 47.4, \qquad \text{メディアン} = 48.0, \qquad \text{モード} = 70.5$$

が得られる．特徴として，平均値とメディアンはほぼ一致しているが，それに比べてモードはかなり離れている．さらに，この分布には 46.5 歳にもピークがあり，顕著なピークが 2 つあることは大きな特徴といえる．ほかにもいくつかのピークが見られるが，それらに注目するかどうかは文脈によるだろう．

問題 2.1 平均値，メディアン，モードの大小について考察せよ．さらに，平均値はメディアンやモードに比べて，極端な値をもつデータの影響を受けやすいことを確認せよ．

問題 2.2 データ $x_1, x_2, \ldots, x_n$ の平均値を $\bar{x}$ とする．一方，そのデータを幅 d の階級を用いて度数分布表に整理し，それをもとに計算した平均値を a とする．このとき，次の不等式が成り立つことを示せ．

$$|\bar{x} - a| \leq \frac{d}{2}\,.$$

5） データの出典：政府統計の総合窓口 e-Stat から人口推計（2019 年 10 月 1 日現在）．

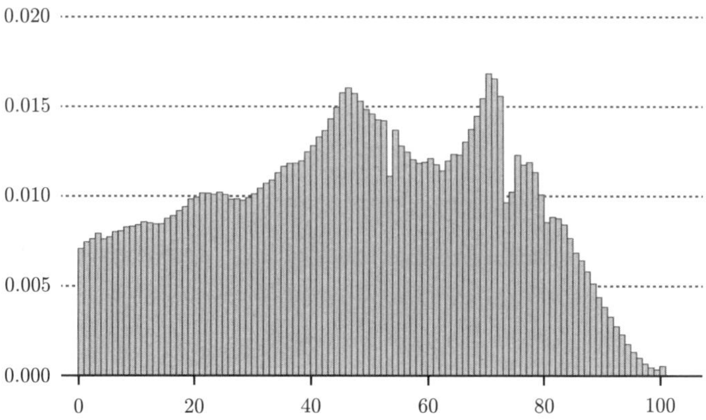

図 2.5 2019 年の日本の年齢別人口

2.3 ばらつき

データのばらつき具合を知ることは重要である．最大値，最小値，メディアンについてはすでに述べた．これらに加えて，データを小さい順に並び替えたとき，下から 25 % の順位にある値 Q_1 を**第 1 四分位点**または**下側 25% 点**といい，下から 75 % の順位にある値 Q_3 を**第 3 四分位点**または**上側 25% 点**という．以上の 5 つの順序統計量をテューキーの 5 点要約値といい，**箱ひげ図**に表すのが便利である（図 2.6）．なお，メディアンを平均値に代える流儀もある．

箱ひげ図の全長は，最大値と最小値の差

$$R = \max - \min$$

である．これをデータの**範囲**という．しかし，データの中に 1 個だけ極端に小さい値や大きな値を含んでいる場合，範囲は必ずしもデータ全体のばらつきを表すとは言い難い．そこで，箱ひげ図の「箱」の部分の全長，つまり第 3 四分位点と第 1 四分位点との差

$$\mathrm{IQR} = Q_3 - Q_1$$

も考え合わせるとよい．これを**四分位範囲**という．

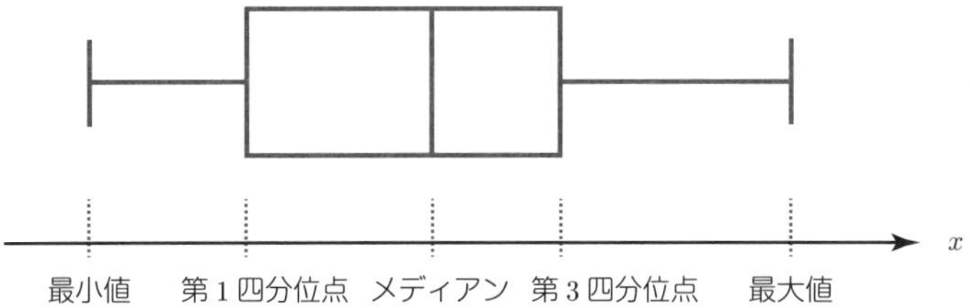

図 2.6　箱ひげ図

■ **下側 100$\boldsymbol{p}$% 点**　第 1 四分位点や第 3 四分位点を下位または上位から 25% に位置するデータ値とする定義は直感的には明らかであろうが，実際にデータからその値を決定するときには戸惑うかもしれない．ちょうどその順位にあたるデータ値が存在するとは限らないからである．一般に，$0 < p < 1$ に対して，下位から $100p$ % に位置するデータ値を**下側 100$\boldsymbol{p}$ % 点**という．定義により，下側 25% 点が第 1 四分位点，下側 50% 点がメディアン，下側 75% 点が第 3 四分位点である．下側 $100p$ % 点は，データを小さい方から順に並べて，

$$x_{(1)} \leq x_{(2)} \leq \cdots \leq x_{(k-1)} \leq x_{(k)} \leq \cdots \leq x_{(n)}$$

とするとき，np 番目がおおむねそれに相当する．もし，np が整数ならば $np = k$ となる番号 k をとることができるが，np が整数でなければならば $k-1 < np < k$ となる番号 k をとる．この k を利用して，次のように定める[6]．

$$\text{下側 } 100p \text{ \% 点} = \begin{cases} \dfrac{1}{2}\left(x_{(k)} + x_{(k+1)}\right), & np = k \text{ が整数のとき}, \\ x_{(k)}, & k-1 < np < k \text{ のとき}. \end{cases}$$

■ **分散**　大きさ n のデータ $x_1, x_2, \ldots, x_n$ が与えられたとして，それらの平均値を $\bar{x}$ とする．各データ x_i が平均値 $\bar{x}$ からどのくらい隔たっているかを差の 2 乗で測って平均した量

---

6)　この定義は実用的には十分に機能するが，連続分布の密度関数に関わる理論との整合性を考慮していないので，より理論的な議論をするときは注意を要する．

$$s^2 = s_x^2 = \frac{1}{n}\sum_{i=1}^{n}(x_i - \bar{x})^2 \tag{2.8}$$

を**分散**という．変量 x を明示したいときは s_x^2 と書くが，文脈から明らかなときは省略して s^2 と書く．データのばらつきを表す統計量として，分散にはすべてのデータが関与している点が順序統計量を用いるものとの大きな違いであり，本格的なデータ解析や推定のために必須となる．

■ **分散公式**　まず，定義式 (2.8) の右辺を展開して式を変形して，

$$\begin{aligned} s_x^2 &= \frac{1}{n}\sum_{i=1}^{n}(x_i^2 - 2\bar{x}\,x_i + \bar{x}^2) \\ &= \frac{1}{n}\sum_{i=1}^{n}x_i^2 - 2\bar{x}\,\frac{1}{n}\sum_{i=1}^{n}x_i + \frac{1}{n}\sum_{i=1}^{n}\bar{x}^2 \end{aligned} \tag{2.9}$$

が得られる．第2項は平均値の定義と見比べて $-2\bar{x}^2$ となり，第3項は i によらない定数 $\bar{x}^2$ を平均したものだから値は $\bar{x}^2$ である．したがって，式 (2.9) は

$$s_x^2 = \frac{1}{n}\sum_{i=1}^{n}x_i^2 - 2\bar{x}^2 + \bar{x}^2 = \frac{1}{n}\sum_{i=1}^{n}x_i^2 - \bar{x}^2 \tag{2.10}$$

となる．ここで，第1項は変量 x^2 の平均値であるから，変量 x の平均値を $\bar{x}$ と書いたことにならって，$\overline{x^2}$ と書くことができる．そうすると，式 (2.10) は

$$s_x^2 = \overline{x^2} - \bar{x}^2 \tag{2.11}$$

となる．これは**分散公式**と呼ばれる便利な公式である．右辺の記号の使い方がいささか紛らわしいので注意しよう．

■ **標準偏差**　定義式 (2.8) から，分散は $s_x^2 \geq 0$ を満たす．分散の正の平方根

$$s = s_x = \sqrt{s_x^2}$$

を**標準偏差**という．分散の定義または分散公式を用いれば，

$$s_x = \sqrt{\frac{1}{n}\sum_{i=1}^{n}(x_i - \bar{x})^2} = \sqrt{\overline{x^2} - \bar{x}^2}$$

となる．分散の単位は元のデータの単位の 2 乗となり，標準偏差の単位は元のデータと同じである．

例 2.4　例 2.1 のデータに対する基本的な統計量と箱ひげ図（図 2.7）を示す．

データの大きさ (n)	68
最小値 (min)	26
最大値 (max)	98
メディアン (med)	63.5
第 1 四分位点 (Q_1)	52
第 3 四分位点 (Q_3)	75
範囲 (R)	72
四分位範囲 (IQR)	23
平均値 ($\bar{x}$)	62.9
分散 (s^2)	254.2
標準偏差 (s)	15.9

1 組のデータに対して箱ひげ図を用いるメリットはないが，複数組のデータを比較するときに便利である．

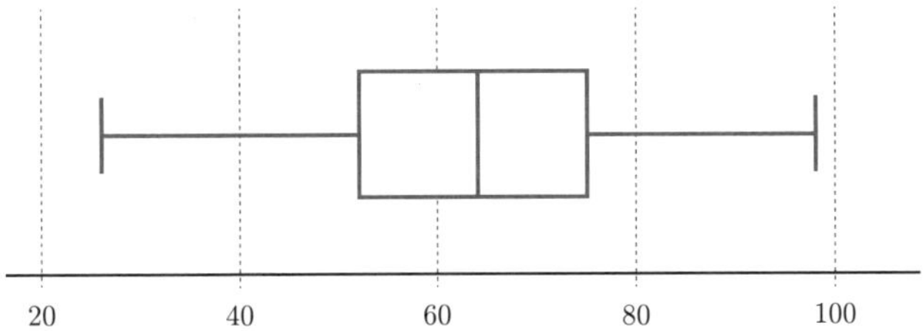

図 2.7　箱ひげ図（例 2.1）

注意 2.5　分散が $s^2 = 0$, あるいは同じことであるが，標準偏差が $s = 0$ となることもありうる．定義式 (2.8) を見れば，$s^2 = 0$ となるのはすべての i に対して $x_i = \bar{x}$ となるときに限ることがわかる．言い換えれば，得られたデータがすべて一定値であり，データに揺らぎがないときに限り，$s^2 = 0$ となるのである．

■ **標本分散と不偏分散**　定義式 (2.8) で定義した分散 s^2 は，$(x_i - \bar{x})^2$ の総和をデータの大きさ n で割るが，n の代わりに $n-1$ で割った，

$$u^2 = \frac{1}{n-1} \sum_{i=1}^{n} (x_i - \bar{x})^2 \tag{2.12}$$

を**不偏分散**という（第 7.2 節で扱う）．両者をはっきり区別したいときは，定義式 (2.8) を**標本分散**と呼ぶ．Excel のコマンドでは，VAR.P が標本分散，VAR.S が不偏分散を与える．ただし，文献によっては不偏分散と標本分散を同義に扱うなど用語法が違っている場合があるので注意が必要である．

問題 2.3　表 1.1 から，チーム A に所属する選手の身長を取り出して，基本的な統計量を計算せよ．次に，度数分布表とヒストグラムを示せ．

問題 2.4　データ $x_1, x_2, \ldots, x_n$ に対して，a との偏差の二乗和

$$\sum_{i=1}^{n} (x_i - a)^2$$

が最小になるような a を求めよ．

問題 2.5　データ $x_1, x_2, \ldots, x_n$ に対して，a との偏差の絶対値の和

$$\sum_{i=1}^{n} |x_i - a|$$

が最小になるような a を求めよ．

2.4 標準化

変量 x に対して，1 変量データ $x_1, x_2, \ldots, x_n$ が得られたとしよう．その平均値と分散は

$$\bar{x} = \frac{1}{n} \sum_{i=1}^{n} x_i\,, \qquad s_x^2 = \frac{1}{n} \sum_{i=1}^{n} (x_i - \bar{x})^2$$

で定義され，分散の正の平方根 s_x が標準偏差であった．これらを用いて，

$$\tilde{x} = \frac{x - \bar{x}}{s_x} \tag{2.13}$$

によって定義される新しい変量 $\tilde{x}$ を x の**標準化**という．それぞれのデータは，式 (2.13) に従って，

$$\tilde{x}_i = \frac{x_i - \bar{x}}{s_x} \tag{2.14}$$

となる．標準化を考えるときは $s_x > 0$ が前提になる（注意 2.5 を参照）．

定理 2.6 1 変量データ $x_1, x_2, \ldots, x_n$ を標準化したものを $\tilde{x}_1, \tilde{x}_2, \ldots, \tilde{x}_n$ とすると，標準化されたデータの平均値は 0，分散は 1，標準偏差は 1 になる．つまり，

$$\bar{\tilde{x}} = 0, \qquad s_{\tilde{x}}^2 = 1, \qquad s_{\tilde{x}} = 1$$

が成り立つ．

証明　標準化されたデータの平均値は，定義によって，

$$\bar{\tilde{x}} = \frac{1}{n}\sum_{i=1}^{n}\tilde{x}_i$$

である．右辺に式 (2.14) を代入すると

$$\begin{aligned}\bar{\tilde{x}} &= \frac{1}{n}\sum_{i=1}^{n}\frac{x_i - \bar{x}}{s_x} = \frac{1}{s_x}\,\frac{1}{n}\sum_{i=1}^{n}(x_i - \bar{x}) \\ &= \frac{1}{s_x}\left(\frac{1}{n}\sum_{i=1}^{n}x_i - \frac{1}{n}\sum_{i=1}^{n}\bar{x}\right) = \frac{1}{s_x}\,(\bar{x} - \bar{x}) = 0\end{aligned}$$

が得られ，確かに $\bar{\tilde{x}} = 0$ である．そのことから，標準化されたデータの分散は

$$s_{\tilde{x}}^2 = \frac{1}{n}\sum_{i=1}^{n}(\tilde{x}_i - \bar{\tilde{x}})^2 = \frac{1}{n}\sum_{i=1}^{n}(\tilde{x}_i)^2$$

で与えられる．右辺に式 (2.14) を代入すると

$$s_{\tilde{x}}^2 = \frac{1}{n}\sum_{i=1}^{n}\left(\frac{x_i - \bar{x}}{s_x}\right)^2 = \frac{1}{s_x^2}\,\frac{1}{n}\sum_{i=1}^{n}(x_i - \bar{x})^2 = \frac{1}{s_x^2} \times s_x^2 = 1$$

となり，確かに $s_x^2 = 1$ である． □

実際の測定では，測定値の原点の取り方や使う単位に任意性があることが多い．標準化されたデータでは，平均値からの偏差 $x_i - \bar{x}$ を考えることで，測定における原点の取り方の任意性が取り除かれる．さらに，標準化では平均からのずれを標準偏差を基準値 1 として測り直すことになる．このとき，測定において使われた単位が消去されることに注目しよう．たとえば，身長 (cm) と体重 (kg) のデータをそのまま比較しても意味はないが，標準化されたデータは同等に扱うことができ，数値的な比較にも意味がある．

■ **偏差値**　選抜試験においては，得点そのもの（素点）より受験生全体の中でどのような順位にあるかが知りたい情報だろう．満点が 100 点の 2 つの選抜試験 A と B を受験して，その結果がそれぞれ 75 点と 62 点だったとしよう．このとき，素点だけを比較して，選抜試験 A の方が合格の可能性が高いと推測するのは明らかに間違いである．素点ではなく，標準化された得点を用いることで，より適正な判断ができる．全受験生の平均値を $\bar{x}$, 標準偏差を s_x とする．このとき，i 番目の受験生の標準化された得点は

$$\tilde{x}_i = \frac{x_i - \bar{x}}{s_x}$$

となる．この値は正にも負にもなり，経験上，おおむね ±3 の範囲を動く．負の数は事務的に扱いにくいのと，点数を 2 桁で表記する便宜から，標準化された得点をさらに変換して，

$$y_i = 50 + 10\tilde{x}_i = 50 + 10\,\frac{x_i - \bar{x}}{s_x}$$

として得られる量を**偏差値**という．全受験生の偏差値の平均値は 50, 標準偏差は 10 となり，経験上，偏差値はおおむね 20 から 80 の範囲にある．偏差値を用いることで，おおよその順位がわかり，また，異なる試験の結果を合理的に比較することができる．実際，偏差値は進学指導のために使われたのが始まりである．

問題 2.6　試験 A では受験生の得点の平均値 70 点，標準偏差 12 点，また，試験 B では平均値 50 点，標準偏差 9 点であった．ある受験生は，試験 A では 75 点，試験 B では

62 点を得た．それぞれの偏差値を計算して比較せよ．

2.5 発展的な話題

■ **チェビシェフの不等式** 第 2.3 節では分散を導入し，分布のばらつきの指標であることを述べた．その重要性は本書の後半で扱う推測統計においてますます明らかになるが，その前に簡単な応用を示しておく．

定理 2.7 （チェビシェフの不等式） 大きさ n のデータ $x_1, x_2, \ldots, x_n$ の平均値を $\bar{x}$，標準偏差を $s > 0$ とする．$k > 0$ に対して，$|x_i - \bar{x}| \geq ks$ を満たすデータ x_i の個数を $N(k)$ とするとき，次の不等式が成り立つ．

$$\frac{N(k)}{n} \leq \frac{1}{k^2}\,. \tag{2.15}$$

証明 分散の定義式 (2.8) において，右辺の和を $|x_i - \bar{x}| \geq ks$ を満たすものと $|x_i - \bar{x}| < ks$ を満たすものとの 2 つに分けると，

$$\begin{aligned} s^2 &= \frac{1}{n} \sum_{i:|x_i-\bar{x}|\geq ks} (x_i - \bar{x})^2 + \frac{1}{n} \sum_{i:|x_i-\bar{x}|< ks} (x_i - \bar{x})^2 \\ &\geq \frac{1}{n} \sum_{i:|x_i-\bar{x}|\geq ks} (ks)^2 \end{aligned}$$

が得られる．最後の不等式は，第 1 項の和に現れる各項が $|x_i - \bar{x}| \geq ks$ を満たすことと，第 2 項が ≥ 0 であることを用いた．最後の和を計算すると，

$$s^2 \geq \frac{1}{n} \times (ks)^2 N(k)$$

となり，両辺を $s^2 (\neq 0)$ で割って式 (2.15) が得られる． □

例 2.8 チェビシェフの不等式から，たとえば，平均値から $\pm 2s$ 以上離れている観測値の個数は観測値の総数の $1/2^2 = 1/4$ 以下しかないことがわかる．実際に，例 2.1 で確認してみよう．平均値は $\bar{x} = 62.9$，標準偏差は $s = 15.9$ であったから，平均値から $\pm 2s$ 以上離れているということは，データの数値が 31.1 以下または 94.7 以上ということになる．その条件を満たすデータは 3 個あり，$N(2) = 3$ となる．データの総数は $n = 68$ であるから，平均値から

$\pm 2s$ 以上離れているデータの相対度数は

$$\frac{N(2)}{n} = \frac{3}{68} = 0.044$$

となり，チェビシェフの不等式が示すように確かに $1/4 = 0.25$ 以下になっている．実は，チェビシェフの不等式はデータの大きさ（個数）やその分布によらず，いつでも成り立つという一般性をもつ反面，個別の応用では粗っぽい評価になりがちである．

■ **中心モーメント**　データ $x_1, x_2, \ldots, x_n$ の平均値を $\bar{x}$ とする．自然数 k に対して，k 次の**中心モーメント**が

$$m_k = \frac{1}{n}\sum_{i=1}^{n}(x_i - \bar{x})^k$$

で定義される．分散 s^2 は2次の中心モーメント m_2 に他ならず，その正の平方根が標準偏差 $s = \sqrt{m_2}$ である．3次の中心モーメント m_3 を用いて定義される量

$$\sqrt{\beta_1} = \frac{m_3}{s^3}$$

を分布の**歪度**《わいど》という[7]．これは平均値を中心とした分布の対称度を表す物差しになる．分布が平均値を中心として対称になっていれば $m_3 = 0$ なので，歪度は $\sqrt{\beta_1} = 0$ となる．大雑把には，分布の対称性が崩れて右に（大きい方に）偏っていれば歪度は正の値をとり，左に偏っていれば歪度は負の値をとる．

さらに，4次の中心モーメント m_4 を用いて，

$$\beta_2 = \frac{m_4}{s^4}$$

で定義される量を分布の**尖度**《せんど》という．これは，分布の平均値のまわりへの集中度を表す指標として用いられる．

7）記号 $\sqrt{\beta_1}$ は統計学でよく使われる．定義からわかるように $\sqrt{\beta_1}$ は正にも負にもなりうるから，$\sqrt{\beta_1}$ はひとつの記号として取り扱う．

例 2.9　例 2.1 のデータの歪度と尖度を示す．ここでは，ローデータから直接計算した値と度数分布表（表 2.2）から計算した値を並記してある．度数分布表はローデータのもつ情報を再現できないが，計算された統計量の誤差は小さい．また，正規分布 $N(\mu, \sigma^2)$ との比較が重要になることが多いので，その形状を見比べておこう（図 2.8）．なお，正規分布はたいへん重要であり，第 6 章で扱う[8]．

	例 2.1：ローデータ	度数分布表	正規分布 $N(\mu, \sigma^2)$
平均値	62.9	63.1	μ
標準偏差	15.94	15.84	σ
歪度	−0.185	−0.195	0
尖度	2.518	2.440	3

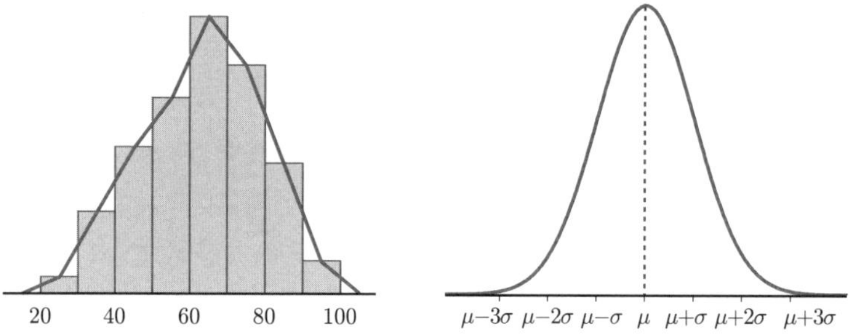

図 2.8　歪度と尖度：例 2.1 と正規分布 $N(\mu, \sigma^2)$

8）　正規分布の尖度が 3 であることから，$m_4/s^4 - 3$ を尖度の定義とする文献もある．こうすると，正規分布の尖度は 0 となる．

第3章

確率の初歩

3.1　確率の素朴な導入

偶然の効果をともなう実験や観測などの行為で，同一条件下で繰り返すことができるものを**試行**といい，確率を用いて考察する対象となる．たとえば，コインを投げる，サイコロを振る，52 枚のカードから 1 枚を抜き取る，100 名の学生グループから 10 名を無作為に選ぶ，などの行為は試行である．試行によって生じる結果のうち，その生起が明確に識別されるものを一般に**事象**という．たとえば，コイン投げで「表が出る」こと，サイコロ振りで「偶数の目が出る」ことなどは事象である．しかし，52 枚のカードから 1 枚を抜き取る試行において「小さな数字が出る」ことは事象にはならない．そして，事象が起こる可能性の度合いを 0 以上 1 以下の数値で表したものが確率になる．

基本的な用語から始めよう．試行の結果，観測されうる結果の最小単位を**標本点**という．標本点を全部集めると 1 つの集合ができるが，これを**標本空間**という．標本空間は Ω（オメガ）で表すことが多い．標本点ということばを用いると，事象はある条件を満たす標本点の集まり，すなわち，標本空間の部分集合ととらえることができる．確率は事象に対して与えるもので，事象 A が起こる確率を $P(A)$ と書く．標本空間そのもの Ω も事象であり，これを**全事象**という．全事象は必ず起こるので $P(\Omega)=1$ である．標本点を 1 つも含ま

ない事象を $\emptyset$ で表し，**空事象**という．空事象は起こりえないので $P(\emptyset)=0$ となる．また，標本点 ω ただ 1 つからなる事象 $\{\omega\}$ を**根元事象**という．確率はあくまで事象に対して与えるので，根元事象 $\{\omega\}$ の起こる確率は $P(\{\omega\})$ と書くのが正式であるが，かっこが重なって煩わしいので $P(\omega)$ とも略記する．

例 3.1（コイン投げ）　コイン投げにおいては，観測されうる結果は「表が出る」「裏が出る」の 2 通りであり，これらが標本点をなす．慣例に従って，「表が出る」ことを数値 1 で，「裏が出る」ことを数値 0 で表せば，標本空間は $\Omega = \{0,1\}$ のように，0 と 1 からなる集合として表される．事象は Ω の部分集合であるから，全部で 4 個あり，それらは $\emptyset, \{0\}, \{1\}, \Omega=\{0,1\}$ である．コインは公平であるとすれば，それぞれの事象の確率は次のようになる．

$$P(\emptyset)=0, \qquad P(\{0\})=P(\{1\})=\frac{1}{2}, \qquad P(\Omega)=1.$$

実際，表裏の対称性から $P(\{0\})=P(\{1\})$ であり，2 つの事象 $\{0\}, \{1\}$ のいずれか一方が必ず起こることから，その確率は 1/2 となるのである．

例 3.2（サイコロ振り）　サイコロを 1 回振るとき，観測されうる基本単位は 1 から 6 のいずれの目が出たかである．偶数の目が出ることも観測されうる事象であるが，基本単位とはいえない．したがって，標本空間は $\Omega=\{1,2,3,4,5,6\}$ となる．サイコロ振りの事象は Ω の部分集合であり，全部で $64(=2^6)$ 個ある．それらの各々に確率が決まるが，それらを列挙しても見通しが悪く，むしろ，基本的な計算法則を与える方が発展性がある．まず，サイコロが公平であること（立方体の対称性といってもよい）から，6 個ある根元事象は等確率で起こるので，

$$P(\{1\})=P(\{2\})=P(\{3\})=P(\{4\})=P(\{5\})=P(\{6\})=\frac{1}{6}$$

となる．次に，一般の事象 A に対しては，そこに属する標本点の個数を $|A|$ とすれば，

$$P(A)=\frac{|A|}{|\Omega|}=\frac{|A|}{6}$$

となる．たとえば，偶数が出る事象 $A=\{2,4,6\}$ に対しては，

$$P(A)=P(\{2,4,6\})=\frac{|\{2,4,6\}|}{6}=\frac{3}{6}=\frac{1}{2}$$

となる．これは，A が3個の根元事象に分解されることからもわかる．

■ **組合せ確率** 例3.1と例3.2の共通点は，根元事象が有限個あり，それらが等確率で起こることにある．一般に，標本空間 Ω が有限個の標本点からなり，すべての根元事象が等確率で起こるのであれば，各根元事象の起こる確率は $1/|\Omega|$ となる．したがって，一般の事象 A の起こる確率は，その $|A|$ 倍であり，

$$P(A)=\frac{|A|}{|\Omega|} \tag{3.1}$$

となる．つまり，標本点の個数の比によって確率が導入されるのである．このような考え方は，確率論の黎明期までさかのぼるが，明確な定式化を与えたのはラプラスである．

例 3.3 ジョーカーを除いた52枚のカードから2枚のカードを同時に抜き取るときに，その2枚がともにエースとなる事象 A と同じスート（トランプのマーク）になる事象 B を考えよう．一般に，区別できる n 個の物から k 個を取り出す組合せの数は

$$\binom{n}{k}=\frac{\overbrace{n(n-1)\cdots(n-k+1)}^{k\text{ 項}}}{k!}=\frac{n!}{k!(n-k)!}$$

で与えられる[1)]．カード52枚から2枚のカードを選ぶ選び方全体，つまり2枚の組合せ方の全体が Ω であり，

$$|\Omega|=\binom{52}{2}=\frac{52!}{50!\,2!}=1326.$$

1) これを**二項係数**という（第6.1節でも扱う）．なお，記号としては ${}_nC_k$ も使われる．

この 1326 通りはすべて等確率で起こる．事象 A, B について，

$$|A| = \binom{4}{2} = 6, \qquad |B| = 4\binom{13}{2} = 312$$

であるから，それらの 確率は公式 (3.1) によって，

$$P(A) = \frac{6}{1326} = \frac{1}{221}, \qquad P(B) = \frac{312}{1326} = \frac{52}{221}$$

のように計算される．この例から予想できるように，組合せ確率の難しさは事象に属する標本点の個数を数えるところにあり，確率計算そのものは個数の比をとるだけである．

■ 幾何学的確率 図 3.1（左）は，円板を 6 等分してそれぞれの領域に 1 から 6 の番号を振ったものである．円板からランダムに 1 点を選んだとき，その点が 6 番の領域に属している確率を考えよう．言い換えれば，円板をダーツの標的のように考えて，ランダムに矢を射って 6 番の領域に命中する確率である．円板のどの点も同等の確率で選ばれることを念頭におけば，6 つの領域はすべて同等であり，そのうちの 1 つということで求めるべき確率は 1/6 となる．この状況を公式 (3.1) の形で理解すると発展性がある．

円板から 1 点を選ぶ試行であるから，標本点は円板の各点であり，それらを集めた標本空間 Ω は円板そのものである．円板の中に標的となる領域 A を決めておこう（図 3.1 右）．円板からランダムに選ばれた 1 点が A に属している確率は面積比

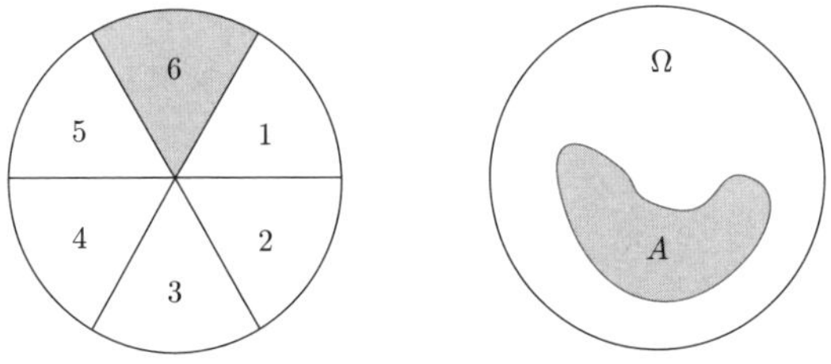

図 3.1 幾何学的確率

$$P(A) = \frac{|A|}{|\Omega|} \tag{3.2}$$

で与えられる．組合せ確率の公式 (3.1) と形式的には同じであるが，$|\cdot|$ は面積を表しているところに違いがある．そうすれば，6 等分した円板からランダムに 1 点を選ぶとき，その点が 6 番の領域から選ばれる確率は面積比によって 1/6 となり，初めの考察と一致する．さらに，公式 (3.2) は円板のどの点も選ばれる確率が同等であることを念頭に置いた確率の与え方になっている．実際，標的 A の面積が 2 倍になれば確率も 2 倍になり，面積が同じであれば，A の位置や形状によらずに確率は同じである．

このように考えると，公式 (3.2) はある図形 Ω からランダムに 1 点を選ぶときの確率の与え方の原理を示していると理解できる．ここで「ランダムに」という意味は，どの点も選ばれる確率が同等であることを意味する．上の例では Ω として円板を考えたが，問題に応じて Ω は 1 次元の図形（線分や曲線），平面図形，立体図形などを考え，公式 (3.2) を長さの比，面積の比，体積の比と取り直せばよい．これが幾何学的確率の基本的な考え方である．

注意 3.4　幾何学的確率でも組合せ確率と同様に，すべての根元事象が等確率で起こることを念頭に置いている．しかしながら，幾何学的確率では Ω の標本点がすべて等確率で選ばれることを文字通り議論の出発点にしても，一般の事象の計算には役に立たない．このことを見ておこう．仮に，ある標本点が選ばれる確率を p とすれば，当然，$0 \le p \le 1$ である．一方，Ω は無限集合であるから，任意個数の異なる標本点 $x_1, \dots, x_n$ が存在する．これらはいずれも確率 p で選ばれるので，ランダムに選ばれた 1 点が $x_1, \dots, x_n$ のいずれかになる確率は np となり，これも当然，$0 \le np \le 1$ を満たす．ここで，n はいくらでも大きくとれることを考えると，$p = 0$ 以外はありえない．つまり，ある特定の標本点が選ばれる確率は 0 となる．言い換えると，すべての根元事象の確率は 0 であり，これをもとにして一般の事象の確率を計算することはできない．

例 3.5（線分のランダム分割）　長さ L の線分をランダムに分割して 2 つの線分を作ったとき，長い方の長さが短い方の 2 倍以上になる確率を求めよう．数式で表現するために，長さ L の線分を数直線（x 軸）の区間 $[0, L]$ とする．この区間を 2 分割するという試行において，分割のために選ばれた分点が標本点であるから，標本空間は分点として選ばれうる点の集合，つまり $[0, L]$ そ

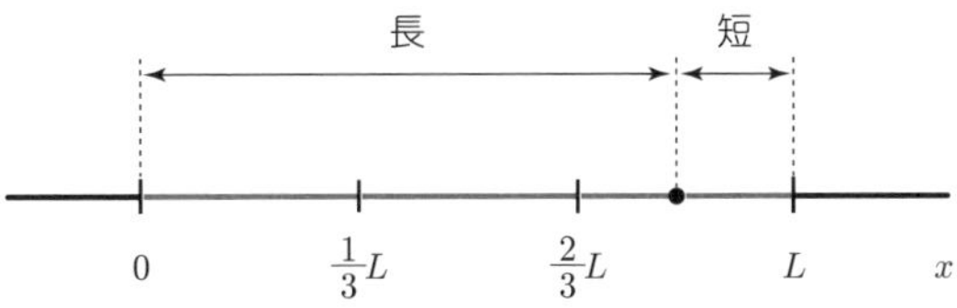

図 3.2 区間 $[0, L]$ のランダム 2 分割

のものであり，$\Omega = [0, L]$ となる[2]．さて，分割のために選ばれる分点の座標を x とすれば，$0 \leq x \leq L/3$ または $2L/3 \leq x \leq L$ となるとき，分割でできる長い方の長さが短い方の 2 倍以上になる．したがって，考えるべき事象は

$$A = \left[0, \frac{L}{3}\right] \cup \left[\frac{2L}{3}, L\right]$$

となる．どの点も同等の確率で選ばれるので，A の確率は長さの比

$$P(A) = \frac{|A|}{|\Omega|} = \frac{2L/3}{L} = \frac{2}{3}$$

で与えられる．

問題 3.1　1 から 10 の数字が書かれた 10 枚のカードから 3 枚を同時に抜き取るとき，そこに書かれた数の和が 10 になる確率を求めよ．

問題 3.2　ジョーカーを除いた 52 枚のカードから 5 枚を抜き取るとき，次のことが起こる確率を求めよ．

(1) エースが 4 枚含まれる．
(2) 5 枚とも同じスートである．

問題 3.3　棒をランダムに折って 2 本の断片に分割するとき，長い方の断片の長さが短い方の 3 倍以下になる確率を求めよ．

問題 3.4　地図帳で目的地を探すとき，目的地がいつもページの端にあって不便な思いをすることが多い気がする．30cm×40cm の地図で，目的地が周辺 4cm の範囲に見つかる確率を求めよ．

問題 3.5　半径 R の円板に中心角が $\pi/6$ ラジアンの扇形 A が 1 つ与えられている．この円板からランダムに 1 点を選ぶとき，その点が A から選ばれる確率を求めよ．

2) 区間の端の点を分点として選ぶと，線分は文字通り 2 分割されたとはいえないが，長さ 0 と L の線分に分割されたと考えておこう．これを避けたければ $\Omega = (0, L)$ のように両端を除外すればよい．Ω の決め方はどちらでもよいが，求める確率は一致する．

3.2 事象の演算

確率を与える対象が事象であった．事象は標本空間の部分集合なので，複数の事象の組合わせを表現するために集合の演算記号や用語を流用する．

■ **和事象** 2 つの事象 A, B に対して，A または B が起こるという事象を A と B の**和事象**といい，$A \cup B$ と書く（図 3.3 左）．これは，A に属する標本点と B に属する標本点とを合わせた事象である．

■ **積事象** 2 つの事象 A, B に対して，A と B の両方が同時に起こるという事象を A と B の**積事象**といい，$A \cap B$ と書く（図 3.3 右）．これは，A と B の両方に含まれる標本点からなる事象である．

■ **余事象** 事象 A に対して，A が起こらないことも 1 つの事象になる．これを A の**余事象**といい，A^c で表す（図 3.4 左）[3]．A^c は Ω における A の補集合に他ならない．定義から，

$$A \cup A^c = \Omega, \quad A \cap A^c = \emptyset, \quad A \cup \emptyset = A \cap \Omega = A, \quad (A^c)^c = A$$

が成り立つ．さらに，Ω と $\emptyset$ は互いに余事象になっている．つまり，$\Omega^c = \emptyset$ と $\emptyset^c = \Omega$ が成り立つ．

■ **差事象** 2 つの事象 A, B に対して，**差事象**が

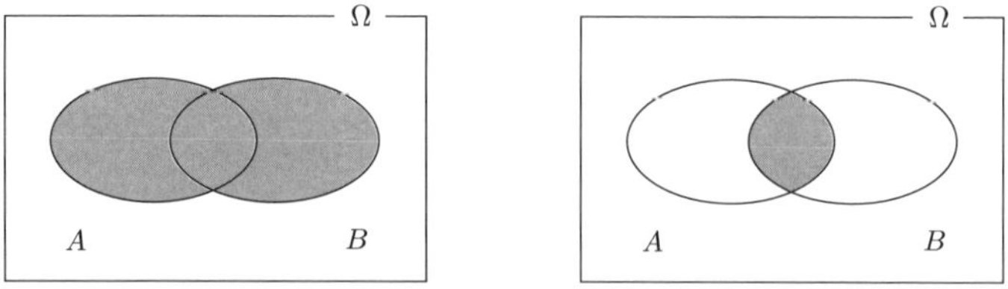

図 3.3 和事象 $A \cup B$, 積事象 $A \cap B$

3） 文献によっては，A の余事象を $\bar{A}$ と書いている．

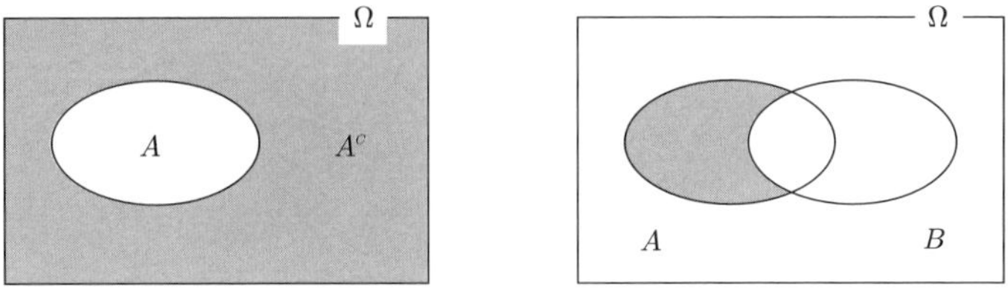

図 3.4 余事象 A^c, 差事象 $A\backslash B$

$$A\backslash B = A \cap B^c$$

で定義される（図 3.4 右）．これは A が起こり B が起こらない事象である．

■ **排反事象** 2 つの事象 A, B が $A \cap B = \emptyset$ を満たすとき，A と B は互いに**排反**であるという（図 3.5 左）．これは，A, B が同時に起こりえないことを意味する．特に，A と A^c は互いに排反である．

■ **部分事象** 事象 A が起きているときは事象 B も起きるという関係があるとき，A は B の**部分事象**であるといい，$A \subset B$ と書く（図 3.5 右）．言い換えると，A に属するすべての標本点が B に属することであり，標本点の集合として A は B の部分集合であることに他ならない[4]．

理論構成上，多数の事象の和事象や積事象も扱う．事象 $A_1, A_2, \ldots, A_n$ の和事象は，いずれか少なくとも 1 つの A_k に含まれる標本点の集合であり，

$$A_1 \cup A_2 \cup \cdots \cup A_n = \bigcup_{k=1}^{n} A_k$$

のように表し，積事象はすべての A_k に共通に含まれる標本点の集合であり，

$$A_1 \cap A_2 \cap \cdots \cap A_n = \bigcap_{k=1}^{n} A_k$$

4) 記号 $A \subset B$ は $A = B$ も許すので，$A \subset A$ が成り立つ．不等号 $a < b$ の使い方とは違うので注意せよ．

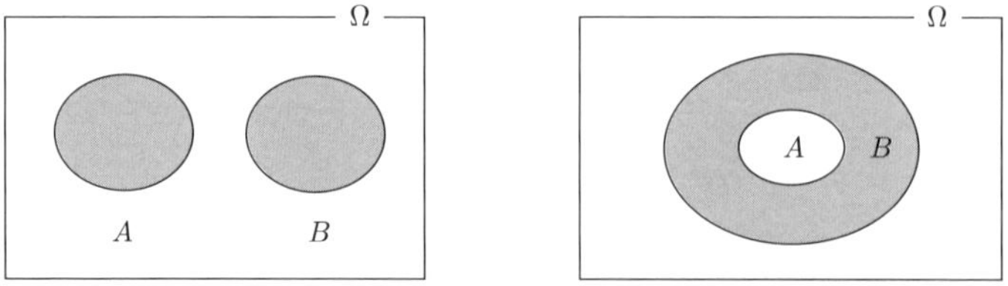

図 3.5 排反事象 $A \cap B = \emptyset$, 部分事象 $A \subset B$

のように表す．事象の無限列 $A_1, A_2, \ldots, A_n, \ldots$ についても同様に，

$$A_1 \cup A_2 \cup \cdots \cup A_n \cup \cdots = \bigcup_{n=1}^{\infty} A_n, \tag{3.3}$$

$$A_1 \cap A_2 \cap \cdots \cap A_n \cap \cdots = \bigcap_{n=1}^{\infty} A_n \tag{3.4}$$

と書く．たとえば，コインを投げ続ける試行において，A_n を n 回目のコイン投げで表が出る事象とすれば，式 (3.3) は表が 1 回以上出る事象，式 (3.4) は表だけが出続ける事象となる．

問題 3.6 **（分配法則）** 事象 A, B, C に対して，次が成り立つことを示せ．

$$A \cup (B \cap C) = (A \cup B) \cap (A \cup C),$$
$$A \cap (B \cup C) = (A \cap B) \cup (A \cap C).$$

問題 3.7 **（ド・モルガンの法則）** 事象 A, B に対して，次が成り立つことを示せ．

$$(A \cup B)^c = A^c \cap B^c, \qquad (A \cap B)^c = A^c \cup B^c.$$

3.3 確率

事象の起こりやすさを 0 から 1 までの数値で表したものが確率である．その導入の原理は，第 3.1 節で論じたように，標本空間 Ω における事象 E の占める割合を，集合の「大きさ」の比

$$P(E) = \frac{|E|}{|\Omega|}$$

で与えるというものであった．集合の大きさ $|\cdot|$ としては，その集合に属する要素の個数，長さ，面積，体積などを考えるが，次の 3 つの性質が共通することは明らかであろう．

(P1) すべての事象 A に対して $0 \leq P(A) \leq 1$.

(P2) $P(\Omega) = 1$.

(P3′) 2 つの事象 A, B が互いに排反であれば，$P(A \cup B) = P(A) + P(B)$.

さらに，次の性質も成り立つ．

(P3) 事象 $A_1, A_2, \ldots$ が互いに排反（すなわち，$j \neq k$ ならば $A_j \cap A_k = \emptyset$）であれば，それらの和事象について

$$P\left(\bigcup_{n=1}^{\infty} A_n\right) = \sum_{n=1}^{\infty} P(A_n) \tag{3.5}$$

が成り立つ．（この性質を **σ-加法性**という．）

3 つの性質 (P1)，(P2)，(P3) から $P(\emptyset) = 0$ と (P3′) を導くことができるので，確率の性質としては (P1)，(P2)，(P3) がより本質的である．そこで，標本空間 Ω の事象 A に対して実数 $P(A)$ を対応させる関数 $A \mapsto P(A)$ が性質 (P1)，(P2)，(P3) を満たす限り，P を Ω 上の**確率**と呼ぶことにする[5]．この文脈では，性質 (P1)，(P2)，(P3) を**確率の公理**ということもある．確率の具体的な構成方法については何も示されておらず，いささか抽象的であるが，公理的に確率を定義することで，広い応用が期待できるのである．

注意 3.6 上に確率の定義を与えたが，事象については曖昧さが残っている．標本空間 Ω が有限集合や可算集合のときは，断りがない限り，Ω のすべての部分集合がすなわち事象であり，確率計算の対象になるので，わざわざ言及する意味がない．ところが，標本空間 Ω が区間 $[0,1]$ のような連続無限集合になると，いささか微妙な問題が起こる．つまり，Ω の「すべて」の部分集合を事象にとると，確率が当然満たすべき性質と両立できず破たんする場合がある．そこで，性質のよい部分集合だけを事象として集めて $\mathcal{F}$ をつくり，確

5) 無限個の事象に対する条件 (P3) を有限個の事象に対する条件 (P3′) から導くことはできない．本書のレベルでは見えてこないが，理論構成上，無限個の事象に対する条件 (P3) が必要なのである．

率を考える対象を $\mathcal{F}$ に制限する必要がある．こうして，標本空間 Ω，事象の集合 $\mathcal{F}$，確率 P が設定され，それらを組にした $(\Omega, \mathcal{F}, P)$ を**確率空間**という．現代確率論は確率空間を基礎としており，提唱者の名を冠して**コルモゴロフ流確率論**とも呼ばれる．

■ 余事象の法則 事象 A とその余事象 A^c に対して，

$$P(A^c) = 1 - P(A). \tag{3.6}$$

実際，余事象の定義によって，A と A^c は互いに排反であり，$\Omega = A \cup A^c$ が成り立つ．したがって，

$$1 = P(\Omega) = P(A \cup A^c) = P(A) + P(A^c)$$

が得られる．そうすれば，式 (3.6) は明らか．

■ 単調性 2つの事象 A, B が $A \subset B$ を満たすとき，

$$P(A) \leq P(B).$$

実際，差集合 $B \backslash A = B \cap A^c$ を用いると，$B = A \cup (B \backslash A)$ が互いに排反な事象の和になる．確率は常に ≥ 0 であることをあわせて，

$$P(B) = P(A) + P(B \backslash A) \geq P(A)$$

が得られる．

■ 包除原理 2つの事象 A, B に対して

$$P(A \cup B) = P(A) + P(B) - P(A \cap B) \tag{3.7}$$

が成り立つ（図3.3を参照）．直感的に理解できるが，確率の公理に基づいて証明しておこう．まず，差事象 $A \backslash B = A \cap B^c$ を用いると，$A = (A \backslash B) \cup (A \cap B)$ が互いに排反な事象の和になるので，

$$P(A) = P(A \backslash B) + P(A \cap B). \tag{3.8}$$

同様に，

$$P(B) = P(B \backslash A) + P(A \cap B). \tag{3.9}$$

一方で，$A \cup B = (A \backslash B) \cup (B \backslash A) \cup (A \cap B)$ も互いに排反な事象の和なので，

$$P(A \cup B) = P(A \backslash B) + P(B \backslash A) + P(A \cap B)$$

が成り立つ．これに，式 (3.8) と式 (3.9) を組合せて，

$$\begin{aligned} P(A \cup B) &= (P(A) - P(A \cap B)) + (P(B) - P(A \cap B)) + P(A \cap B) \\ &= P(A) + P(B) - P(A \cap B) \end{aligned}$$

が得られる．なお，公式 (3.7) は n 個の事象に対して一般化される（$n = 3$ の場合は問題 3.9）．

問題 3.8　事象 A, B, C に対して，

$$A \cup B \cup C = A \cup (A^c \cap B) \cup (A^c \cap B^c \cap C)$$

を証明し，右辺が排反事象の和になっていることを示せ．

問題 3.9 **(包除原理)**　次の等式を証明せよ．

$$\begin{aligned} P(A \cup B \cup C) &= P(A) + P(B) + P(C) \\ &\quad - P(A \cap B) - P(B \cap C) - P(C \cap A) + P(A \cap B \cap C). \end{aligned}$$

問題 3.10　事象 E, F が $P(E) = 1$, $P(F) = 0$ を満たすものとする[6)]．このとき，すべての事象 A に対して次式が成り立つことを示せ．

$$P(A \cap E) = P(A \cup F) = P(A).$$

6)　確率 1 の事象 E を**ほとんど確実な事象**，確率 0 の事象 F を**ほとんど不可能な事象**という．文脈によっては，E はほとんど確実に起こる（成り立つ），あるいは F はほとんど確実に起こらない（不成立である）などともいう．$P(E) = 1$ だからといって $E = \Omega$ とは限らないし，$P(F) = 0$ だからといって $F = \emptyset$ とは限らないので注意しよう．現実問題への応用では，確率 1 の事象は必ず起こり，確率 0 の事象は決して起こらないと解釈される．

第4章
条件付き確率

4.1 条件付き確率

2つの事象 A, B に対して,

$$P(B|A) = \frac{P(A \cap B)}{P(A)} \tag{4.1}$$

を A の下での B の**条件付き確率**という. ただし, 条件付き確率 $P(B|A)$ を考えるときは, $P(A) > 0$ が仮定されているものとする. 現実問題への応用において, 条件付き確率 $P(B|A)$ は「A が起こったことを知ったときに B が起こる確率」と解釈される.

例 4.1 2個のサイコロを振る試行で, 少なくとも一方のサイコロの目が1である事象を A, 2つのサイコロの目の和が6以上である事象を B とする. 条件付き確率を求めてみよう. まず, 根元事象は1個目のサイコロの目 x と2個目のサイコロの目 y の組 (x, y) で表されるから, 標本空間は

$$\Omega = \{(x, y)\,;\, x, y = 1, 2, 3, 4, 5, 6\}$$

となる. 各根元事象 $\{(x, y)\}$ は等確率で起こり, $|\Omega| = 36$ であるから, 一般の事象 E の確率は

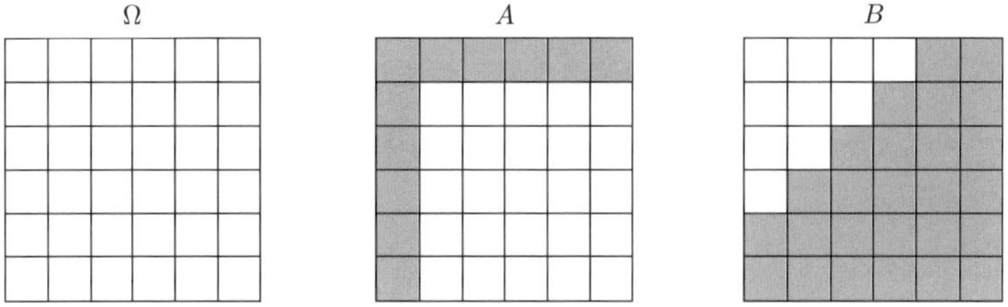

図 4.1　2 個のサイコロ振りの標本空間 Ω と 2 つの事象 A, B

$$P(E) = \frac{|E|}{36}$$

で与えられる．さて，問題の事象 A, B は，

$$A = \{(x, y) \in \Omega\,;\, x = 1 \text{ または } y = 1\},$$
$$B = \{(x, y) \in \Omega\,;\, x + y \geq 6\}$$

である．標本空間 Ω を正方形で表し，各辺を 6 等分してできる小正方形の一つ一つを根元事象に対応させるとわかりやすい（図 4.1）．一般の事象は，その小正方形の集まりとなり，確率は面積比となる．実際，簡単な計算によって，

$$P(B|A) = \frac{P(A \cap B)}{P(A)} = \frac{4/36}{11/36} = \frac{4}{11},$$
$$P(A|B) = \frac{P(A \cap B)}{P(B)} = \frac{4/36}{26/36} = \frac{2}{13}$$

が得られる．

次に述べる乗法定理は，条件付き確率の定義式 (4.1) から明らかであるが，たいへん有用である．

定理 4.2　**（乗法定理または乗法法則）**　2 つの事象 A, B に対して，それらが同時に起こる確率は次を満たす．

$$P(A \cap B) = P(A)P(B|A) = P(B)P(A|B).$$

例 4.3 (くじ引き) 当たりくじ2本を含む10本のくじがあり，2人がこの順序でくじを引く (引いたくじは戻さない，つまり非復元抽出とする)．1人目が当たりを引く事象を A, 2人目が当たりを引く事象を B とする．まず，A の確率について

$$P(A) = \frac{2}{10}, \quad P(A^c) = \frac{8}{10}$$

は明らか．2人目がくじを引くときは1人目の結果によって状況が変わる．1人目が当たりくじを引いた後なら，9本中当たりが1本となるので

$$P(B|A) = \frac{1}{9}, \quad P(B^c|A) = \frac{8}{9}.$$

1人目がはずれくじを引いた後は，

$$P(B|A^c) = \frac{2}{9}, \quad P(B^c|A^c) = \frac{7}{9}.$$

乗法定理を用いると，

$$P(A \cap B) = P(A)P(B|A) = \frac{2}{10} \times \frac{1}{9} = \frac{2}{90} \tag{4.2}$$

が得られる．2人とも当たりを引く確率 $P(A \cap B)$ が，まず A が当たる確率を求め，次いで A が当たったとして B の当たる確率を求めて積をとることで計算されている．同様にして，1人目がはずれ，2人目が当たりを引く確率 $P(A^c \cap B)$ は

$$P(A^c \cap B) = \frac{8}{10} \times \frac{2}{9} = \frac{16}{90} \tag{4.3}$$

となる．ところで，

$$B = (A \cap B) \cup (A^c \cap B)$$

は互いに排反な事象の和になっているので，式 (4.2) と式 (4.3) から，

$$P(B) = P(A \cap B) + P(A^c \cap B) = \frac{2}{90} + \frac{16}{90} = \frac{1}{5}$$

となる．したがって，$P(A) = P(B)$ である．つまり，くじ引きでは1番目に引いても2番目に引いても，実は，何番目に引いても当たる確率は同じなの

である．

問題 4.1 2 つの事象 A, B に対して，

$$P(A) = \frac{1}{3}, \quad P(B) = \frac{1}{2}, \quad P(A \cup B) = \frac{2}{3}$$

がわかっている．次の確率を求めよ．

$$P(A \cap B), \quad P(A|B), \quad P(B|A^c), \quad P(A \cap B|A \cup B).$$

問題 4.2 事象 A, B に対して，次式が成り立つことを示せ．

$$P(B) = P(B|A)P(A) + P(B|A^c)P(A^c).$$

問題 4.3（乗法定理の一般化） 事象 A, B, C に対して，次式が成り立つことを示せ．

$$P(A \cap B \cap C) = P(A)P(B|A)P(C|A \cap B).$$

問題 4.4 3 つの事象 A, B, C が $P(A \cap B \cap C) \neq 0$ と $P(C|A \cap B) = P(C|B)$ を満たすとき，$P(A|B \cap C) = P(A|B)$ が成り立つことを示せ．

問題 4.5 サイコロを 2 個振って出る目のうち大きい方を X, 小さい方を Y とする．ただし，同じ目が出た場合は $X = Y$ とする．次の条件付き確率を求めよ．

$$P(Y \leq 2|X = 5), \quad P(X + Y \leq 6|X \geq 5), \quad P(XY \leq 12|Y \leq 3).$$

問題 4.6 壺の中に a 個の白玉と b 個の黒玉が入っている．この壺から 1 個を取り出し，同色の玉を c 個付け加えて戻す．壺の中には $a+b+c$ 個の玉が入っている．そこから再び 1 個を取り出すとき，その玉が白玉である確率を求めよ．

問題 4.7 1 から 10 番の番号が付いている 10 枚のチケットがある．このうち 1 番と 2 番には景品がついている．ある人が 4 枚のチケットを買った．次の条件付き確率を求めよ．

(1) その人は 1 番をもっていると告げた．このとき，残りの 6 枚に景品付きのチケットが残っている確率を求めよ．
(2) その人は景品を少なくとも 1 個手に入れたと告げた．このとき，残りの 6 枚に景品付きのチケットが残っている確率を求めよ．

4.2 ベイズの公式

標本空間 Ω が事象 $A_1, \ldots, A_n$ によって分割されているとは，$A_1, \ldots, A_n$ は互いに排反，すなわち，$j \neq k$ ならば $A_j \cap A_k = \emptyset$ であり，

$$\Omega = \bigcup_{k=1}^{n} A_k \tag{4.4}$$

が成り立つときにいう．

定理 4.4 **(全確率の公式)** 標本空間 Ω が事象 $A_1, \ldots, A_n$ によって分割されているとき，任意の事象 B に対して，

$$P(B) = \sum_{k=1}^{n} P(A_k) P(B|A_k) \tag{4.5}$$

が成り立つ．

証明 事象 B も式 (4.4) にしたがって，

$$B = \bigcup_{k=1}^{n} B \cap A_k \tag{4.6}$$

のように分割される（図 4.2）．ここで，右辺は排反事象の和であるから，

$$P(B) = \sum_{k=1}^{n} P(B \cap A_k) \tag{4.7}$$

が成り立つ．一方，条件付き確率の定義（あるいは乗法公式）によって，

$$P(B \cap A_k) = P(A_k) P(B|A_k)$$

であり，これを式 (4.7) に代入すると，式 (4.5) が得られる． □

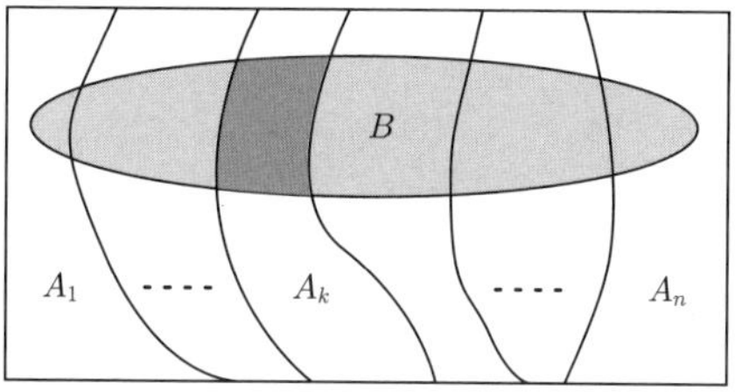

図 4.2 事象 B の分割：$B = \bigcup_{k=1}^{n} B \cap A_k$

定理 4.5 **(ベイズの公式)** 標本空間 Ω が事象 $A_1, \ldots, A_n$ によって分割されているとき，任意の事象 B に対して，

$$P(A_j|B) = \frac{P(A_j)P(B|A_j)}{\displaystyle\sum_{k=1}^{n} P(A_k)P(B|A_k)}, \qquad j = 1, 2, \ldots, n, \tag{4.8}$$

が成り立つ.

証明 条件付き確率の定義によって，

$$P(A_j|B) = \frac{P(A_j \cap B)}{P(B)} = \frac{P(A_j)P(B|A_j)}{P(B)}. \tag{4.9}$$

また，全確率の公式から

$$P(B) = \sum_{k=1}^{n} P(A_k)P(B|A_k).$$

これを式 (4.9) に代入すれば，式 (4.8) が得られる. □

ベイズの公式は結果から原因を推定する式として，面白い応用が広がる.

例 4.6 2 つの箱 A_1, A_2 があり，A_1 の箱には黒玉 8 個と白玉 2 個，A_2 の箱には黒玉 3 個と白玉 7 個が入っている．コインを投げて，表が出たら箱 A_1 から玉を 1 個取り出し，裏が出たら箱 A_2 から玉を 1 個取り出す試行を考える．取り出された玉の色から，その玉の取り出された箱を推定したい.

箱 A_1, A_2 が選ばれる事象をそれぞれ A_1, A_2 とする．明らかに，$\Omega = A_1 \cup A_2$, $A_1 \cap A_2 = \emptyset$ であるからベイズの公式の前提条件が満たされている．黒玉

が取り出される事象を B とする．箱がコイン投げで選ばれることと箱の中身から，

$$P(A_1) = P(A_2) = \frac{1}{2}, \quad P(B|A_1) = \frac{8}{10}, \quad P(B|A_2) = \frac{3}{10} \tag{4.10}$$

がわかっている．ベイズの公式

$$P(A_1|B) = \frac{P(A_1)P(B|A_1)}{P(A_1)P(B|A_1) + P(A_2)P(B|A_2)} \tag{4.11}$$

に式 (4.10) を代入して，

$$P(A_1|B) = \frac{(1/2)(8/10)}{(1/2)(8/10) + (1/2)(3/10)} = \frac{8}{11}$$

が得られる．つまり，取り出されたのが黒玉であれば，その黒玉が入っていた箱は確率 8/11 で A_1，したがって，確率 3/11 で A_2 ということになる．

■ **事前確率と事後確率** ベイズの公式において，全事象の分割に現れる事象 A_k の確率 $P(A_k)$ は，B に関する試行を前提とせず，既知としている．その意味で，$P(A_k)$ を**事前確率**または**先験確率**という．これに対して，$P(A_k|B)$ を試行の結果を知った上での判断の確率ということで**事後確率**という．例 4.6 では，コイン投げで箱を選ぶことが事前情報としてわかっていたことが重要である．どのように箱を選ぶかが不明である場合は，$P(A_1)$ と $P(A_2)$ を設定できない．何の情報もないということで $P(A_1) = P(A_2) = 1/2$ と考えてはならない．$P(A_1) = P(A_2) = 1/2$ は箱の選ばれ方に関する重要な情報になる．

例 4.7 **(検査と診断)** 感染症 D の検査 T がある．この検査によって，感染者の 70% に陽性反応，非感染者の 99% に陰性反応が出る．陽性反応が出た人が実際に感染者である確率を求めよう．まず，被験者を集めて標本空間 Ω とする．その中で感染者の集合を D とすれば，非感染者の集合は D^c となる．また，被験者のうちで陽性の者を集めて T^+，陰性の者を集めて T^- とおく．明らかに，Ω は

$$\Omega = D \cup D^c = T^+ \cup T^-$$

のように2通りに分割される．題意により，

$$P(T^+|D) = 0.7, \qquad P(T^-|D^c) = 0.99$$

であり，求めたい確率は $P(D|T^+)$ である．ベイズの公式によれば，

$$P(D|T^+) = \frac{P(D)P(T^+|D)}{P(D)P(T^+|D) + P(D^c)P(T^+|D^c)} \tag{4.12}$$

となる．明らかに，$P(T^+|D^c) + P(T^-|D^c) = 1$ であるから，

$$P(T^+|D^c) = 1 - P(T^-|D^c) = 1 - 0.99 = 0.01$$

である．一方，事前確率 $P(D)$ は不明であるので，$P(D) = d$ とおいて計算を進めると，

$$P(D|T^+) = \frac{0.7d}{0.7d + 0.01(1-d)} = \frac{70d}{1+69d}, \qquad 0 \le d \le 1. \tag{4.13}$$

たとえば，この感染症が稀であって $d = 0.001$ であれば，$P(D|T^+) = 0.065$ となり，陽性反応が出ても感染している確率は低い．一方，被験者の集団には感染症が広がっていて，$d = 0.1$ であれば，$P(D|T^+) = 0.886$ となり，陽性反応が出れば高確率で感染していることがわかる．

ここで，$P(D|T^+)$ は事前確率 $d = P(D)$ の値によって，0から1の値をとりうることに注意しておこう．実際，$P(D|T^+)$ を d の関数として描いたグラフを図4.3に示す．これを用いて，検査の有効性を知ることができる．なお，$P(T^+|D)$ を検査の**感度**，$P(T^-|D^c)$ を**特異度**という．また，$P(T^+|D^c)$ は非感染者に対して陽性反応を与える擬陽性の確率，$P(T^-|D)$ は感染者に対して陰性反応を与える偽陰性の確率である．

問題 4.8　例4.7において，陰性反応が出た人が実際に非感染者である確率を求めよ．

問題 4.9　ある地域では，病気Dの感染者は1000人に2人の割合であるという．検査Tは，感染者の80% に陽性反応を示すが，非感染者の2% にも陽性反応が出てしまう．

(1) この検査を受けて陽性反応が出た人が感染者である確率を求めよ．
(2) この検査を受けて陰性反応が出た人が非感染者である確率を求めよ．

問題 4.10　2つの壺 U_1,U_2 があり，U_1 には赤玉4個，白玉2個，黒玉4個，U_2 には赤

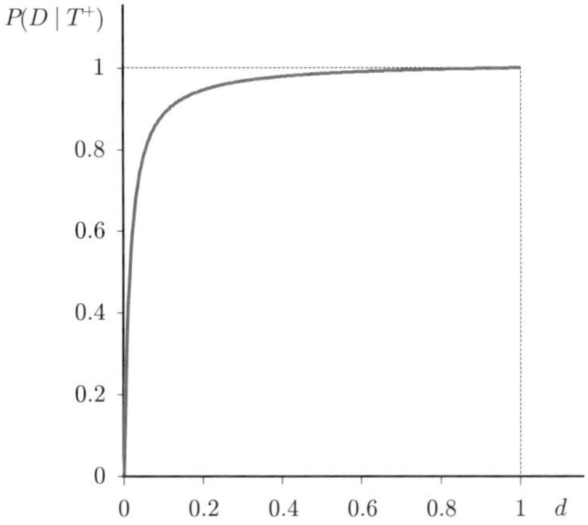

図 4.3　$0 \leq d \leq 1$ に対する $P(D|T^{+})$

玉5個，白玉3個，黒玉2個が入っている．まず，U_1 から1個の玉を取り出して U_2 に入れ，次に，U_2 から1個の玉を取り出したところ黒玉であった．初めに U_1 から取り出した玉は何色であったか，確率で答えよ．

4.3　事象の独立性

2つの事象 A, B は，

$$P(A \cap B) = P(A)P(B) \tag{4.14}$$

を満たすとき**独立**であるという．独立でないとき**従属**であるという．この定義では，$P(A) = 0$ または $P(B) = 0$ の場合を排除していない．$P(A) = 0$ ならば，確率の単調性 $P(A \cap B) \leq P(A)$ から $P(A \cap B) = 0$ がわかる．したがって，$P(A) = 0$ ならば，任意の B に対して式 (4.14) が成り立つ．言い換えると，$P(A) = 0$ を満たす事象 A はすべての事象と独立となる．ついでに言うと，$P(A) = 1$ を満たす事象 A もすべての事象と独立となる．

■ **条件付き確率と独立性**　式 (4.14) において $P(A) > 0$ を仮定しよう．両辺を $P(A)$ で割れば，

$$P(B|A) = \frac{P(A \cap B)}{P(A)} = P(B) \tag{4.15}$$

が得られる．これは，B の生起が A とは無関係であることを意味する．逆に，$P(B|A) = P(B)$ から式 (4.14) が導かれる．したがって，2 つの事象 A, B に対して，$P(A) > 0$ であれば，A と B が独立であることと $P(B|A) = P(B)$ は同値である．

例 4.8　ジョーカーを除いた 52 枚のカードから 1 枚を抜き取る試行において，2 つの事象

A：エースが出る，　　B：ハートが出る

を考える．明らかに，

$$P(A) = \frac{|A|}{52} = \frac{4}{52} = \frac{1}{13}, \qquad P(B) = \frac{|B|}{52} = \frac{13}{52} = \frac{1}{4}$$

である．さらに，積事象 $A \cap B$ は抜き出したカードがハートのエースであることを意味するので，

$$P(A \cap B) = \frac{|A \cap B|}{52} = \frac{1}{52}$$

となる．明らかに，$P(A \cap B) = P(A)P(B)$ が成り立ち，2 つの事象 A, B は独立である．

例 4.9　例 4.3 のくじ引きにおいて，

$$P(A) = P(B) = \frac{1}{5}, \qquad P(A \cap B) = P(A)P(B|A) = \frac{2}{10} \cdot \frac{1}{9} = \frac{2}{90}$$

である．したがって，$P(A \cap B) \neq P(A)P(B)$ であり，2 つの事象 A, B は独立ではない．このことが，くじ引きの順番に不公平感が生まれる原因であろう．

■ **排反と独立**　2 つ事象 A, B が独立であることと排反であることを混同してはならない．もし，A と B が独立かつ排反であったなら，

$$P(A \cap B) = P(A)P(B), \quad P(A \cap B) = P(\emptyset) = 0$$

が同時に成り立つので，$P(A) = 0$ または $P(B) = 0$ が導かれる．したがって，$P(A) > 0$ かつ $P(B) > 0$ である 2 つの事象に対しては，独立であることと排反であることは同時には成り立つことはない．直感的には，A と B が排反であるということは，「A が起これば B が起こらない」という強い関係が認められるので，それらは独立ではありえないのである．

■ **3 つ以上の事象の独立性**　事象の列 $A_1, A_2, \ldots$ が**独立**であるとは，そこから任意に選び出した任意有限個の $A_{i_1}, A_{i_2}, \ldots, A_{i_n}$ $(i_1 < i_2 < \cdots < i_n)$ に対して，

$$P(A_{i_1} \cap \cdots \cap A_{i_n}) = P(A_{i_1}) \cdots P(A_{i_n})$$

が成り立つときにいう．この条件は，$A_1, A_2, \ldots$ のどの 2 つも互いに独立であることより真に強い条件である．たとえば，3 つの事象 A_1, A_2, A_3 が独立であるためには，そこから任意に選び出した 2 つの事象が独立，すなわち，

$$P(A_1 \cap A_2) = P(A_1)P(A_2),$$
$$P(A_2 \cap A_3) = P(A_2)P(A_3),$$
$$P(A_3 \cap A_1) = P(A_3)P(A_1),$$

だけでは不十分で，さらに

$$P(A_1 \cap A_2 \cap A_3) = P(A_1)P(A_2)P(A_3) \tag{4.16}$$

も必要なのである．

例 4.10　それぞれに 112,121,211,222 が書かれている 4 個の玉が壺の中に入っている．この壺から 1 個の玉を取り出して番号を読むとき，1 位の数字が 1 である事象を A_1，10 位の数字が 1 である事象を A_2，100 位の数字が 1 である事象を A_3 とする．言い換えると，

$$A_1 = \{121, 211\}, \quad A_2 = \{112, 211\}, \quad A_3 = \{112, 121\}$$

である．このとき，A_1, A_2, A_3 から選んだ 2 つの事象は互いに独立になっている．たとえば，

$$P(A_1 \cap A_2) = \frac{1}{4} = \frac{1}{2} \times \frac{1}{2} = P(A_1)P(A_2)$$

から，A_1 と A_2 は独立であることが確かめられる．一方，$A_1 \cap A_2 \cap A_3 = \emptyset$ から $P(A_1 \cap A_2 \cap A_3) = 0$ であるが，

$$P(A_1)P(A_2)P(A_3) = \frac{1}{8} \neq 0 = P(A_1 \cap A_2 \cap A_3)$$

となる．したがって，3 個の事象 A_1, A_2, A_3 は独立ではない．

問題 4.11　2 つの事象 A, B が独立であれば，A^c, B も独立である．このことから，A, B^c も独立であり，A^c, B^c も独立であることを示せ．

問題 4.12　A, B, C が独立で，$P(A) = a$, $P(B) = b$, $P(C) = c$ とする．次の確率を a, b, c を用いて表せ．

$$P(A \cap B^c), \quad P(A \cup B \cup C), \quad P(A \cup (B \cap C)), \quad P(A|B \cup C).$$

問題 4.13　$P(A|B) = P(A|B^c)$ が成り立つための条件を調べよ．

問題 4.14　3 つの事象 A, B, C が独立であるとき，

$$P(A|B \cap C) = P(A|B \cup C) = P(A)$$

が成り立つことを示せ．

第5章
確率変数と確率分布

5.1　確率変数の素朴な導入

ある範囲を動くことが想定されている数のことを変数といい，$x, y, z, t, \ldots$ などの文字によって表す．試行の結果から得られる観測値はある範囲を動くが，偶然の影響を受けて得られる値には確率的な傾向がともなう．このような変数を**確率変数**といい，習慣によって，$X, Y, Z, T, \ldots$ のように大文字を用いる．

例 5.1　コインを 2 枚投げたとき，表を向いたコインの枚数を考えよう．その枚数は $0, 1, 2$ のいずれかであり，確率的に定まる．したがって，表を向いたコインの枚数を X とおけば，X は $\{0, 1, 2\}$ の範囲を動く確率変数となる．実際，$X = 0$ の確率は $1/4$, $X = 1$ の確率は $1/2$, $X = 2$ の確率は $1/4$ となる．このことを

$$P(X = 0) = \frac{1}{4}, \qquad P(X = 1) = \frac{1}{2}, \qquad P(X = 2) = \frac{1}{4} \tag{5.1}$$

のように書く．ここで，確率変数 X が値 x をとる事象を $\{X = x\}$ と書き，

その確率を $P(X = x)$ と書く[1]．

一般に，確率変数のとりうる値の一つ一つを確率変数の**実現値**と呼んで，確率変数そのものとは区別する．確率変数に対して，実現値の確率を網羅したものを**確率分布**または単に**分布**という．例 5.1 では，X の実現値として $0, 1, 2$ の 3 つがある．それらの確率を一覧にしたものが式 (5.1) であり，これによって X の確率分布が決まっているといえる．しかしながら，そのような列挙が有用とも限らず，そもそもそのような列挙ができないこともある．たとえば，数直線上の区間 $[0, L] = \{x\,;\, 0 \leq x \leq L\}$ からランダムに 1 点を選ぶことを考えよう．選ばれた点の座標を X とすると，X は $[0, L]$ に値をとる確率変数である．例 3.5 で見たように，すべての x に対して $P(X = x) = 0$ となるので，$P(X = x)$ を列挙しても，X の確率分布を知ることはできない．そこで次の定義が重要になる．

■ **分布関数**　X を確率変数とする．実数 x に対して，X が x 以下の値をとる確率を

$$F_X(x) = P(X \leq x) \tag{5.2}$$

とおく[2]．こうして定まる実数 x を変数とする関数 $F_X(x)$ を X の**分布関数**という．

例 5.2（例 5.1 の続き）　分布関数 $F_X(x)$ を求めよう．まず，$x < 0$ のとき，$X \leq x$ は起こりえないから，

$$F_X(x) = P(X \leq x) = 0, \qquad x < 0.$$

また，$x \geq 2$ のとき，$X \leq x$ は必ず起こるから，

1）正式には $P(\{X = x\})$ と書くべきところではあるが，かっこが重なってうるさいので $P(X = x)$ と書く．

2）確率を与える対象は事象に限るので，式 (5.2) の右辺が意味をもつためには，「X が x 以下の値をとる」ことは事象でなくてはならない．このことをきちんと議論するためには確率空間が必要になるので，ここでは深入りせずに素朴に了解して先に進もう．

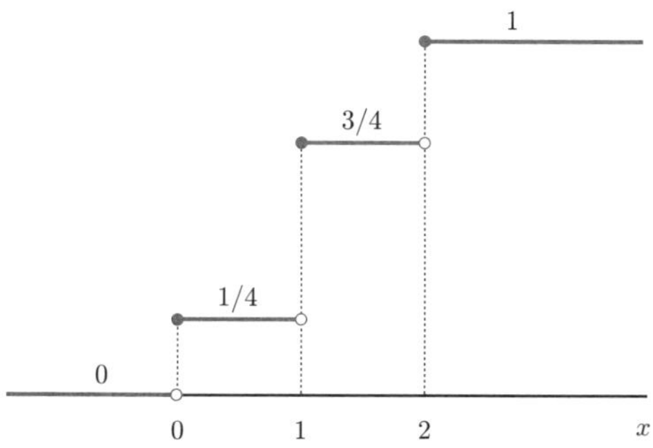

図 5.1　分布関数（例 5.2）

$$F_X(x) = P(X \leq x) = 1, \qquad x \geq 2.$$

$0 \leq x < 1$ のとき，$X \leq x$ は表が 0 枚出たことを意味するから，

$$F_X(x) = P(X \leq x) = P(\{0\}) = \frac{1}{4}, \qquad 0 \leq x < 1.$$

$1 \leq x < 2$ なら，$X \leq x$ は表が 0 枚または 1 枚出たことを意味するから，

$$F_X(x) = P(X \leq x) = P(\{0,1\}) = \frac{1}{4} + \frac{1}{2} = \frac{3}{4}, \qquad 1 \leq x < 2.$$

こうして，$F_X(x)$ はジャンプのみで増加する階段関数になる（図 5.1）．

例 5.3　数直線上の区間 $[0, L]$ からランダムに 1 点を選ぶことを考える．選ばれた点の座標を X とすると，X は $[0, L]$ に値をとる確率変数である．X の分布関数を求めよう．まず，$x < 0$ ならば $X \leq x$ は起こりえないので，

$$F_X(x) = P(X \leq x) = 0, \qquad x < 0.$$

また，$x \geq L$ のときは，$X \leq x$ は必ず起こるので，

$$F_X(x) = P(X \leq x) = 1, \qquad x \geq L.$$

そこで，$0 \leq x < L$ の場合を考えよう．事象 $\{X \leq x\}$ は，選ばれた点が区間 $[0, x]$ に属していることを意味する．ランダムに選ぶという前提から，確率は

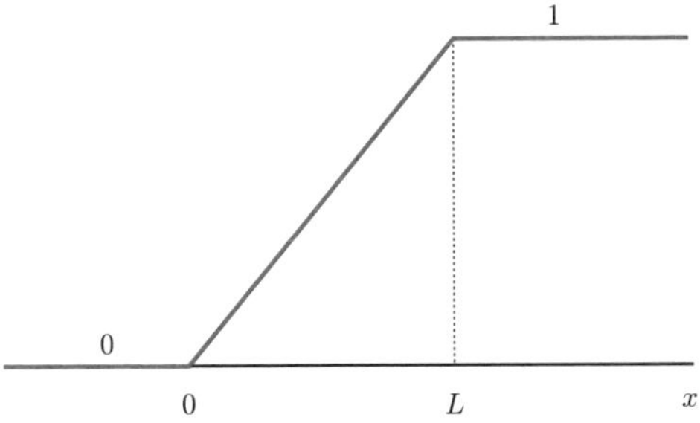

図 5.2　分布関数（例 5.3）

長さの比で与えるのが適当である．したがって，

$$F_X(x) = P(X \leq x) = \frac{|[0,x]|}{|[0,L]|} = \frac{x}{L}, \qquad 0 \leq x < L$$

が得られる．得られた分布関数 $F_X(x)$ のグラフを図 5.2 に示す．

■ **分布関数の性質**　確率変数の分布関数 $F(x)$ は次の 3 つの性質をもつ．

(1)　（単調増加）$x_1 \leq x_2$ ならば $F(x_1) \leq F(x_2)$

(2)　$\lim_{x\to-\infty} F(x) = 0, \quad \lim_{x\to+\infty} F(x) = 1.$

(3)　（右半連続）$\lim_{\epsilon\to+0} F(x+\epsilon) = F(x).$

まず，(1) は $\{X \leq x_1\} \subset \{X \leq x_2\}$ から明らかである．(2) は x が限りなく小さくなれば $X \leq x$ が起こる確率は限りなく 0 に近づき，x が限りなく大きくなれば $X \leq x$ が起こる確率は限りなく 1 に近づくことを示す．また，(3) は分布関数が右半連続であることを示している．証明のためには確率の公理に戻る必要があるので，ここでは例 5.2 と例 5.3 で求めた分布関数が性質 (1)-(3) を満たすことを確認しておくだけでよい．

■ **離散型確率変数**　分布関数の増加の仕方に注目しよう．図 5.3 のように，ジャンプのみで増加する分布関数をもつ確率変数は**離散型**である．一般に，X を離散型確率変数，$F_X(x)$ をその分布関数としよう．$F_X(x)$ はジャンプだけで増加し，ジャンプを与える x は高々可算個であることがわかるので，そ

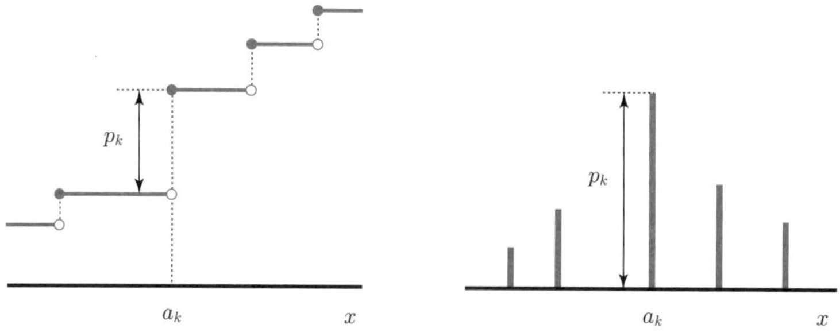

図 5.3 離散分布の分布関数と離散分布のイメージ

れらを $a_1, a_2, \ldots$ とする．$x = a_k$ におけるジャンプ量を $p_k > 0$ とすると，

$$P(X = a_k) = p_k \tag{5.3}$$

が成り立つ．表の形にすれば，

x	a_1	a_2	$\cdots$	a_k	$\cdots$	合計
$P(X = x)$	p_1	p_2	$\cdots$	p_k	$\cdots$	1

のようになる．なお，形式的に $p_k = 0$ も許しておいた方が，例外に言及する手間が省けて便利なことが多い．もちろん，$p_k = 0$ であれば，対応する a_k とともに除外しても確率変数 X の性質に変わりはない．

■ **連続型確率変数**　分布関数が連続になる確率変数を**連続型**という[3]．たとえば，図 5.2 に示した分布関数は連続であるから，例 5.3 の確率変数 X は連続型である．一般に，X を連続型確率変数，$F_X(x)$ をその分布関数とする．$a < b$ に対して

$$P(a < X \leq b) = P(X \leq b) - P(X \leq a) = F_X(b) - F_X(a)$$

が成り立つことが分布関数の定義からすぐわかる．連続型確率変数 X に対しては，特定の値 a に対して $P(X = a) = 0$ となるから，

3) すべての確率変数が離散型または連続型に分類されるわけではない．どちらにも分類されないもの（離散型と連続型が混ざっているもの）もある（問題 5.6）．

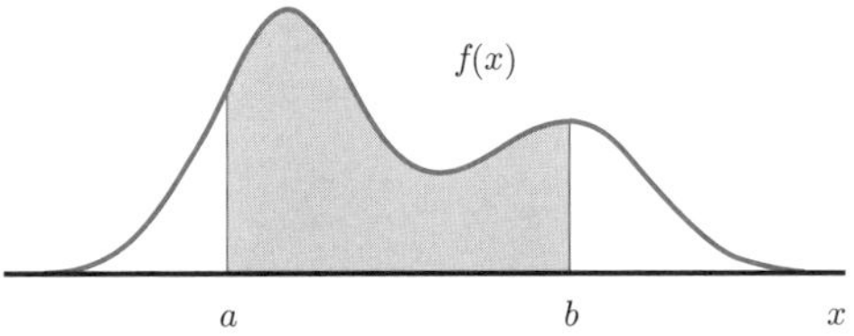

図 5.4 密度関数：$P(a \leq X \leq b) = \int_a^b f(x)dx$

$$P(a \leq X \leq b) = F_X(b) - F_X(a) \tag{5.4}$$

も成り立つ．もし，適当な関数 $f(x)$ によって式 (5.4) が

$$P(a \leq X \leq b) = F_X(b) - F_X(a) = \int_a^b f(x)dx, \qquad a < b, \tag{5.5}$$

のように積分で表わされるとき，$f(x)$ を確率変数 X の**確率密度関数**または単に**密度関数**といい，しばしば $f_X(x)$ のように X を明示する．図 5.4 のように，式 (5.5) の積分は関数 $y = f(x)$ と x 軸が囲む面積である．一般の連続型確率変数（あるいは連続型の確率分布）は必ずしも密度関数をもつとは限らないが，応用上重要な連続分布は密度関数をもつ．本書では密度関数を連続分布のみを扱う．

密度関数 $f(x)$ は式 (5.5) によって確率と結びつくので，

$$\int_{-\infty}^{+\infty} f(x)dx = 1, \qquad f(x) \geq 0, \tag{5.6}$$

および，任意の x に対して，

$$P(X \leq x) = F_X(x) = \int_{-\infty}^{x} f(t)dt \tag{5.7}$$

が成り立つ．さらに，式 (5.5) は $F_X(x)$ が $f(x)$ の原始関数であることを意味する．言い換えれば，式 (5.7) の両辺を x で微分することで，基本的な公式

$$\frac{dF_X}{dx}(x) = F'_X(x) = f(x) \tag{5.8}$$

が得られる．応用上は，$F_X(x)$ が区分的に微分可能であるものを扱うことが多く，その場合，式 (5.8) が区分的に成り立つ．

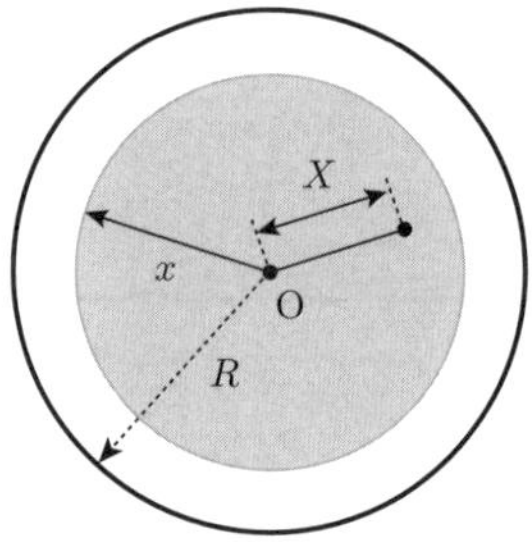

図 5.5　円の内部からランダムに 1 点を選ぶ試行：事象 $\{X \le x\}$

例 5.4　半径 R の円の内部からランダムに 1 点を選び，円の中心 O との距離を X とする．X は区間 $[0, R]$ に値をとる連続型確率変数になる．X の分布関数 $F_X(x) = P(X \le x)$ を求めよう．まず，

$$F_X(x) = 0, \quad x < 0; \qquad F_X(x) = 1, \quad x > R, \tag{5.9}$$

は明らかである．次に，$0 \le x \le R$ とする．事象 $\{X \le x\}$ はランダム点が半径 x の同心円の内部から選ばれることを意味する（図 5.5）．題意から，その確率は面積比で与えられるので，

$$F_X(x) = P(X \le x) = \frac{\pi x^2}{\pi R^2} = \frac{x^2}{R^2}, \qquad 0 \le x \le R, \tag{5.10}$$

が得られる．こうして，式 (5.9) と式 (5.10) を合わせて，分布関数 $F_X(x)$ が得られた．確かに，$F_X(x)$ は連続関数であり，区分的に微分可能である (図 5.6 左)．したがって，$F_X(x)$ を微分することで X の密度関数 $f_X(x)$ が得られ，

$$f_X(x) = \begin{cases} \dfrac{2}{R^2}\,x, & 0 < x < R, \\ 0, & \text{その他}, \end{cases}$$

となる．ここで，密度関数は積分を通して確率を与えることが本質的な役割であるので，$F_X(x)$ の微分が定まらない点 $x = R$ に対して $f_X(x)$ の値はどのように定めても（定めなくても）よい．

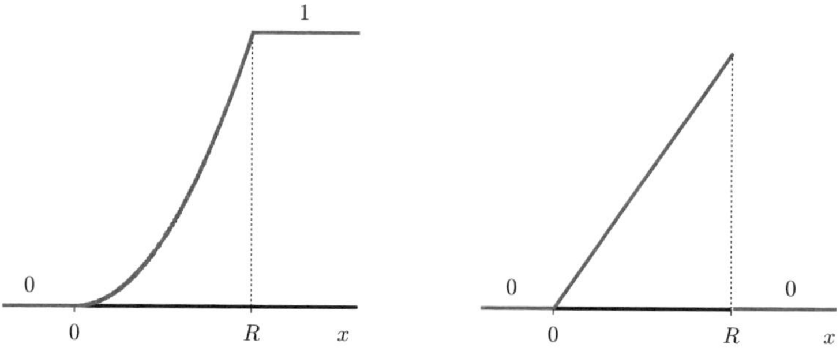

図 5.6 分布関数 $F_X(x)$ と密度関数 $f_X(x)$

問題 5.1 サイコロを 1 回振ったときに出る目 X は $\{1, 2, 3, 4, 5, 6\}$ の範囲を動く確率変数となる．X の分布関数を求めよ．

問題 5.2 長さ L の線分をランダムに 2 分割して得られる 2 つの線分のうち，長い方の長さを X, 短い方を Y とする（ちょうど 2 等分されたときは $X = Y$ とする）．X, Y それぞれの分布関数と密度関数を求めよ．

問題 5.3 X を連続型確率変数として密度関数 $f_X(x)$ をもつものとする．

(1) $Y = aX + b$ の密度関数を $f_X(x)$ を用いて表せ．ただし，a, b は定数とし，$a > 0$ とする．

(2) $Z = X^2$ の密度関数を $f_X(x)$ で用いて表せ．

問題 5.4 確率変数 X が非負の整数 $0, 1, 2, \ldots$ にのみ値をとるとき，

$$\mathbf{E}[X] = \sum_{n=1}^{\infty} P(X \geq n)$$

が成り立つことを示せ．

問題 5.5 k を定数とする．関数

$$f(x) = \begin{cases} kx + \dfrac{1}{2}, & 0 \leq x \leq 3, \\ 0, & \text{その他}, \end{cases}$$

が確率密度関数になるように k の値を定めよ．

問題 5.6 確率変数 X の分布関数 $F_X(x)$ が，

$$F_X(x) = \begin{cases} 0, & x \le 0, \\ \dfrac{1}{3}x, & 0 \le x < 1, \\ \dfrac{1}{3}(x+1), & 1 \le x < 2, \\ 1, & x \ge 2, \end{cases}$$

で与えられているとき，次の確率を求めよ．

$$P\Big(X \le \frac{1}{2}\Big), \qquad P(X \le 1), \qquad P(X < 1), \qquad P\Big(\frac{1}{2} < X < \frac{3}{2}\Big).$$

5.2 確率変数の平均値と分散

■ **確率変数の平均値** まず，確率変数 X が離散型の場合を扱う．とりうる値を $a_1, a_2, \dots$ として確率分布を

$$P(X = a_k) = p_k\,, \qquad k = 1, 2, \dots, \tag{5.11}$$

とおく．このとき，X の平均値を

$$\mu_X = \mathbf{E}[X] = \sum_k a_k p_k \tag{5.12}$$

で定義する．ここで，$\sum_k$ は X のとりうる値 a_k がすべて現れるように k を動かして和をとることを意味する．なお，式 (5.12) の右辺を

$$\mu_X = \mathbf{E}[X] = \sum_x xP(X = x) \tag{5.13}$$

のように書くこともある．ここで $\sum_x$ は x をすべての実数を走らせて和をとるという実際にはできないことを意味するが，$P(X = x)$ は高々可算個の x を除いて 0 であるから，実のところ，有限和または無限級数に帰着している[4]．

次に，X を連続型確率変数とし，密度関数 $f_X(x)$ をもつものとする．このとき，X の平均値を積分

4) 実数を番号付けして並べることはできない（実数は非可算集合である）ので，$\sum_x$ を和として文字通り理解してはならない．同じ無限集合でも自然数，整数，有理数は可算集合であり，番号付けが可能である．有限集合と可算集合を合わせて高々可算集合という．

$$\mu_X = \mathbf{E}[X] = \int_{-\infty}^{+\infty} x f_X(x)\,dx \tag{5.14}$$

で定義する．

注意 5.5 一般の確率変数 X の平均値は，その分布関数 $F_X(x)$ を用いて，

$$\mu_X = \mathbf{E}[X] = \int_{-\infty}^{+\infty} x\,dF_X(x)$$

で定義される．右辺の積分はスチルチェス積分と呼ばれるもので，X が離散型の場合は式 (5.12) に，密度関数をもつ場合は式 (5.14) に帰着される．一般の確率変数を扱うためには測度論の知識を必要とするので，本書では深入りしない．

■ **確率分布の平均値** これまでに，与えられた確率変数に対して確率分布を定義したが，確率変数そのものより確率分布の方が重要であることが多い．そこで，確率変数 X の分布を適当な記号，たとえば α とおいて，**確率変数 $\boldsymbol{X}$ は分布 $\boldsymbol{\alpha}$ に従う**という言い方をすることも多い．このことを $X \sim \alpha$ と書くと便利である．文脈によって，α には分布関数を用いたり，分布の名称を用いたりする．与えられた確率分布 α に対して，それに従う確率変数 X を 1 つとり，X の平均値 $\mathbf{E}[X]$ をもって確率分布 α の平均値と定義する．

■ **確率変数の関数の平均値** 確率変数 X が与えられたとき，その関数 $\varphi(X)$ も確率変数になる．たとえば，X^2, X^3, e^{itX} などが重要である．

定理 5.6 離散型確率変数 X の確率分布が式 (5.11) によって与えられているときは，

$$\mathbf{E}[\varphi(X)] = \sum_k \varphi(a_k)p_k = \sum_x \varphi(x)P(X = x) \tag{5.15}$$

となる．連続型確率変数 X の密度関数を $f_X(x)$ とすれば，

$$\mathbf{E}[\varphi(X)] = \int_{-\infty}^{+\infty} \varphi(x) f_X(x)\,dx \tag{5.16}$$

となる．

本来，$\mathbf{E}[\varphi(X)]$ は $\varphi(X)$ の分布を用いて定義されるが，式 (5.15) や式 (5.16) の右辺は $\varphi(X)$ ではなく X の分布による表式になっている．つまり，式 (5.15) や式 (5.16) は自明ではなく，証明を要する．一般の確率変数に対する公式として正確に理解するには，測度論を用いた本格的な確率論に踏む込む必要があるので，ここでは離散型確率変数に対して証明を与えるにとどめよう．

証明　離散型確率変数 X のとりうる値を $a_1, a_2, \dots$ として，それらは相異なるものとする．$\varphi(X)$ のとりうる値は，$\varphi(a_1), \varphi(a_2), \dots$ であるが，これらには重複があるかもしれない．そこで，それらから異なるものを選び出して $b_1, b_2, \dots$ とし，

$$I(j) = \{k\,;\,\varphi(a_k) = b_j\}$$

とおく．$I(1), I(2), \dots$ は互いに素であって，それらの和集合は a_k に現れる k を尽くす．さらに，

$$P(\varphi(X) = b_j) = \sum_{k \in I(j)} P(X = a_k)$$

に注意しておく．これを用いて，$\varphi(X)$ の平均値を定義にもとづいて計算すると，

$$\begin{aligned}\mathbf{E}[\varphi(X)] &= \sum_j b_j P(\varphi(X) = b_j) = \sum_j b_j \sum_{k \in I(j)} P(X = a_k) \\ &= \sum_j \sum_{k \in I(j)} \varphi(a_k) P(X = a_k) = \sum_k \varphi(a_k) P(X = a_k)\end{aligned}$$

となる．□

■ **確率変数の分散**　確率変数 X の平均値を $\mathbf{E}[X] = \mu$ とするとき，X の**分散**が

$$\sigma_X^2 = \mathbf{V}[X] = \mathbf{E}[(X - \mu)^2] \tag{5.17}$$

で定義される．分散の正の平方根

$$\sigma_X = \sqrt{\sigma_X^2} = \sqrt{\mathbf{V}[X]}$$

を**標準偏差**という．

確率変数 X が離散型または連続型であれば，定理 5.6 により $\mathbf{E}[(X - \mu)^2]$ を計算して，

$$\mathbf{V}[X] = \mathbf{E}[X^2] - \mathbf{E}[X]^2 \tag{5.18}$$

が導かれる．これを**分散公式**という．分散公式は X が一般の確率変数でも成り立つが，その証明には平均値の線形性が必要なので，第 5.3 節で再度扱う．

■ **記述統計との関係**　第 2 章では 1 変量データに対して様々な統計量を導入し，本章では確率変数に対して同様の名称の統計量を導入した．実は，1 変量データ $x_1, x_2, \ldots, x_n$ に対して離散型確率変数 X を対応させることで，双方に対して導入した統計量は一致するので，共通の名称を用いても混乱はないのである．以下，このことを確認しておこう．

1 変量データ $x_1, x_2, \ldots, x_n$ が与えられたとする．その中には同じ値が重複して現れているかもしれないので，異なる値を取り出して，$y_1, y_2, \ldots, y_m$ とし，各 y_k が f_k 回ずつ重複して現れているとする．相対度数を

$$p_k = \frac{f_k}{n}$$

とおけば，当然，

$$p_k \geq 0, \qquad \sum_{k=1}^{m} p_k = 1$$

が成り立つ．これをもとにして，離散型確率変数 X を

$$P(X = y_k) = p_k \tag{5.19}$$

で定義する．確率変数 X の平均値は定義によって，

$$\mathbf{E}[X] = \sum_{k=1}^{m} y_k p_k = \sum_{k=1}^{m} y_k \frac{f_k}{n} = \frac{1}{n} \sum_{k=1}^{m} y_k f_k$$

となる．最後の和は，観測値 $x_1, x_2, \ldots, x_n$ の総和であるから，

$$\mathbf{E}[X] = \frac{1}{n} \sum_{i=1}^{n} x_i = \bar{x}$$

となり，もとの 1 変量データの平均値と一致することが示された．つまり，1 変量データ $x_1, x_2, \ldots, x_n$ と確率変数 X を式 (5.19) によって関連付けることで，観測値の平均値と確率変数の平均値は同じことになる．同様にして，

$$\mathbf{E}[X^2] = \sum_{k=1}^{m} y_k^2 p_k = \frac{1}{n}\sum_{k=1}^{m} y_k^2 f_k = \frac{1}{n}\sum_{i=1}^{n} x_i^2$$

だから，確率変数 X の分散は，

$$\mathbf{V}[X] = \mathbf{E}[X^2] - \mathbf{E}[X]^2 = \frac{1}{n}\sum_{i=1}^{n} x_i^2 - \bar{x}^2 = \sigma_x^2$$

となり，1 変量データとしての分散に一致する．さらに，観測値 $x_1, x_2, \ldots, x_n$ に対して定義される分布関数と確率変数 X に対して定義される分布関数は一致することが容易にわかる．

問題 5.7　サイコロを 2 個振って出る目のうち大きい方を X, 小さい方を Y とする．ただし，同じ目が出た場合は $X = Y$ とする．X, Y それぞれの分布，平均値，分散を求めよ．

問題 5.8（問題 5.2 の続き）　長さ L の線分をランダムに 2 分割して得られる 2 つの線分のうち，長い方の長さを X, 短い方を Y とする（ちょうど 2 等分されたときは $X = Y$ とする）．X, Y それぞれの平均値と分散を求めよ．

問題 5.9（例 5.4 の続き）　半径 R の円の内部からランダムに 1 点を選んだとき，その点と円の中心との距離 X の平均値と分散を求めよ．

5.3 平均値の線形性と関連する公式

離散型確率変数 X と定数 c に対して，

$$\mathbf{E}[cX] = c\mathbf{E}[X] \tag{5.20}$$

が成り立つ．実際，$c = 0$ ならば明らかなので，$c \neq 0$ とする．X のとりうる値を $a_1, a_2, \ldots$ とすれば，cX のとりうる値は $ca_1, ca_2, \ldots$ となり，

$$\mathbf{E}[cX] = \sum_j ca_j P(cX = ca_j) = c\sum_j a_j P(X = a_j) = c\mathbf{E}[X]$$

が得られる．

次に，2 つの離散型確率変数 X, Y とその和 $X+Y$ を考えよう．X のとりうる値を $a_1, a_2, \ldots$, Y のとりうる値を $b_1, b_2, \ldots$ とおけば，

$$\mathbf{E}[X] = \sum_j a_j P(X = a_j), \qquad \mathbf{E}[Y] = \sum_k b_k P(Y = b_k)$$

となる．ここで，$X+Y$ のためには X と Y の関係性を含んだ確率

$$P(X = a_j, Y = b_k) = P(\{X = a_j\} \cap \{Y = b_k\})$$

が必要である．これを X, Y の**結合分布**または**同時分布**という．定義から，

$$P(X = a_j) = \sum_k P(X = a_j, Y = b_k), \tag{5.21}$$

$$P(Y = b_k) = \sum_j P(X = a_j, Y = b_k) \tag{5.22}$$

は明らかである．さて，$X+Y$ のとりうる値を $c_1, c_2, \ldots$ とすれば，平均値の定義から

$$\mathbf{E}[X+Y] = \sum_l c_l P(X + Y = c_l)$$

である．ここで，c_l は $a_j + b_k$ の形で得られるが，必ずしも 1 通りに a_j と b_k が決まらないことに注意すれば，

$$\begin{aligned}\sum_l c_l P(X+Y = c_l) &= \sum_l c_l \sum_{j,k:a_j+b_k=c_l} P(X = a_j, Y = b_k) \\ &= \sum_l \sum_{j,k:a_j+b_k=c_l} (a_j + b_k) P(X = a_j, Y = b_k)\end{aligned}$$

となる．最後の二重和はすべての a_j と b_k にわたってとることになるから，

$$\mathbf{E}[X+Y] = \sum_{j,k} (a_j + b_k) P(X = a_j, Y = b_k) \tag{5.23}$$

が得られる．式 (5.21), 式 (5.22) を用いて右辺を計算すると，

$$= \sum_{j,k} a_j P(X = a_j, Y = b_k) + \sum_{j,k} b_k P(X = a_j, Y = b_k)$$

$$= \sum_{j} a_j P(X = a_j) + \sum_{k} b_k P(Y = b_k) = \mathbf{E}[X] + \mathbf{E}[Y]$$

となり，

$$\mathbf{E}[X + Y] = \mathbf{E}[X] + \mathbf{E}[Y] \tag{5.24}$$

が導かれた．

上に示した式 (5.20) と式 (5.24) を合わせて，平均値の線形性という．ここでは離散型確率変数に限って証明を与えたが，同様の性質は一般の確率変数に対しても成り立つ．一般に証明するためには測度論を必要とするので，証明を述べることはしないが，重要な性質なので定理として述べておく．

定理 5.7 **（平均値の線形性）** 確率変数 X, Y と定数 a, b に対して，次が成り立つ．

$$\mathbf{E}[aX + bY] = a\mathbf{E}[X] + b\mathbf{E}[Y].$$

■ **分散公式** 平均値の線形性を用いると，一般の確率変数 X に対して分散公式を導出できる．実際，式 (5.17) の右辺を展開して，平均値の線形性を用いると，

$$\mathbf{E}[(X - \mu)^2] = \mathbf{E}[X^2 - 2\mu X + \mu^2] = \mathbf{E}[X^2] - 2\mu\mathbf{E}[X] + \mathbf{E}[\mu^2] \tag{5.25}$$

となる．ここで $\mu = \mathbf{E}[X]$ であり，これは定数である．定数はただ 1 つの値だけをとる確率変数として，平均をとることができて $\mathbf{E}[\mu^2] = \mu^2$ である．したがって，式 (5.25) の右辺は

$$= \mathbf{E}[X^2] - 2\mu^2 + \mu^2 = \mathbf{E}[X^2] - \mu^2 = \mathbf{E}[X^2] - \mathbf{E}[X]^2$$

となり，分散公式 (5.18) が導かれた．

定理 5.8 X を確率変数，a, b を定数とするとき，次が成り立つ．

$$\mathbf{V}[aX + b] = a^2 V[X].$$

証明 分散公式を用いると，

$$\begin{aligned}\mathbf{V}[aX + b] &= \mathbf{E}[(aX + b)^2] - \mathbf{E}[aX + b]^2 \\ &= (a^2\mathbf{E}[X^2] + 2ab\mathbf{E}[X] + \mathbf{E}[b^2]) - (a\mathbf{E}[X] + \mathbf{E}[b])^2 \\ &= a^2\mathbf{E}[X^2] - a^2\mathbf{E}[X]^2 = a^2\mathbf{V}[X]\end{aligned}$$

が得られ，証明を終える． □

■ **確率変数の標準化** 確率変数 X に対して，

$$\tilde{X} = \frac{X - \mathbf{E}[X]}{\sqrt{\mathbf{V}[X]}}$$

をその**標準化**または**規準化**という．定理 5.7 と定理 5.8 によって，平均値 $\mathbf{E}[\tilde{X}] = 0$ と分散 $\mathbf{V}[\tilde{X}] = 1$ がわかる．

■ **独立な確率変数** 確率変数 X, Y が**独立**であるとは，任意の a, b に対して，

$$P(X \leq a, Y \leq b) = P(X \leq a)P(Y \leq b)$$

が成り立つときにいう．この条件は，X, Y それぞれが定める事象 $\{X \leq a\}$ と $\{Y \leq b\}$ が独立になることを意味する．X, Y ともに離散型であれば，X のとりうる値を $a_1, a_2, \ldots$，Y のとりうる値を $b_1, b_2, \ldots$ として，

$$P(X = a_j, Y = b_k) = P(X = a_j)P(Y = b_k) \tag{5.26}$$

が成り立つことが独立のための必要十分条件になる．連続型確率変数については，結合密度関数と周辺密度関数が必要になる（第 11.2 節）．

■ **独立な確率変数に対する平均値の乗法性** 独立な 2 つの離散型確率変数 X, Y の積 XY を考えよう．式 (5.23) を導いた議論と同様にして，

$$\mathbf{E}[XY] = \sum_{j,k} a_j b_k P(X = a_j, Y = b_k) \tag{5.27}$$

がわかる．ここで，式 (5.26) を用いれば，式 (5.27) の右辺は

$$\begin{aligned}\sum_{j,k} a_j b_k P(X = a_j, Y = b_k) &= \sum_{j,k} a_j b_k P(X = a_j) P(Y = b_k) \\ &= \sum_j a_j P(X = a_j) \sum_k b_k P(Y = b_k) \\ &= \mathbf{E}[X]\mathbf{E}[Y]\end{aligned}$$

となり，平均値の乗法性

$$\mathbf{E}[XY] = \mathbf{E}[X]\mathbf{E}[Y] \tag{5.28}$$

が得られる．この公式は，離散型とは限らず，一般に独立な確率変数 X, Y に対して成り立つ．

■ 独立な確率変数に対する分散の加法性　まず，2 つの確率変数 X, Y の和に分散公式を適用して計算すると，

$$\begin{aligned}\mathbf{V}[X + Y] &= \mathbf{E}[(X + Y)^2] - \mathbf{E}[X + Y]^2 \\ &= \mathbf{E}[X^2 + 2XY + Y^2] - (\mathbf{E}[X] + \mathbf{E}[Y])^2 \\ &= \mathbf{E}[X^2] - \mathbf{E}[X]^2 + \mathbf{E}[Y^2] - \mathbf{E}[Y]^2 + 2(\mathbf{E}[XY] - \mathbf{E}[X]\mathbf{E}[X]) \\ &= \mathbf{V}[X] + \mathbf{V}[Y] + 2(\mathbf{E}[XY] - \mathbf{E}[X]\mathbf{E}[X]) \end{aligned} \tag{5.29}$$

となる．もし X と Y が独立であれば，平均値の乗法性によって $\mathbf{E}[XY] = \mathbf{E}[X]\mathbf{E}[X]$ が成り立つので，

$$\mathbf{V}[X + Y] = \mathbf{V}[X] + \mathbf{V}[Y] \tag{5.30}$$

が得られる．これを（独立な確率変数に対する）分散の加法性という．公式 (5.28) とともに独立な確率変数 X, Y に対して成り立つ公式として覚えておくとよい．

■ 共分散　一般に，2 つの確率変数 X, Y に対して，

$$\mathbf{Cov}(X, Y) = \mathbf{E}[(X - \mathbf{E}[X])(Y - \mathbf{E}[Y])] \tag{5.31}$$

を**共分散**という．定義式 (5.31) において $Y = X$ とおけば，

$$\mathbf{Cov}(X, X) = \mathbf{E}[(X - \mathbf{E}[X])^2] = \mathbf{V}[X]$$

がわかる．つまり，共分散は分散を一般化したものである．式 (5.31) の右辺を展開すれば，有用な公式

$$\mathbf{Cov}(X, Y) = \mathbf{E}[XY] - \mathbf{E}[X]\mathbf{E}[X] \tag{5.32}$$

が得られる．そうすると，式 (5.29) で示したように，一般の確率変数 X, Y に対して，

$$\mathbf{V}[X + Y] = \mathbf{V}[X] + \mathbf{V}[Y] + 2\mathbf{Cov}(X, Y) \tag{5.33}$$

が成り立つ．

■ **無相関な確率変数**　確率変数 X, Y は $\mathbf{Cov}(X, Y) = 0$ を満たすとき，**無相関**であるという．混同されがちであるが，独立と無相関は異なる概念である．

定理 5.9　独立な確率変数は無相関である．

証明　独立な確率変数 X, Y に対して平均値の乗法性 $\mathbf{E}[XY] = \mathbf{E}[X]\mathbf{E}[Y]$ が成り立つ．したがって，式 (5.32) によって，$\mathbf{Cov}(X, Y) = 0$ となる．□

注意 5.10　2 つの確率変数 X, Y に対して，$\mathbf{Cov}(X, Y) = 0$ だからといって，それらが独立であるとは限らない．共分散は数値的に求まるので便利であるが，それだけでは独立性の判定にならないのである．簡単な例は問題 5.13 を見よ．

定理 5.11　**(分散の加法性)**　確率変数 X, Y が無相関であれば，

$$\mathbf{V}[X + Y] = \mathbf{V}[X] + \mathbf{V}[Y]$$

が成り立つ．(すでに，独立な確率変数に対して分散の加法性が成り立つことを述べたが，実は，無相関であれば成り立つのである．)

証明　一般の確率変数 X, Y に対して成り立つ公式 (5.33) から明らか．□

問題 5.10 確率変数 X に対して，$\mathbf{E}[(X-a)^2]$ を最小にする実数 a を求めよ．

問題 5.11 確率変数 X, Y に対して $\mathbf{E}[(tX+Y)^2] \geq 0$ がすべての実数 t に対して成り立つことを用いて，不等式 $\mathbf{E}[XY]^2 \leq \mathbf{E}[X^2]\mathbf{E}[Y^2]$ を示せ．

問題 5.12 確率変数 X, Y に対して，$|\mathbf{Cov}(X, Y)| \leq \sqrt{\mathbf{V}[X]}\sqrt{\mathbf{V}[Y]}$ が成り立つことを示せ．

問題 5.13 確率変数 X, Y は独立で，それらの分布が

$$P(X=1)=P(X=-1)=\frac{1}{2}, \qquad P(Y=1)=P(Y=-1)=\frac{1}{2}$$

で与えられているものとし，確率変数 U, V を $U=X+Y$, $V=X-Y$ で定義する．このとき，$\mathbf{Cov}(U, V)=0$ であるが，U と V は独立ではないことを示せ．

問題 5.14 確率変数 X の平均値を μ，分散を σ^2 とするとき，$\mathbf{E}[(X+2)(X+3)]$ を μ と σ を用いて表せ．

問題 5.15 2つの確率変数 X, Y は独立で，$\mathbf{E}[X]=\mu_1$，$\mathbf{E}[Y]=\mu_2$，$\mathbf{V}[X]=\sigma_1^2$，$\mathbf{V}[Y]=\sigma_2^2$ とするとき，次の統計量を $\mu_1, \mu_2, \sigma_1, \sigma_2$ を用いて表せ．

$$\mathbf{E}[X+Y], \qquad \mathbf{E}[XY], \qquad \mathbf{V}[X+Y], \qquad \mathbf{V}[XY].$$

問題 5.16 3つの確率変数 X, Y, Z について，X と Z が無相関，Y と Z が無相関であれば，$X+Y$ と Z も無相関であることを示せ．

第6章 基本的な確率分布

6.1 離散分布

離散分布に従う確率変数 X の確率分布が

$$P(X = a_k) = p_k \tag{6.1}$$

で与えられているとする．ここで，$a_1, a_2, \ldots$ は X のとりうる値で，高々可算個（有限個または可算個）である．明らかな条件

$$p_k \geq 0, \qquad \sum_k p_k = 1 \tag{6.2}$$

に注意しておこう．このとき，確率変数 X の（または，それが従う確率分布の）平均値と分散は，

$$\mu = \mathbf{E}[X] = \sum_k a_k p_k \,,$$
$$\sigma^2 = \mathbf{V}[X] = \sum_k (a_k - \mu)^2 p_k$$

で定義される．分散公式

$$\mathbf{V}[X] = \mathbf{E}[(X - \mu)^2] = \mathbf{E}[X^2] - \mathbf{E}[X]^2$$

も思い出しておくとよい．

■ **ベルヌーイ分布** $0 \leq p \leq 1$ とする．確率変数 Z は

$$P(Z=1)=p, \qquad P(Z=0)=1-p, \tag{6.3}$$

を満たすとき，**成功確率** p **のベルヌーイ型確率変数**であるといい，その分布を**ベルヌーイ分布**という．1回のコイン投げの確率モデル（表の出る確率を p として，観測結果は表を1, 裏を0のように数値化する）である．

定理 6.1 成功確率 p のベルヌーイ分布の平均値と分散は次で与えられる．

$$\mu = p, \qquad \sigma^2 = p(1-p).$$

証明　式 (6.3) で定義される確率変数 Z の平均値と分散を求めればよい．定義によって，

$$\mathbf{E}[Z] = 1 \times p + 0 \times (1-p) = p$$

が得られる．分散については，$Z^2 = Z$ に注意して，

$$\mathbf{V}[Z] = \mathbf{E}[Z^2] - \mathbf{E}[Z]^2 = \mathbf{E}[Z] - \mathbf{E}[Z]^2 = p - p^2 = p(1-p)$$

となり，証明を終える． □

■ **二項係数と二項展開** 簡単な計算で

$$(a+b)^2 = a^2 + 2ab + b^2,$$
$$(a+b)^3 = a^3 + 3a^2b + 3ab^2 + b^3,$$
$$(a+b)^4 = a^4 + 4a^3b + 6a^2b^2 + 4ab^3 + b^4,$$
$$\cdots$$

が確かめられる．一般に，$(a+b)^n$ を

$$(a+b)^n = (a \overset{(1)}{+} b)(a \overset{(2)}{+} b) \cdots (a \overset{(n-1)}{+} b)(a \overset{(n)}{+} b)$$

のように n 個の因子の積の形に書けば，$(a+b)^n$ の展開に現れる項は各因子から a または b を取り出して作った積の形をしていることがわかる．したがっ

て，$(a+b)^n$ の展開において $a^k b^{n-k}$ の形の項は第 1 因子から第 n 因子のうち k 個の因子からは a をとり，残りの因子から b をとって作った積として得られる．そのような k 個の a と $n-k$ 個の b の選び方の総数は，n 個から k 個を取り出す組合せの数

$$\binom{n}{k} = \frac{\overbrace{n(n-1)\cdots(n-k+1)}^{k\ 項}}{k!} = \frac{n!}{k!(n-k)!}, \qquad k=0,1,2,\ldots,n,$$

に一致する（ただし，$0! = 1$ とする）．これを**二項係数**という．そうすると，$(a+b)^n$ の展開式

$$(a+b)^n = \sum_{k=0}^{n} \binom{n}{k} a^k b^{n-k} \tag{6.4}$$

が得られる．これを**二項展開**という．

■ **二項分布**　表の出る確率が p である同一のコインを n 回投げたとき，表の出る回数 X は $\{0,1,2,\ldots,n\}$ に値をとる離散型確率変数になる．X の分布 $P(X=k)$ を求めよう．そのためには，n 回のコイン投げの結果（標本点）を書き上げる必要がある．i 回目のコイン投げの結果を Z_i として，いつも通り，表なら $Z_i = 1$, 裏なら $Z_i = 0$ とおく．（Z_i 自身は成功確率 p のベルヌーイ型確率変数となる．）そうすると，n 回のコイン投げのうち表の回数 X は

$$X = \sum_{i=1}^{n} Z_i \tag{6.5}$$

で与えられる．したがって，事象 $\{X=k\}$ は式 (6.5) の右辺において，k 個の Z_i が 1 であり，残りが 0 であることを意味する．$Z_1, Z_2, \ldots, Z_n$ のうち特定の k 個が 1 で他が 0 となる確率は $p^k(1-p)^{n-k}$ であり，この確率はその特定の k 個をどのように選んだかによらない．したがって，事象 $\{X=k\}$ の確率は，$p^k(1-p)^{n-k}$ に n 個から k 個を選ぶ組合せ数を乗ずればよく，

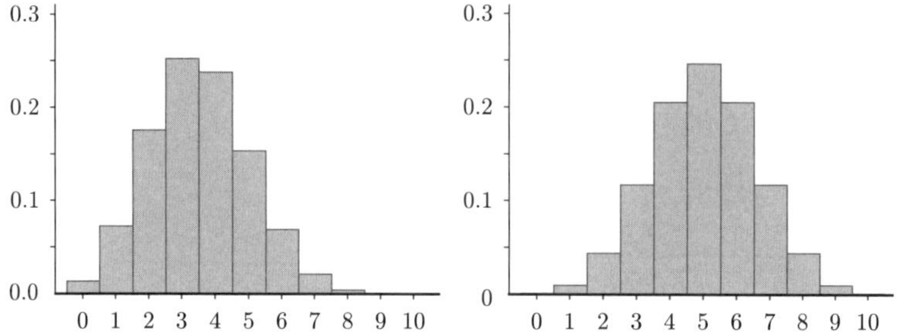

図 6.1　二項分布 $B(10,p)$: 左図 $p=0.35$. 右図 $p=0.5$.

$$P(X=k)=\binom{n}{k}p^k(1-p)^{n-k}, \qquad k=0,1,2,\ldots,n, \tag{6.6}$$

が得られる．これを成功確率 p の**二項分布**といい，$B(n,p)$ で表す．特に，$B(1,p)$ は成功確率 p のベルヌーイ分布である．確かに，式 (6.6) が確率分布になっていることは，二項展開によって，

$$1=(p+(1-p))^n=\sum_{k=0}^{n}\binom{n}{k}p^k(1-p)^{n-k}$$

が成り立つことからわかる．図 6.1 に二項分布の例を示す．整数値にのみ確率が乗っている離散分布であるが，見やすさのためにヒストグラム風に表示した．簡単にわかるように，二項分布 $B(n,p)$ は $p=1/2$ のときのみ左右対称になる．つまり，公平なコインでは表と裏の役割が対称的になる．

定理 6.2　二項分布 $B(n,p)$ の平均値と分散は次で与えられる．

$$\mu=np, \qquad \sigma^2=np(1-p).$$

証明　平均値の定義によって，

$$\mu=\mathbf{E}[X]=\sum_{x}xP(X=x)=\sum_{k=0}^{n}k\binom{n}{k}p^k(1-p)^{n-k} \tag{6.7}$$

である．分散については，まず，

$$\mathbf{E}[X^2] = \sum_x x^2 P(X = x) = \sum_{k=0}^{n} k^2 \binom{n}{k} p^k (1-p)^{n-k} \tag{6.8}$$

を計算して，分散公式を用いればよい．実際，式 (6.7) と式 (6.8) の和は少し工夫すれば計算できる（意欲のある読者は試みよ）．ここでは，式 (6.5) を用いて証明する．まず，平均値の線形性を用いて，

$$\mu = \mathbf{E}[X] = \mathbf{E}\left[\sum_{i=1}^{n} Z_i\right] = \sum_{i=1}^{n} \mathbf{E}[Z_i] \tag{6.9}$$

が成り立つ．Z_i の分布は成功確率 p のベルヌーイ分布であるから，定理 6.1 から $\mathbf{E}[Z_i] = p$. これを式 (6.9) に代入して

$$\mu = \mathbf{E}[X] = np$$

が得られる．分散については，加法性の公式 (5.30) を用いて，

$$\sigma^2 = \mathbf{V}[X] = \mathbf{V}\left[\sum_{i=1}^{n} Z_i\right] = \sum_{i=1}^{n} \mathbf{V}[Z_i] \tag{6.10}$$

が成り立つ．定理 6.1 から $\mathbf{V}[Z_i] = p(1-p)$ がわかるので，式 (6.10) に代入して，

$$\sigma^2 = \mathbf{V}[X] = np(1-p)$$

が従う． □

■ **幾何分布**　コインを投げ続けて何回目に初めて表が出るかを扱う．少し一般化して，成功確率 p の試行を繰り返すとき，初めて成功するまでに要する試行の回数 T を考える（この回数には，成功した試行も含める）．論理的には，T のとりうる値は $1, 2, \ldots$ では尽きず，いつまでも成功しないという事象も考慮して $T = +\infty$（無限大）も考えておく．ここで，$+\infty$ は実数ではないが，どの実数よりも大きな仮想的な数として扱うことで，T も確率変数と考えるのである．

事象 $\{T = k\}$ は，k 回目に初めて成功することを意味するので，最初の $k-1$ 回は失敗が続くことになる．したがって，その確率は

$$P(T = k) = (1-p)^{k-1} p, \qquad k = 1, 2, \ldots \tag{6.11}$$

である．有限回の試行で表が出る確率は，

$$P(T < +\infty) = \sum_{k=1}^{\infty} P(T = k) = \sum_{k=1}^{\infty} (1-p)^{k-1} p$$

で与えられる．無限級数の公式

$$\sum_{n=0}^{\infty} r^n = \frac{1}{1-r}, \qquad |r| < 1,$$

によって，

$$P(T < +\infty) = p \sum_{k=0}^{\infty} (1-p)^k = \frac{p}{1-(1-p)} = 1$$

が得られる．特に，$P(T = +\infty) = 0$ であり，いつか必ず成功することがわかる．式 (6.11) によって与えられる T の分布をパラメータ p の（または成功確率 p の）**幾何分布**という[1]．

定理 6.3 パラメータ p の幾何分布の平均値と分散は次の通りである．

$$\mu = \frac{1}{p}, \qquad \sigma^2 = \frac{1-p}{p^2}.$$

■ **指数関数** 正の実数 $a > 0$ に対して，べき乗 $a^n = aa \cdots a$（n 個の積）が定義される．べき指数 n はもともと自然数であるが，指数法則 $a^{x+y} = a^x a^y$ を用いることで，一般の有理数 $x = q/p$ によるべき乗 a^x が定義される．たとえば，$a^{-2} = 1/a^2$, $a^{1/2} = \sqrt{a}$ などがわかる．さらに，有理数の稠密性を用いた近似の議論によって，任意の実数 x によるべき乗 a^x が定義され，指数関数 $f(x) = a^x$ が得られる．指数関数のグラフの概形を図 6.2 に示す．

指数関数 $y = f(x) = a^x$ の $x = 0$ における微分係数（接線の傾き）は $f'(0)$ で与えられる．この値は a によって変化するが，$f'(0) = 1$ を満たすような a がただ 1 つ存在する．この a の値を e と書いて**ネピアの数**または**自然対数の**

1） 文献によっては，初めて成功するまでの失敗の回数を T として，T の分布を幾何分布と呼んでいる．こちらの流儀では，$P(T = k) = (1-p)^k p\ (k = 0, 1, 2, \ldots)$ となる．

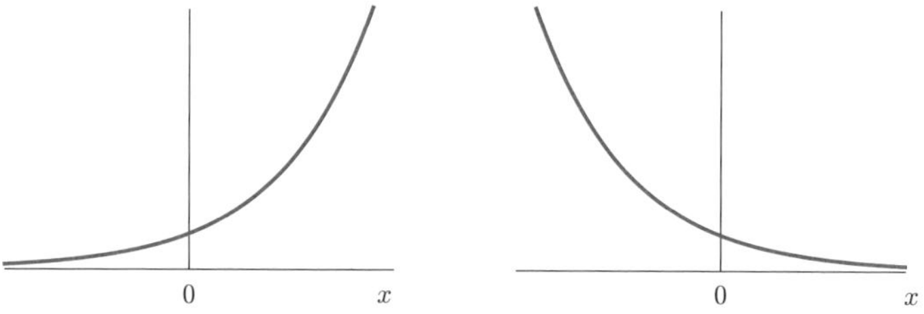

図 6.2 指数関数 $f(x) = a^x$: 左図 $a > 1$. 右図 $0 < a < 1$.

底という．それは無理数であり，おおよそ $e = 2.71828\cdots$ である．指数関数 e^x は大変重要であるが，ここでは指数関数に関する公式：

$$e^x = \sum_{n=0}^{\infty} \frac{x^n}{n!}, \tag{6.12}$$

$$e^x = \lim_{n\to\infty} \left(1 + \frac{x}{n}\right)^n \tag{6.13}$$

を述べるにとどめる．上の公式において，x は任意の実数でよい．なお，指数関数 e^x においてべき指数が複雑な場合は $\exp x$ とも書く．

■ **ポアソン分布**　$\lambda > 0$ を定数として，式 (6.12) において $x = \lambda$ と置き換えて，両辺に $e^{-\lambda}$ をかけると，

$$1 = \sum_{n=0}^{\infty} \frac{\lambda^n}{n!} e^{-\lambda}$$

が得られる．右辺の各項は正であるから，

$$P(X = n) = \frac{\lambda^n}{n!} e^{-\lambda}, \qquad n = 0, 1, 2, \ldots,$$

によって確率変数 X が定義される．この確率分布をパラメータ λ の**ポアソン分布**といい，$\mathrm{Po}(\lambda)$ と書く．

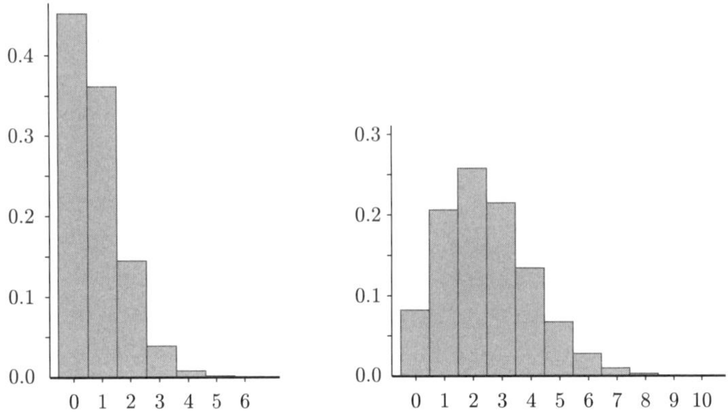

図 6.3　パラメータ λ のポアソン分布：左図 $\lambda = 0.8$．右図 $\lambda = 2.5$．

定理 6.4　パラメータ λ のポアソン分布の平均値と分散は次の通りである．

$$\mu = \lambda, \qquad \sigma^2 = \lambda.$$

証明　定義によって，平均値は

$$\mathbf{E}[X] = \sum_{x} xP(X = x) = \sum_{n=0}^{\infty} n\,\frac{\lambda^n}{n!}\,e^{-\lambda}$$

で与えられる．右辺の和は，指数関数のテーラー展開の公式 (6.12) を用いて簡単に計算できて λ になることがわかる．分散については，$\mathbf{E}[X^2]$ または $\mathbf{E}[X(X-1)]$ を計算して，分散公式を用いればよい．□

■ **二項分布のポアソン近似**　二項分布 $B(n,p)$ は，n が大きく p が小さいとき，パラメータ $\lambda = np$ のポアソン分布で近似できる．二項分布 $B(n,p)$ の平均値は np であるから，二項分布を同じ平均値をもつポアソン分布で代用してよいことを意味する．このことは数式できちんと書いて証明すべきことであるが，ここでは詳細には立ち入らず，例を確認するにとどめる．

例 6.5　次の表は，$B(100, 0.02)$ に対して二項分布による厳密値とパラメータ $\lambda = 2 = 100 \times 0.02$ のポアソン分布による近似値を比較したものである（数値は小数第5位以下を四捨五入してある）．確かに十分な精度で合っている．

k	0	1	2	3	4	5	6	$\cdots$
厳密値	0.1326	0.2707	0.2734	0.1823	0.0902	0.0353	0.0114	$\cdots$
近似値	0.1353	0.2707	0.2707	0.1804	0.0902	0.0361	0.0120	$\cdots$

二項分布 $B(n,p)$ は成功確率 p の試行を繰り返し行ったときの成功回数の分布を与える．成功確率 p が小さいということは，その試行はほとんど失敗に終わり，稀にしか成功しないことを意味する．したがって，ポアソン分布は稀にしか成功しない試行において成功回数の分布を与えることになる．この観点からポアソン分布には幅広い応用がある．

例 6.6　メールの着信がランダムに起こる状況では，着信件数がポアソン分布でよく近似されることが知られている．メールの着信が1時間に平均2.5件あるとすれば，ある特定の1時間の間の着信件数 X はパラメータ $\lambda = 2.5$ のポアソン分布で与えられる[2)]．つまり，

$$P(X = n) = \frac{2.5^n}{n!}\,e^{-2.5}, \qquad n = 0, 1, 2, \ldots$$

となる（図6.3右）．これを用いれば，ある特定の1時間にメールの着信がない確率や3件以上のメールの着信がある確率を

$$\begin{aligned} P(X = 0) &= e^{-2.5} = 0.082, \\ P(X \geq 3) &= 1 - (P(X = 0) + P(X = 1) + P(X = 2)) \\ &= 1 - \left(1 + 2.5 + \frac{2.5^2}{2}\right)e^{-2.5} = 0.456 \end{aligned}$$

のように求めることができる．

2)　1時間に平均2.5件のメール着信は稀なことかと疑問に思うかもしれない．次のように考えるとよい．今，1時間を1秒ずつに刻んで，それぞれの1秒間にメール受信という試行を行い，着信があれば成功，なければ失敗とする．試行回数は $n = 3600$ 回であり，平均成功回数は2.5回であるから，1回の試行における成功確率は $p = 2.5/3600 = 0.00069$ のように非常に小さい．必要に応じて，1時間をもっと細分すれば n はますます大きく，p はますます小さくなり，ポアソン近似の前提が満たされることがわかる．

■ **母関数** $\{0, 1, 2, \ldots\}$ に値をとる確率変数 X の平均値や分散を計算する巧妙な方法を紹介しよう．まず，X の確率分布を $P(X = n) = p_n$ とおけば，

$$p_n \geq 0, \qquad \sum_{n=0}^{\infty} p_n = 1,$$

が成り立つ．いつも通り $p_n = 0$ が現れてもよいとする．このとき，

$$G(z) = \sum_{n=0}^{\infty} p_n z^n \tag{6.14}$$

で定義される関数 $G(z)$ を **（確率）母関数**という[3]．

まず，$G(z)$ を z で微分すると，

$$G'(z) = \sum_{n=0}^{\infty} n p_n z^{n-1} \tag{6.15}$$

となり，これに $z = 1$ を代入すると，

$$G'(1) = \sum_{n=0}^{\infty} n p_n$$

が得られる．これは X の平均値に他ならないので，平均値を求める公式

$$\mu = \mathbf{E}[X] = G'(1) \tag{6.16}$$

が得られた．次に，式 (6.15) に z をかけて微分すると，

$$(zG'(z))' = G'(z) + zG''(z) = \sum_{n=0}^{\infty} n^2 p_n z^{n-1}$$

となり，$z = 1$ を代入して，

3) 正しく理解するためには大学初年級の微積分，特にべき級数（テーラー級数）の知識が必要であるが，ここでは計算の流れを形式的に見るにとどめる．

$$G'(1) + G''(1) = \sum_{n=0}^{\infty} n^2 p_n$$

が得られる．これは $\mathbf{E}[X^2]$ に他ならない．つまり，

$$\mathbf{E}[X^2] = G'(1) + G''(1) \tag{6.17}$$

が成り立つ．分散公式 $\sigma^2 = \mathbf{V}[X] = \mathbf{E}[X^2] - \mathbf{E}[X]^2$ に式 (6.16) と式 (6.17) を代入して，次のように分散に関する公式が得られる：

$$\sigma^2 = \mathbf{V}[X] = G'(1) + G''(1) - G'(1)^2. \tag{6.18}$$

例 6.7 **(二項分布の平均値と分散)**　二項分布 $B(n,p)$ の母関数は，

$$\begin{aligned} G(z) &= \sum_{k=0}^{n} \binom{n}{k} p^k (1-p)^{n-k} z^k \\ &= \sum_{k=0}^{n} \binom{n}{k} (pz)^k (1-p)^{n-k} = (pz + (1-p))^n \end{aligned} \tag{6.19}$$

となる．ここで $G(z)$ が簡潔な形で求められたところがポイントである．両辺を z で微分して，

$$\begin{aligned} G'(z) &= np(pz + (1-p))^{n-1}, \\ G''(z) &= n(n-1)p^2(pz + (1-p))^{n-2} \end{aligned}$$

が得られる．$z = 1$ を代入して，

$$G'(1) = np, \qquad G''(1) = n(n-1)p^2$$

がわかる．あとは公式 (6.16) と (6.18) に代入して，

$$\begin{aligned} \mu &= G'(1) = np, \\ \sigma^2 &= G'(1) + G''(1) - G'(1)^2 = np(1-p) \end{aligned}$$

が得られる．もちろん，定理 6.2 の結果に一致する．

問題 6.1 確率変数 X, Y はそれぞれ二項分布 $B(m, p)$, $B(n, p)$ に従い，独立であるとする．このとき，$X + Y$ は二項分布 $B(m + n, p)$ に従うことを示せ．

問題 6.2 確率変数 X, Y はそれぞれパラメータ λ_1, λ_2 のポアソン分布に従い，独立であるとする．このとき，$X + Y$ はパラメータ $\lambda_1 + \lambda_2$ のポアソン分布に従うことを示せ．

問題 6.3 確率変数 X はパラメータ λ のポアソン分布に従うものとする．偶数の集合を E_0, 奇数の集合を E_1 とするとき，$P(X \in E_0) > P(X \in E_1)$ であることを示せ．

問題 6.4 箱の中に赤玉 4 個，白玉 6 個が入っている．この箱から無作為に玉を 1 個ずつ取り出し，初めて赤玉が出るのに要する回数 (赤玉が取り出された回も含める) を N とする．次の場合について N の分布を求めて比較せよ．

(1) 1 回ごとに取り出された玉を箱に戻す（復元抽出）．
(2) 1 回取り出された玉は箱に戻さない（非復元抽出）．

問題 6.5 母関数の方法を用いて，幾何分布とポアソン分布の平均値と分散を計算せよ．

6.2 連続分布

連続型確率変数 X に対して，

$$P(a \le X \le b) = \int_a^b f(x)dx, \qquad a \le b,$$

を満たすような関数 $f(x)$ が X の（確率）密度関数である．明らかな性質

$$f(x) \ge 0, \qquad \int_{-\infty}^{+\infty} f(x)dx = 1$$

を思い出しておこう．この確率分布の平均値と分散は

$$\mu = \mathbf{E}[X] = \int_{-\infty}^{+\infty} xf(x)\,dx,$$
$$\sigma^2 = \mathbf{V}[X] = \int_{-\infty}^{+\infty} (x-\mu)^2 f(x)\,dx$$

で定義される．もちろん，分散公式も成り立つ．

■ **一様分布** $a < b$ を定数とする．密度関数

$$f(x) = \begin{cases} \dfrac{1}{b-a}, & a \le x \le b \\ 0, & \text{その他} \end{cases}$$

で与えられる確率分布を区間 $[a,b]$ 上の**一様分布**という（図 6.4）．区間 $[a,b]$ から 1 点をランダムに，つまりどの点も同等な確からしさで選ぶとき，そのランダム点の x 座標 X は確率変数であり，その分布が区間 $[a,b]$ 上の一様分布になる．実は，「ランダムに 1 点を選ぶ」という曖昧な表現を，一様分布を用いて数学的に定式化しているという方が適切である．

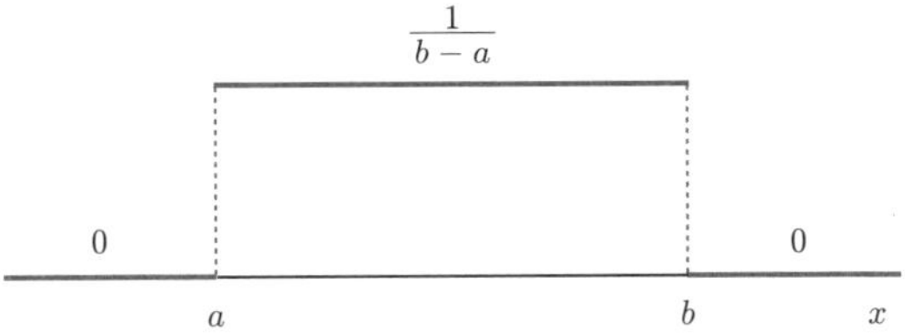

図 6.4 区間 $[a,b]$ 上の一様分布

定理 6.8 区間 $[a,b]$ 上の一様分布の平均値と分散は次の通りである．

$$\mu = \frac{a+b}{2}, \qquad \sigma^2 = \frac{(b-a)^2}{12}.$$

証明 X を区間 $[a,b]$ 上の一様分布に従う確率変数とする．平均値の定義に従って，

$$\mu = \mathbf{E}[X] = \int_{-\infty}^{+\infty} x f(x)dx = \int_a^b x\,\frac{dx}{b-a} = \frac{a+b}{2}.$$

また，

$$\mathbf{E}[X^2] = \int_{-\infty}^{+\infty} x^2 f(x)dx = \int_a^b x^2\,\frac{dx}{b-a} = \frac{a^2+ab+b^2}{3}$$

であるから，分散公式によって，

$$\sigma^2 = \mathbf{V}[X] = \mathbf{E}[X^2] - \mathbf{E}[X]^2 = \frac{a^2+ab+b^2}{3} - \left(\frac{a+b}{2}\right)^2 = \frac{(b-a)^2}{12}$$

となる． □

■ **指数分布**　$\lambda > 0$ を定数とする．簡単な積分計算によって，

$$\int_0^{+\infty} e^{-\lambda x} dx = \left[-\frac{1}{\lambda} e^{-\lambda x} \right]_0^{+\infty} = \frac{1}{\lambda} \tag{6.20}$$

が確認できる．したがって，関数

$$f(x) = \begin{cases} \lambda e^{-\lambda x}, & x \geq 0 \\ 0, & x < 0, \end{cases}$$

は密度関数になる．これをパラメータ λ の**指数分布**と呼ぶ（図 6.5）．指数分布は待ち時間の分布として様々に応用される．

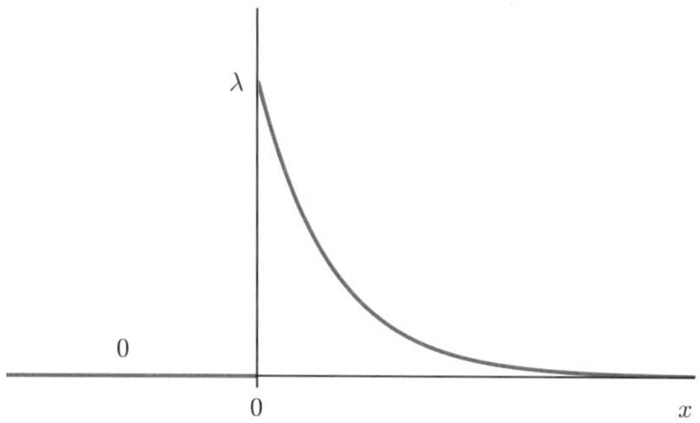

図 6.5　パラメータ λ の指数分布

定理 6.9　パラメータ λ の指数分布の平均値と分散は次の通りである．

$$\mu = \frac{1}{\lambda}, \qquad \sigma^2 = \frac{1}{\lambda^2}.$$

証明　部分積分によって

$$\int_0^{+\infty} x\lambda e^{-\lambda x} dx = \frac{1}{\lambda}, \qquad \int_0^{+\infty} x^2 \lambda e^{-\lambda x} dx = \frac{2}{\lambda^2}$$

が得られ，これらから平均値と分散は直ちに求められる．積分計算を回避する方法としては，式 (6.20) の両辺を λ で微分してもよい．　□

■ **正規分布** μ を実定数，$\sigma > 0$ を正の定数として関数 $f(x)$ を

$$f(x) = \frac{1}{\sqrt{2\pi\sigma^2}} \exp\left\{-\frac{(x-\mu)^2}{2\sigma^2}\right\} \tag{6.21}$$

によって定義する．すべての実数 x に対して $f(x) > 0$ であることは明らかである．さらに，全区間上で積分すると 1 になることが，変数変換を繰り返して，知られた積分の公式

$$\int_{-\infty}^{+\infty} e^{-x^2} dx = \sqrt{\pi} \tag{6.22}$$

に帰着することで示される．したがって，式 (6.21) で定義される $f(x)$ は密度関数の性質を満たす．この密度関数の定める連続分布を平均値 μ，分散 σ^2 の**正規分布**または**ガウス分布**といい，$N(\mu, \sigma^2)$ で表す．図 6.6 に正規分布のグラフを示した．この曲線の形を釣鐘型あるいはベル型ということもある．容易にわかるように，$x = \mu$ に関して対称であり，$x = \mu \pm \sigma$ が変曲点になっている．また，$x = \mu \pm 3\sigma$ でほとんど 0 になる．ここで，前もって μ を平均値，σ^2 を分散といったが，これらは定義に基づいて密度関数 $f(x)$ を積分することで確認できる（意欲のある読者は試みよ）．

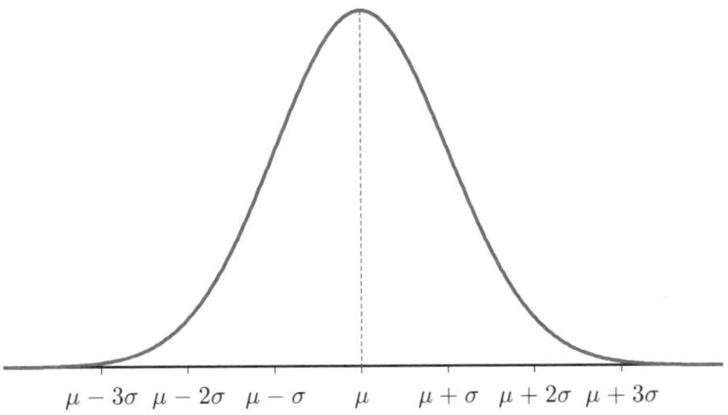

図 6.6 正規分布 $N(\mu, \sigma^2)$

確率変数 X が $N(\mu, \sigma^2)$ に従うとき，面積の近似計算によって，

$$P(\mu - \sigma \leq X \leq \mu + \sigma) = 0.68,$$
$$P(\mu - 2\sigma \leq X \leq \mu + 2\sigma) = 0.95,$$
$$P(\mu - 3\sigma \leq X \leq \mu + 3\sigma) = 0.997$$

が得られる．このように，X の実現値が平均値 μ からどのくらいずれて現れるかは，標準偏差 σ を単位にして測ると便利である．上の3つの確率を 68–95–99.7 ルールと呼ぶこともある．実用の場面では，経験的に正規分布とみなされる分布がよく現れ，実現値をこのルールで判断することは有用である．たとえば，平均値 μ から $\pm 3\sigma$ 以上離れた値が検出されたら，それは確率 0.3% の事象であるので，何か異常なことが起きたと判断する目安になる．

■ **標準正規分布** 特に，$\mu = 0, \sigma^2 = 1$ となっている正規分布 $N(0,1)$ を**標準正規分布**という．

定理 6.10 $a \neq 0$ と b を定数とする．確率変数 X が正規分布 $N(\mu, \sigma^2)$ に従うならば，$aX + b$ は正規分布 $N(a\mu + b, a^2\sigma^2)$ に従う．特に，X の標準化は標準正規分布 $N(0,1)$ に従う．つまり，

$$Z = \frac{X - \mu}{\sigma} \sim N(0,1).$$

証明 $a > 0$ として証明する．$a < 0$ のときは，不等式の変形と正規分布の対称性に注意すれば同様の議論が通用する．さて，$aX + b$ の分布関数は，

$$F_{aX+b}(z) = P(aX + b \leq z) = P\left(X \leq \frac{z - b}{a}\right)$$

で与えられる．最後の確率を X の密度関数を用いて表せば，

$$F_{aX+b}(z) - \frac{1}{\sqrt{2\pi\sigma^2}} \int_{-\infty}^{\frac{z-b}{a}} \exp\left\{ \quad \frac{(x-\mu)^2}{2\sigma^2} \right\} dx$$

となる．上の積分に変数変換 $x = (y - b)/a$ を施せば，

$$F_{aX+b}(z) = \frac{1}{\sqrt{2\pi\sigma^2}} \int_{-\infty}^{z} \exp\left\{ -\frac{(y - a\mu - b)^2}{2a^2\sigma^2} \right\} \frac{dy}{a}$$

が得られる．これは $aX + b \sim N(a\mu + b, a^2\sigma^2)$ を意味する．また，$X \sim N(\mu, \sigma^2)$ の標準化 $Z = (X - \mu)/\sigma$ は $aX + b$ で $a = 1/\sigma, b = -\mu/\sigma$ とおいたものであるから，前半の

結果から $Z \sim N(0,1)$ がわかる. □

■ **正規分布の数値計算** 正規分布 $N(\mu, \sigma^2)$ に従う確率変数 X に対して，確率 $P(a \le X \le b)$ を数値的に知る必要は応用の多くの場面で生じる. 定理 6.10 によって，X を標準化することで，

$$P(a \le X \le b) = P\left(\frac{a-\mu}{\sigma} \le Z \le \frac{b-\mu}{\sigma}\right)$$

のように，確率計算を標準正規分布に帰着することができる. 巻末の付表では，$Z \sim N(0,1)$ に対して，事象 $\{0 \le Z \le z\}$ の確率

$$P(0 \le Z \le z) = \frac{1}{\sqrt{2\pi}} \int_0^z e^{-x^2/2} dt, \qquad z > 0,$$

が与えられている（図 6.7）.

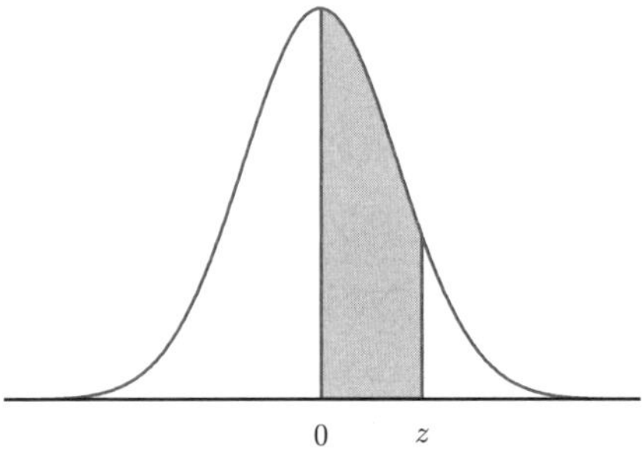

図 6.7 $Z \sim N(0,1)$ に対する $P(0 \le Z \le z)$

一般の事象 $P(a \le Z \le b)$ の確率は，和事象，余事象の組合せや $N(0,1)$ の対称性を利用して求めることができる. そのとき，Z は連続型確率変数なので特定の値をとる確率は 0 であることも用いるとよい. たとえば，$P(0 \le Z \le z)$ において，等号付の不等号 $\le$ を等号なしの不等号 $<$ に変えても確率は変わらない.

例 6.11 (1) $P(Z \ge 0.82)$ を求めよう（図 6.8 左）. $P(0 \le X \le 0.82)$ の値を付表から読み取って，次のように計算すればよい.

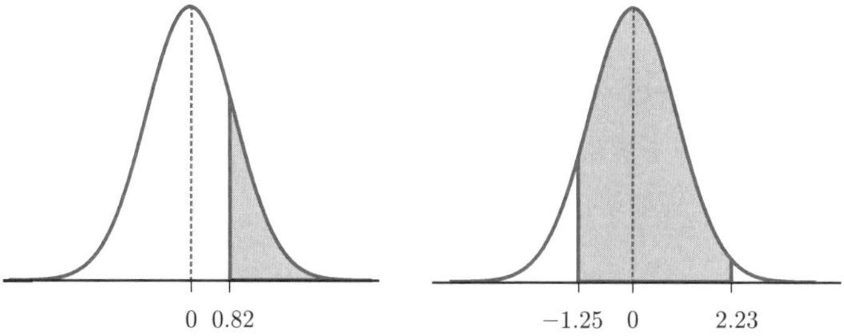

図 6.8 左図：$P(Z \geq 0.82)$. 右図：$P(-1.25 \leq Z \leq 2.23)$

$$P(Z \geq 0.82) = 0.5 - P(0 \leq X \leq 0.82) = 0.5 - 0.2939 = 0.2061.$$

(2) $P(-1.25 \leq Z \leq 2.23)$ を求めよう（図 6.8 右）. 事象 $\{-1.25 \leq Z \leq 2.23\}$ を排反事象の和事象に分けて,

$$P(-1.25 \leq Z \leq 2.23) = P(-1.25 \leq Z \leq 0) + P(0 \leq Z \geq 2.23)$$

となる（$P(Z = 0) = 0$ に注意）. 正規分布の対称性から $P(-1.25 \leq Z \leq 0) = P(0 \leq Z \leq 1.25)$ であり, この値は付表から読み取って 0.3944 である. また, $P(0 \leq Z \leq 2.23) = 0.4871$ もわかる. したがって,

$$P(-1.25 \leq Z \leq 2.23) = 0.3944 + 0.4871 = 0.8815$$

となる.

例 6.12 正規分布 $N(2, 5^2)$ に従う確率変数 X に対して $P(0 \leq X < 6)$ を求めてみよう. X の標準化を Z とすれば,

$$Z = \frac{X-2}{5} \sim N(0,1)$$

となる. そうすれば,

$$P(0 \leq X < 6) = P\left(\frac{0-2}{5} \leq \frac{X-2}{5} < \frac{6-2}{5}\right) = P(-0.4 \leq Z < 0.8)$$

となって, $Z \sim N(0,1)$ に関する確率計算に帰着する. 付表が使えるように,

事象 $\{-0.4 \leq Z < 0.8\}$ を排反な事象に分けるなどして，

$$P(-0.4 \leq Z < 0.8) = P(-0.4 \leq Z \leq 0) + P(0 \leq Z \leq 0.8)$$
$$= P(0 \leq Z \leq 0.4) + P(0 \leq Z \leq 0.8)$$
$$= 0.1554 + 0.2881 = 0.4435$$

となる．こうして，$P(0 \leq X < 6) = 0.4435$ が得られた．

■ **上側 $\boldsymbol{\alpha}$ 点と両側 $\boldsymbol{\alpha}$ 点**　一般に，$0 < \alpha < 1$ に対して，

$$P(Z \geq z) = \frac{1}{\sqrt{2\pi}} \int_z^{+\infty} e^{-x^2/2} dx = \alpha$$

を満たす $z = z_\alpha$ を標準正規分布 $N(0,1)$ の**上側 $\boldsymbol{\alpha}$ 点** という．図 6.9 の左図からわかるように，上側 α 点は密度関数のグラフで右端の面積がちょうど α となる座標のことである．また，両端からそれぞれ面積 $\alpha/2$ を切り取るとき，上側 $\alpha/2$ 点が定まるが，これを**両側 $\boldsymbol{\alpha}$ 点**ということもある．注意すれば済むことであるが，上側 α 点と両側 α 点を混用すると誤解を招きやすいので，本書ではもっぱら上側 α 点 z_α を用いることとして，両側 α 点には固有の記号を用いないことにする．実用の場面でよく使われる数値を記しておこう．

α	10%	5%	2.5%	1%	0.5%
上側 α 点 (z_α)	1.2816	1.6449	1.9600	2.3263	2.5758
両側 α 点 ($z_{\alpha/2}$)	1.6449	1.9600	2.2414	2.5758	2.8070

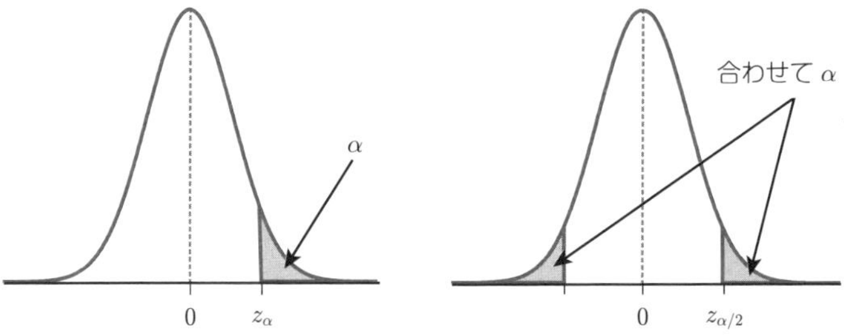

図 6.9　標準正規分布における上側 α 点（左）と両側 α 点（右）

注意 6.13 標準正規分布 $N(0,1)$ の分布関数

$$\Phi(x) = \frac{1}{\sqrt{2\pi}} \int_{-\infty}^{x} e^{-t^2/2} dt$$

を見慣れた関数で表示することはできない．正確に述べると，$e^{-t^2/2}$ の原始関数は初等関数ではないことが知られている．したがって，$\Phi(x)$ を数値的に知る必要があれば，汎用的な統計処理ソフトや関数電卓を用いるか，統計表（巻末の付表）を参照するしかない．

定理 6.14 X, Y をそれぞれ正規分布 $N(\mu_1, \sigma_1^2), N(\mu_2, \sigma_2^2)$ に従う独立な確率変数とすると，$X+Y$ は $N(\mu_1+\mu_2, \sigma_1^2+\sigma_2^2)$ に従う[4)]．

上の定理において，確率変数 $X+Y$ の平均値が $\mu_1+\mu_2$，分散が $\sigma_1^2+\sigma_2^2$ になることは，平均値の線形性と分散の加法性からわかる．注意すべきポイントは，$X+Y$ も正規分布に従うということにあるが，証明は省略する．

問題 6.6 確率変数 X が $[0,5]$ 上の一様分布に従うとき，次の確率を求めよ．

$$P(X > 1), \qquad P(X \leq 3.5), \qquad P(X > 1.5 | X \leq 3.5).$$

問題 6.7（指数分布の無記憶性） X を指数分布に従う確率変数とするとき，次が成り立つことを示せ．

$$P(X \geq a+b | X \geq a) = P(X \geq b), \qquad a \geq 0, \quad b \geq 0.$$

問題 6.8 $Z \sim N(0,1)$ とする．

(1) $P(Z \leq 0.48)$ を求めよ．
(2) $P(|Z| \geq 2.4)$ を求めよ．
(3) $P(Z \geq a) = 0.879$ が成り立つような a を求めよ．

問題 6.9 $X \sim N(16, 3^2)$ のとき，$P(X < 18.46)$ を求めよ．

問題 6.10 $X \sim N(-2, 6^2)$ のとき，$P(a < X) = 0.86$ を満たす a を求めよ．

問題 6.11（偏差値） 受験者数が多数の時，得点の分布は正規分布に近いと想定されることが多い．それを仮定して，偏差値が 58 以上になる確率と偏差値が 18 以下になる確率を求めよ．

---

4) これを正規分布の**再生性**といい，$N(\mu_1, \sigma_1^2) * N(\mu_2, \sigma_2^2) = N(\mu_1+\mu_2, \sigma_1^2+\sigma_2^2)$ と書くこともある．同様に，二項分布（問題 6.1）については $B(m,p) * B(n,p) = B(m+n, p)$，ポアソン分布（問題 6.2）については $\mathrm{Po}(\lambda_1) * \mathrm{Po}(\lambda_2) = \mathrm{Po}(\lambda_1+\lambda_2)$ が成り立つ．このような再生性をもつ分布は他にも知られている．

6.3　正規分布から導かれる分布

本節では，統計的推定や仮説検定で重要になるカイ 2 乗分布，t 分布，F 分布について最も基本的な事柄を述べる．詳細については，より進んだ数理統計学の文献を参照されたい．

■ **カイ 2 乗分布**　自然数 n に対して，

$$f(x) = \begin{cases} \dfrac{1}{2^{n/2}\Gamma\left(\dfrac{n}{2}\right)} x^{n/2-1} e^{-x/2}, & x > 0, \\ 0, & \text{その他}, \end{cases}$$

は確率密度関数になる．これを自由度 n の **カイ 2 乗分布（$\boldsymbol{\chi^2}$-分布）** といい，χ_n^2 と書く（図 6.10）．係数に現れる $\Gamma(\alpha)$ はガンマ関数であり，

$$\Gamma(\alpha) = \int_0^{+\infty} x^{\alpha-1} e^{-x} dx, \qquad \alpha > 0,$$

で定義される．ただし，本書では密度関数の概形をつかんでおけば十分であり，ガンマ関数の値や性質を使う議論は不要である．また，カイ 2 乗分布 χ_n^2 の平均値と分散は，それぞれ $\mu = n$, $\sigma^2 = 2n$ となる．

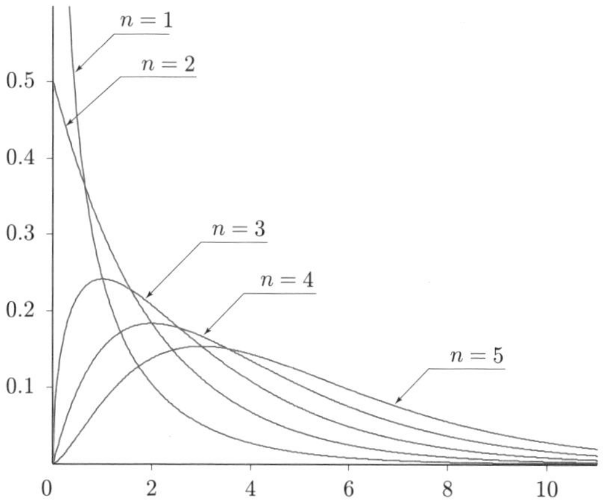

図 6.10　カイ 2 乗分布 $\chi_n^2 (n = 1, 2, 3, 4, 5)$

定理 6.15 標準正規分布 $N(0,1)$ に従う確率変数列 $Z_1, Z_2, \ldots, Z_n$ が独立であれば，$X_n = Z_1^2 + \cdots + Z_n^2$ は自由度 n のカイ 2 乗分布 χ_n^2 に従う．

■ ***t* 分布** 自然数 $n = 1, 2, \ldots$ に対して，

$$f(x) = \frac{1}{\sqrt{n}\, B\left(\frac{n}{2}, \frac{1}{2}\right)} \left(1 + \frac{x^2}{n}\right)^{-\frac{n+1}{2}} \tag{6.23}$$

は密度関数になる．これを自由度 n の ***t* 分布** といい，t_n と書く．係数に現れる $B(\alpha, \beta)$ をベータ関数といい，

$$B(\alpha, \beta) = \int_0^1 x^{\alpha-1}(1-x)^{\beta-1} dx, \qquad \alpha > 0, \quad \beta > 0$$

で定義される．ガンマ関数と同様に，その値や性質を使う議論は不要であり，密度関数の概形（図 6.11）をつかんでおくだけでよい．

密度関数の概形から，t 分布は正規分布に近いことがわかる．図 6.11 において，$n = \infty$ に対応するグラフは標準正規分布 $N(0,1)$ の密度関数である．実際，自由度 n の t 分布の密度関数を $f_n(x)$ とすると，

$$\lim_{n \to \infty} f_n(x) = \frac{1}{\sqrt{2\pi}} e^{-x^2/2}$$

が証明できる．つまり，自由度 n が大きいとき（実用上は $n \geq 30$ など），t 分布は標準正規分布 $N(0,1)$ で代用してよい．なお，t 分布と正規分布の違いは「すそ野の厚さ」にある．$N(0,1)$ が $x = \pm 3$ 位でほぼ 0 になるほど急速に減少するのに比べて，t 分布の減少は緩やかである．

定理 6.16 Y を自由度 n のカイ 2 乗分布 χ_n^2 に従う確率変数，Z を標準正規分布 $N(0,1)$ に従う確率変数とし，Y, Z は独立であるとする．このとき，

$$T = \frac{Z}{\sqrt{Y/n}}$$

は自由度 n の t 分布 t_n に従う．

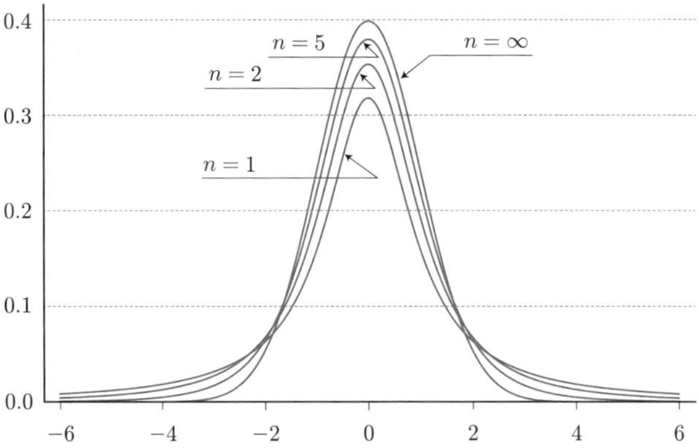

図 6.11　t 分布 $t_n(n=1,2,5,\infty)$

注意 6.17　t 分布の密度関数 $f_n(x)$ は $x=0$ に関して対称であるので，平均値 $\mu=0$ が容易に予想される．しかしながら，定義によって平均値は積分

$$\int_{-\infty}^{+\infty} x f_n(x)dx = \frac{1}{\sqrt{n}\,B\left(\frac{n}{2},\frac{1}{2}\right)}\int_{-\infty}^{+\infty} x\left(1+\frac{x^2}{n}\right)^{-\frac{n+1}{2}} dx$$

で与えられるが，その前提として積分が絶対収束 (被積分関数をその絶対値で置き換えたものが収束) することが必要がある．しかるに，自由度 $n=1$ のときは[5]，積分が絶対収束しないので平均値は存在しないことになる．自由度が $n\geq 2$ ならば，積分は絶対収束して平均値は $\mu=0$ と定まる．分散についても同様の事情から，$n=1,2$ のときは積分が絶対収束しないので分散は存在せず，$n\geq 3$ のときは $\sigma^2=n/(n-2)$ のように定まる．

■ ***F* 分布**　自然数 $m,n=1,2,\ldots$ に対して，

$$f(x)=\begin{cases}\dfrac{1}{B\left(\frac{m}{2},\frac{n}{2}\right)}\left(\dfrac{m}{n}\right)^{m/2} x^{m/2-1}\left(1+\dfrac{m}{n}x\right)^{-(m+n)/2}, & x>0,\\ 0, & x\leq 0,\end{cases}$$

は密度関数になる．これを自由度 (m,n) の ***F* 分布**といい，F_n^m と書く．図 6.12 は密度関数の概形の例を示している．F 分布は等分散の検定（第 9.4 節）など，やや高度な統計的推論に現れる．

なお，F_n^m は $n\geq 3$ のとき平均値 $\mu=n/(n-2)$ をもち，$n\geq 5$ のとき分散

5)　自由度 1 の t 分布は**コーシー分布**とも呼ばれる．

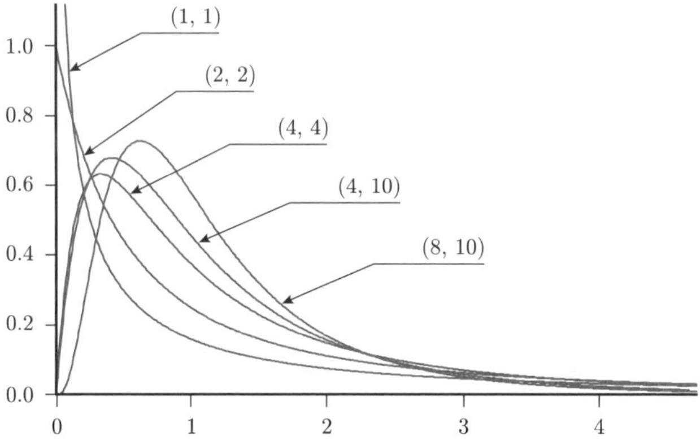

図 6.12 F 分布 F_n^m:$(m, n) = (1, 1), (2, 2), (4, 4), (4, 10), (8, 10)$

$\sigma^2 = 2n^2(m + n - 2)/(m(n - 2)^2(n - 4))$ をもつ.

定理 6.18 $m \geq 1$, $n \geq 1$ を自然数とする．確率変数 X は自由度 m のカイ 2 乗分布 χ_m^2 に従い，Y は自由度 n のカイ 2 乗分布 χ_n^2 に従い，それらは独立であるとする．このとき，確率変数

$$F = \frac{X/m}{Y/n}$$

は自由度 (m, n) の F 分布に従う.

定理 6.19 自由度 n の t 分布 t_n に従う確率変数 X に対して，X^2 は自由度 $(1, n)$ の F 分布 F_n^1 に従う.

定理 6.20 確率変数 X が自由度 (m, n) の F 分布 F_n^m に従うとき，$1/X$ は自由度 (n, m) の F 分布 F_m^n に従う.

第7章

標本抽出と母数の推定

7.1 標本抽出

母集団を構成する各個体には観測値が対応しているので，母集団を観測値の集まりとみなせば，その値の分布を考えることができる．これを**母集団分布**という．全数調査ができれば母集団分布を知ることができるが，それがかなわない場合は，標本調査によって母集団分布の性質を推測する．標本調査では母集団から標本を抽出するが，どの個体も等確率で取り出されるような標本抽出を**無作為抽出**という．このように取り出された標本を**無作為標本**または，無作為は当然のこととして単に**標本**という．標本に対して得られる観測値は，取り出された標本ごとに異なり，その値の現れ方は母集団分布に従う．つまり，標本は母集団分布に従う確率変数とみなされる．たとえば，ある値が母集団の中で 1/3 の割合を占めていれば，標本がその値をとる確率は 1/3 となる．

■ **復元抽出と非復元抽出**　標本調査では，母集団から複数の標本を取り出すのがふつうである．その個数を**標本の大きさ**という．k 番目の標本を X_k とすれば，大きさ n の標本は $X_1, X_2, \ldots, X_n$ となる．ここで，2 通りの抽出の仕方があることに注意しよう．まず，取り出した標本を元に戻しながら，無作為抽出を繰り返す方法を**無作為復元抽出**という．この場合，毎回の標本抽出にあたって母集団が変化しないことが重要である．そうすると，無作為復元抽出による標本 $X_1, X_2, \ldots, X_n$ は母集団分布に従う独立同分布な確率変数列となる．

次に，いったん取り出した標本は元に戻さずに，無作為抽出を繰り返すことを考えよう．あるいは，複数の標本を同時に取り出すといっても同じである．これを**無作為非復元抽出**という．非復元抽出によって得られた n 個の標本 $X_1, X_2, \ldots, X_n$ も確率変数であるが，それらは独立にならないので状況はいささか複雑になる．しかしながら，母集団の大きさが標本の大きさに比べて十分大きいなら，実用上，非復元抽出と復元抽出の違いは無視できる．本書では，特に断りのない限り，無作為復元抽出によって得られる標本を扱う．

■ **母数の推定**　母集団分布そのものを標本調査によって推定することは困難であり，実用上知りたいのは母集団分布を特徴づける統計量やパラメータである．そのような量を**母数**と総称する．母数 θ を標本 $X_1, X_2, \ldots, X_n$ から推定することが推測統計の基本的な課題である（図 7.1）．

特に，母集団分布の平均値を**母平均**，分散を**母分散**と呼ぶ．本書ではこれらを推定する手法を学ぶ．なお，母集団から取り出された 1 個の標本 X を考えると，それは母集団分布に従う確率変数であるから，$\mathbf{E}[X]$ は母平均，$\mathbf{V}[X]$ は母分散に一致することに注意しておこう．

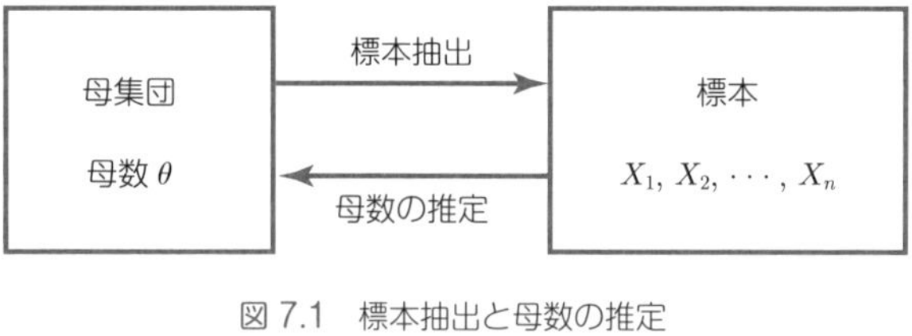

図 7.1　標本抽出と母数の推定

母集団のモデルを 2 つ述べる．ともに統計的推測の厳密理論を構成するためのモデルとして重要であるばかりでなく，応用の場面でもしばしば現れる．

■ **二項母集団**　個体の属性によって 2 つの集団に分かれている母集団を**二項母集団**という．属性を表す標識には 0 と 1 を用いる．たとえば，くじ引き（当たり・はずれ）や支持率の世論調査（支持する・支持しない）では二項母集団が自然に現れる．二項母集団において標識 1 をもつ個体の相対頻度 p を**母比率**と呼ぶ．二項母集団に対して推定すべき母数は母比率となる．母比率を p とすれば，二項母集団の母集団分布は成功確率 p のベルヌーイ分布であり，母平均は p となり母比率に一致する．したがって，二項母集団に対しては母平均の推定と母比率の推定は同じことである．

■ **正規母集団**　母集団分布が正規分布であるような母集団を**正規母集団**と呼ぶ．正規分布は平均値 μ と分散 σ^2 によって決まるので，推定すべき母数は，母平均と母分散ということになる．応用の場面では，対象としている母集団を正規母集団と想定できる場合も少なくない．たとえば，規格品を大量生産するときに生じる規格からのずれを考えよう．様々な場面で混入する小さな揺らぎが集積した結果としてずれが生じているとみなすことができれば，それが正規分布に従うとする仮定は中心極限定理（第 8.3 節）から見て合理的である．

7.2 推定量

母集団から標本を取り出して，観測値 $x_1, \ldots, x_n$ が得られたとする．これらを用いて母数 θ を推定するには，何らかの関数 $T(x_1, \ldots, x_n)$ を用いて

$$\hat{\theta} = T(x_1, \ldots, x_n) \tag{7.1}$$

のように推定値を定めることになる．関数による計算結果として推定値は 1 つに定まるので，この方式を**点推定**という．これは，一定の幅をもって推定する**区間推定**と対比して使われる用語である（第 8 章）．

点推定では，妥当な推定値が得られるように関数形を定めるのが主要な課題である．そのために，大きさ n の観測値 $x_1, \ldots, x_n$ を母集団分布に従う独立同分布な確率変数列 $X_1, \ldots, X_n$ の実現値とみなし，式 (7.1) の代わりに，確率変数

$$T = T(X_1, \ldots, X_n) \tag{7.2}$$

を考察するのがよい．つまり，式 (7.1) によって計算される推定値は標本の

取り方によって変化するため，その変化の仕方を確率的にとらえて推定値の合理性を判断しようというのである．この文脈では，T を θ の**推定量**と呼ぶ．式 (7.1) の $\hat{\theta}$ は推定量 T の 1 つの実現値であり，θ の**推定値**と呼ばれる．ただし，推定値と推定量の 2 つの用語は，文脈によっては必ずしも厳格に区別せずに使われる．

■ **不偏推定量**　推定量 $T = T(X_1, \dots, X_n)$ は確率変数であるから，その平均値 $\mathbf{E}[T]$ を考えることができる．それが母数 θ に一致するとき，つまり，

$$\theta = \mathbf{E}[T] \tag{7.3}$$

が成り立つとき，$T = T(X_1, \dots, X_n)$ を母数 θ の**不偏推定量**という．不偏性の条件式 (7.3) は，推定値は必ず θ を中心にばらつくことを意味し，母数の推定にあたって当然望まれる性質である．なお，任意の母数に対して必ずしも不偏推定量が存在するとは限らない．

■ **標本平均**　標本から計算される推定量として最も基本的なものは，それらの平均値である．大きさ n の標本 $X_1, X_2, \dots, X_n$ に対して

$$\bar{X} = \frac{1}{n} \sum_{k=1}^{n} X_k \tag{7.4}$$

を**標本平均**という．

定理 7.1　標本平均 $\bar{X}$ は母平均の不偏推定量である．

証明　母平均を μ とする．示すべきことは $\mathbf{E}[\bar{X}] = \mu$ である．まず，各標本 X_k は母集団分布に従う確率変数であるから，$\mathbf{E}[X_k] = \mu$ が成り立つことに注意する．そこで，平均値の線形性を用いれば，

$$\mathbf{E}[\bar{X}] = \frac{1}{n} \sum_{k=1}^{n} \mathbf{E}[X_k] = \frac{1}{n} \sum_{k=1}^{n} \mu = \mu$$

が得られる．□

標本平均が母平均を推定する上で基本的である理由の一つが定理 7.1 に述べ

た不偏性にある．日常的にも，多数のデータから平均値を計算して判断材料として使っているだろう．これには統計学的な根拠があるのである．

■ **不偏推定量の比較**　T, T' を母数 θ の不偏推定量とする．それらの分散（この文脈では**平均 2 乗誤差**ともいう）が $\mathbf{V}[T] \le \mathbf{V}[T']$, すなわち，

$$\mathbf{E}[(T-\theta)^2] \le \mathbf{E}[(T'-\theta)^2] \tag{7.5}$$

を満たすとき，T は T' よりも**有効**であるという．つまり，T が T' より有効であれば，同じ不偏推定量であっても分散が小さい T の方が真の値 θ に近い値をとりやすいことになる．また，不偏推定量 T の標準偏差 $\sqrt{\mathbf{V}[T]} = \sqrt{\mathbf{E}[(T-\theta)^2]}$ を**標準誤差**といい，推定精度の尺度として使われる．

例 7.2（加重平均）　母平均 μ，母分散 σ^2 の母集団から取り出された大きさ n の標本 $X_1, X_2, \ldots, X_n$ に対して，加重平均が

$$Y = \sum_{k=1}^{n} a_k X_k \tag{7.6}$$

で定義される．ただし，加重 $a_1, \ldots, a_n$ は，

$$\sum_{k=1}^{n} a_k = 1$$

を満たすものとする（現実的ではないが，a_k に負の数が含まれても構わない）．加重平均の定義式 (7.6) では，得られた観測値を同等に扱わず，取り出された順序に応じた重み a_k を付けられている．明らかに，

$$\mathbf{E}[Y] = \sum_{k=1}^{n} a_k \mathbf{E}[X_k] = \sum_{k=1}^{n} a_k \mu = \mu$$

が成り立ち，加重平均 Y は母平均 μ の不偏推定量である．では，加重の付け方のうち，最も有効なものを見出そう．Y が独立な確率変数の和であることから，

$$\mathbf{V}[Y] = \sum_{k=1}^{n} \mathbf{V}[a_k X_k] = \sum_{k=1}^{n} a_k^2 \mathbf{V}[X_k] = \sigma^2 \sum_{k=1}^{n} a_k^2$$

が得られる．ここで，簡単な不等式

$$0 \leq \sum_{k=1}^{n} \left(a_k - \frac{1}{n} \right)^2 = \sum_{k=1}^{n} \left(a_k^2 - \frac{2}{n} a_k + \frac{1}{n^2} \right) = \sum_{k=1}^{n} a_k^2 - \frac{1}{n} \tag{7.7}$$

に注意すると，

$$\mathbf{V}[Y] = \sigma^2 \sum_{k=1}^{n} a_k^2 \geq \frac{\sigma^2}{n} \tag{7.8}$$

が得られる．式 (7.7) を見れば，式 (7.8) の等号は $a_k = 1/n$ のときに限って成り立つことがわかる．こうして，加重平均は母平均の不偏推定量であり，その中で最も有効なものは等加重を与える場合，つまり標本平均であることが示された．

■ **不偏分散** 次に，母分散の推定を扱う．母平均 μ，母分散 σ^2 の母集団から取り出した標本を $X_1, X_2, \ldots, X_n$ とする．データの整理から類推される分散は

$$S^2 = \frac{1}{n} \sum_{k=1}^{n} (X_k - \bar{X})^2 \tag{7.9}$$

であり，これを**標本分散**という．ところが，標本分散は不偏性を満たさないのである（問題 7.1）．そこで，少し修正して，

$$U^2 = \frac{1}{n-1} \sum_{k=1}^{n} (X_k - \bar{X})^2 \tag{7.10}$$

を導入する．これを**不偏分散**という[1)]．

1）文献によっては，U^2 を標本分散と呼んでいるので注意せよ．

定理 7.3 不偏分散 U^2 は母分散の不偏推定量である.

証明 母平均を μ, 母分散を σ^2 とし, $X_1, \ldots, X_n$ を標本とする. まず,

$$\begin{aligned}\sum_{k=1}^{n}(X_k - \bar{X})^2 &= \sum_{k=1}^{n}(X_k^2 - 2\bar{X}X_k + \bar{X}^2) \\ &= \sum_{k=1}^{n} X_k^2 - 2\bar{X}\sum_{k=1}^{n} X_k + n\bar{X}^2 \\ &= \sum_{k=1}^{n} X_k^2 - n\bar{X}^2 \end{aligned} \tag{7.11}$$

と変形して, 平均値を考える. 式 (7.11) の第 1 項に対しては,

$$\mathbf{E}\left[\sum_{k=1}^{n} X_k^2\right] = \sum_{k=1}^{n}\mathbf{E}[X_k^2] = \sum_{k=1}^{n}(\sigma^2 + \mu^2) = n(\sigma^2 + \mu^2).$$

式 (7.11) の第 2 項は,

$$\begin{aligned}\mathbf{E}[n\bar{X}^2] = n\mathbf{E}\left[\left(\frac{1}{n}\sum_{k=1}^{n} X_k\right)^2\right] &= \frac{1}{n}\sum_{j,k=1}^{n}\mathbf{E}[X_j X_k] \\ &= \frac{1}{n}\sum_{j=1}^{n}\mathbf{E}[X_j^2] + \frac{1}{n}\sum_{j \neq k}\mathbf{E}[X_j]\mathbf{E}[X_k] \\ &= \frac{1}{n}\times n(\sigma^2 + \mu^2) + \frac{1}{n}\times n(n-1)\mu^2 \\ &= \sigma^2 + n\mu^2 \end{aligned}$$

となる. したがって, 式 (7.11) は

$$\mathbf{E}\left[\sum_{k=1}^{n}(X_k - \bar{X})^2\right] = n(\sigma^2 + \mu^2) - (\sigma^2 + n\mu^2) = (n-1)\sigma^2$$

となる. 両辺を $n-1$ で割って, $\mathbf{E}[U^2] = \sigma^2$ が得られる. □

問題 7.1 母平均 μ, 母分散 σ^2 の母集団から取り出した大きさ n の標本を $X_1, X_2, \ldots, X_n$ とする. このとき, 標本分散 S^2 は $\mathbf{E}[S^2] = (1 - 1/n)\sigma^2$ を満たすことを示せ. (したがって, 標本分散は母分散の不偏推定量ではない.)

問題 7.2 区間 $[0, 1]$ 上の一様分布に従う母集団から取り出した大きさ 2 の標本 X, Y を考える. このとき, 相乗平均 $\sqrt{XY}$ は母平均の不偏推定量ではないことを示せ.

問題 7.3 (ドイツ戦車の問題) 1 から N 番まで通し番号のついた N 台の戦車がある. どの戦車も同等の頻度で街を巡回している. このうち, 異なる番号の n 台が目撃されたとき, それらの番号のうちの最大値を T とする. このとき, $(1 + 1/n)T - 1$ が N の不偏推定量であることを示せ.

7.3 大数の法則

コインを多数回投げたとき，表の出る相対頻度はだいたい 1/2 になることは経験的に納得される．コイン投げの観測値 x は，いつも通り，表を $x = 1$，裏を $x = 0$ とする．図 7.2 は，コインを 1 万回投げた結果を $x_1, x_2, \ldots$ としたとき，初めの n 回までのうち表が出た相対頻度

$$t_n = \frac{1}{n}\sum_{k=1}^{n} x_k$$

をグラフに表したものである．左のグラフは $n = 1000$ まで，右のグラフは $n = 10000$ までの変化の様子を示している．n が小さいとき，t_n はかなりジグザグに変動するが，n が大きくなるにつれて 1/2 の近くに落ち着いてくるように見える．

ここで注意すべきことは，図 7.2 は 1 万回のコイン投げの一例にすぎず，別の機会に 1 万回投げたとすれば，相対頻度 t_n の挙動は異なり，得られるグラフの形もかなり違ってくるだろう．それでもなお，n が大きくなるにしたがって相対頻度は 1/2 に近づくことが観察される．

では，このような経験法則を数式に表すことを考えよう．k 回目のコイン投げを表す確率変数を X_k とすると，初めの n 回のコイン投げで出た表の相対頻度は

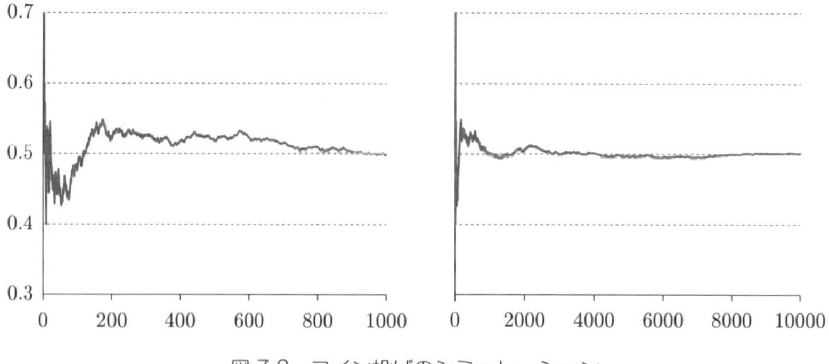

図 7.2　コイン投げのシミュレーション

$$T_n = \frac{1}{n}\sum_{k=1}^{n} X_k$$

で与えられる．経験的事実から

$$\lim_{n\to\infty} T_n = \frac{1}{2} \tag{7.12}$$

と書きたいところであるが，これを証明することはできない．コイン投げの結果には表の相対頻度が 1/2 に収束しないものがいくらでもありうるからである．実際，$\{0,1\}$ から成る数列 $x_1, x_2, \ldots$ で

$$t_n = \frac{1}{n}\sum_{k=1}^{n} x_k$$

が 1/2 以外の数に収束するもの，あるいは収束せず振動するものなどが簡単に見つかる．ところが，コイン投げにおいて，相対頻度 t_n が 1/2 以外の数に収束したり，収束せず振動を続けるものは観察されない．そうすると，表裏の出方を論理的にすべて考えたのでは式 (7.12) は誤りであるが，T_n の実現値 t_n が 1/2 より外れる確率は，n が大きくなるとともに小さくなってゆき，$n \to \infty$ においてついに 0 になると述べればよさそうである．実際，今述べた前半部分は**大数の弱法則**として，後半部分は**大数の強法則**として厳密に証明される．本書では，比較的容易な弱法則を証明し，強法則は結果を述べるにとどめる．

■ **大数の弱法則**　まず，確率変数の平均値からのずれを分散で評価する便利な不等式から始めよう．

定理 7.4　**(チェビシェフの不等式)**　X を分散 $\mathbf{V}[X]$ をもつ確率変数とする．このとき，任意の $\epsilon > 0$ に対して，次の不等式が成り立つ．

$$P(|X - \mathbf{E}[X]| \geq \epsilon) \leq \frac{\mathbf{V}[X]}{\epsilon^2}.$$

証明　有限な分散をもつ確率変数は平均値ももつので，平均値を $\mu = \mathbf{E}[X]$ とおく．事象 $A = \{|X - \mu| \geq \epsilon\}$ の生起に対応する 2 つの確率変数 1_A と 1_{A^c} を

$$1_A = \begin{cases} 1, & |X - \mu| \geq \epsilon \text{ のとき}, \\ 0, & \text{その他}, \end{cases} \qquad 1_{A^c} = \begin{cases} 1, & |X - \mu| < \epsilon \text{ のとき}, \\ 0, & \text{その他}, \end{cases}$$

と定義すれば，$1_A + 1_{A^c} = 1$ である．したがって，平均値の線形性から，

$$\mathbf{V}[X] = \mathbf{E}[(X - \mu)^2] = \mathbf{E}[(X - \mu)^2 1_A] + \mathbf{E}[(X - \mu)^2 1_{A^c}] \tag{7.13}$$

が成り立つ．さらに，明らかな不等式

$$(X - \mu)^2 1_A \geq \epsilon^2 1_A, \qquad (X - \mu)^2 1_{A^c} \geq 0$$

を用いると，式 (7.13) は

$$\mathbf{V}[X] \geq \mathbf{E}[\epsilon^2 1_A] = \epsilon^2 \mathbf{E}[1_A] = \epsilon^2 P(|X - \mu| \geq \epsilon)$$

となり，示すべき不等式が得られる．□

注意 7.5　第 2.5 節ではデータのばらつきに関するチェビシェフの不等式を証明した．その証明は離散型確率変数に対してもそのまま通用する．上の証明は一般の確率変数に対するものになっている．

定理 7.6　**(大数の弱法則)**　$X_1, X_2, \ldots$ を互いに無相関で同分布に従う確率変数列とし，その平均を μ，分散を σ^2 とする (つまり，有限な分散をもつことが仮定されている)．このとき，任意の $\epsilon > 0$ に対して次が成り立つ．

$$\lim_{n \to \infty} P\left(\left| \frac{1}{n} \sum_{k=1}^{n} X_k - \mu \right| \geq \epsilon \right) = 0. \tag{7.14}$$

証明　簡単のために，

$$T_n = \frac{1}{n} \sum_{k=1}^{n} X_k$$

とおく．平均値の線形性から，

$$\mathbf{E}[T_n] = \frac{1}{n} \sum_{k=1}^{n} \mathbf{E}[X_k] = \frac{1}{n} \mu n = \mu$$

となる．また，互いに無相関な確率変数に対しては分散の加法性（定理 5.11）が成り立つので，

$$\mathbf{V}[T_n] = \frac{1}{n^2}\sum_{k=1}^{n}\mathbf{V}[X_k] = \frac{1}{n^2}\sigma^2 n = \frac{\sigma^2}{n}$$

がわかる．これらを用いて，確率変数 T_n に関するチェビシェフの不等式（定理 7.4）を書き下せば，

$$P(|T_n - \mu| \geq \epsilon) \leq \frac{\sigma^2}{\epsilon^2 n}$$

となる．ここで，$n \to \infty$ とすれば，右辺は 0 に収束するから，式 (7.14) が従う． □

■ **大数の強法則** 大数の弱法則において，$\epsilon > 0$ は任意にとれるので，いっそのこと $\epsilon = 0$ とできないかという疑問がわく．これに答えるのが大数の強法則である．

定理 7.7 **（大数の強法則）** $X_1, X_2, \ldots$ を同分布をもつ確率変数列として，その平均値を μ とする．もし，$X_1, X_2, \ldots$ が互いに独立であれば，次が成り立つ．

$$P\left(\lim_{n\to\infty}\frac{1}{n}\sum_{k=1}^{n}X_k = \mu\right) = 1. \tag{7.15}$$

一般に，確率 1 で起こる事象を**ほとんど確実に起こる事象**という．そうすると，式 (7.15) をもって，ほとんど確実に

$$\lim_{n\to\infty}\frac{1}{n}\sum_{k=1}^{n}X_k = \mu \tag{7.16}$$

が成り立つことがわかる．

例 7.8 コイン投げでは $X_1, X_2, \ldots$ は成功確率 $p = 1/2$ のベルヌーイ分布に従う独立な確率変数列となる．その平均値は $p = 1/2$ であるから，大数の強法則（定理 7.7）によって，ほとんど確実に，つまり確率 1 で相対度数 T_n は 1/2 に収束する．ほとんど確実な事象は，現実世界の現象に対しては「必ず起

こる事象」と解釈される．こうして，そのままでは成り立たなかった式 (7.12) は，「ほとんど確実に成り立つ」という確率論の概念を用いて厳密に正当化された．さらに，計算機シミュレーションを繰り返しても T_n が 1/2 に収束しない現象は観察されないという経験的事実に理論的根拠が与えられた．

注意 7.9　定理 7.6 と定理 7.7 では，確率変数列に関する仮定に違いがある．大数の弱法則では，確率変数列は互いに無相関であることと分散が存在することを仮定している．一方，大数の強法則では，確率変数列は互いに独立であること（無相関よりも強い）を仮定しているが，分散の存在は仮定していない．ここで，**互いに独立**とは $X_1, X_2, \ldots$ から取り出した任意の 2 つの確率変数 $X_i, X_j (i \neq j)$ が独立であることをいう．「独立」であれば「互いに独立」であるが，逆は必ずしも成り立たない（第 4.3 節）．多くの本では，大数の強法則を確率変数列の独立性を仮定して述べているが，その仮定は弱められるのである．

注意 7.10　確率分布には平均値が存在しないものもあり，そのような分布に対しては大数の法則は成り立たない．たとえば，コーシー分布は平均値をもたない．

■ **一致推定量**　多くの場合，母数 θ の推定量は $T_n = T_n(X_1, \ldots, X_n)$ のように標本の大きさ n ごとに与えられる．このような推定量 T_n は，任意の $\epsilon > 0$ に対して，

$$\lim_{n \to \infty} P(|T_n - \theta| \geq \epsilon) = 0 \tag{7.17}$$

を満たすとき，θ の**一致推定量**という．一致性は，標本数 n ごとに与えられた推定量の系列に対する性質であり，標本数 n が大きいほど推定値が母数 θ の近くに落ちる確率が 1 に近いことを意味する．したがって，一致推定量を用いれば，標本数が大きいほど精度よく母数を推定できることになる．

定理 7.11　母平均と母分散をもつ母集団から取り出した標本について，次が成り立つ．

(1) 標本平均は母平均の一致推定量である．

(2) 標本分散，不偏分散は母分散の一致推定量である．

証明 母平均を μ, 母分散を σ^2 とする．その母集団から取り出した標本 $X_1, X_2, \ldots$ は母集団分布に従う独立同分布な確率変数列であるから，大数の弱法則（定理 7.6）の仮定を満たす．

(1) 大数の弱法則の結論の式 (7.14) は，標本平均 $\bar{X}$ が母平均 μ の一致推定量であることを示している．

(2) 標本分散は，標本の個数によって決まるので S_n^2 と書けば，

$$S_n^2 = \frac{1}{n}\sum_{k=1}^{n}(X_k - \bar{X})^2 = \frac{1}{n}\sum_{k=1}^{n}X_k^2 - \bar{X}^2$$

となる．ここで $X_1^2, X_2^2, \ldots$ は母平均 $\sigma^2 + \mu^2$ の母集団から取り出された標本とみなせるので，大数の弱法則から第 1 項は母平均 $\sigma^2 + \mu^2$ の一致推定量である．また，詳細は省くが，第 2 項については大数の弱法則を用いて $\lim_{n\to\infty} P(|\bar{X}^2 - \mu^2| \geq \epsilon) = 0$ を示すことができる．これらのことから，S^2 は $(\sigma^2 + \mu^2) - \mu^2 = \sigma^2$ の一致推定量であることが示される．不偏分散は $U^2 = nS^2/(n-1)$ を満たすので，やはり母分散の一致推定量である． □

第8章

区間推定

8.1 母数の区間推定

母集団から取り出された標本 $X_1, \ldots, X_n$ によって母数 θ を推定するときに，適当な統計量 $T = T(X_1, \ldots, X_n)$ を用いて計算される推定値を用いる方式が**点推定**であった（前章）．実用の場面では，1回の標本調査によって得られる n 個の観測値 $x_1, \ldots, x_n$ から推定値 $\hat{\theta} = T(x_1, \ldots, x_n)$ を計算する．この推定値 $\hat{\theta}$ は1個の数値であり，母数 θ に近いかどうかは，実のところわからない．不偏性や一致性を満たすような推定量を用いれば，推定値 $\hat{\theta}$ は母数 θ に近いだろうと期待しているにすぎない．そこで，推定値がどのくらい母数に近いかを確率的に評価することが望まれるのだが，そのための手法が**区間推定**である．

■ **区間推定の形式**　区間推定では，母数 θ そのものを推定する（これが点推定）のではなく，その母数を含む区間を与えるのである．形式的には，標本 $X_1, \ldots, X_n$ をもとに，2つの統計量 $T_1 = T_1(X_1, \ldots, X_n)$, $T_2 = T_2(X_1, \ldots, X_n)$ を用いて，母数 θ は区間 $[T_1, T_2]$ の範囲にあることを主張する．この区間を母数 θ に対する**信頼区間**といい，信頼区間の端点 T_1, T_2 を**信頼限界**という．もちろん，信頼限界は標本に依存して決まる確率変数であるから，必ずしも

$T_1 \leq \theta \leq T_2$ が成り立つとは限らない．信頼区間がどのくらい信頼できるかは，確率 $P(T_1 \leq \theta \leq T_2)$ によって与えられる．この確率を**信頼係数**という．なお，本書では，区間推定の一般論に立ち入らず，典型的な場合を述べるにとどめる．

8.2 正規母集団における母平均の区間推定

本節では，正規母集団 $N(\mu, \sigma^2)$ に対して母平均 μ の推定を扱う．母平均の推定にあたって，母集団分布を決めるパラメータがもう一つあり，それは母分散であることに注意しよう．そこで，母分散が既知で利用可能な場合と母分散も未知の場合に分けて区間推定の方法を述べる．

■ **母分散が既知の場合** 次の定理が基本になる．

定理 8.1 正規母集団 $N(\mu, \sigma^2)$ から選ばれた標本 $X_1, \ldots, X_n$ に対して，標本平均は正規分布 $N(\mu, \sigma^2/n)$ に従う．すなわち，

$$\bar{X} = \frac{1}{n}\sum_{k=1}^{n} X_k \sim \left(\mu, \frac{\sigma^2}{n}\right).$$

したがって，その標準化 Z は標準正規分布 $N(0,1)$ に従う．すなわち，

$$Z = \frac{\bar{X} - \mu}{\sigma/\sqrt{n}} \sim N(0,1). \tag{8.1}$$

証明　まず，標本 $X_1, \ldots, X_n$ は正規分布 $N(\mu, \sigma^2)$ に従う独立な確率変数である．したがって，正規分布の再生性（定理 6.14）から $\sum_{k=1}^{n} X_k$ も正規分布に従い，その平均値は $n\mu$，分散は $n\sigma^2$ である．次いで，定理 6.10 によって，標本平均 $\bar{X}$ も正規分布に従い，その平均値は $n\mu/n = \mu$，分散は $n\sigma^2/n^2 = \sigma^2/n$ となることがわかる． □

さて，正規母集団 $N(\mu, \sigma^2)$ から標本 $X_1, \ldots, X_n$ を選び，標本平均 $\bar{X}$ とその標準化 Z を考えよう．今，$0 < \alpha < 1$ に対して，標準正規分布 $N(0,1)$ の上側 $\alpha/2$ 点を $z_{\alpha/2}$ と書くと，

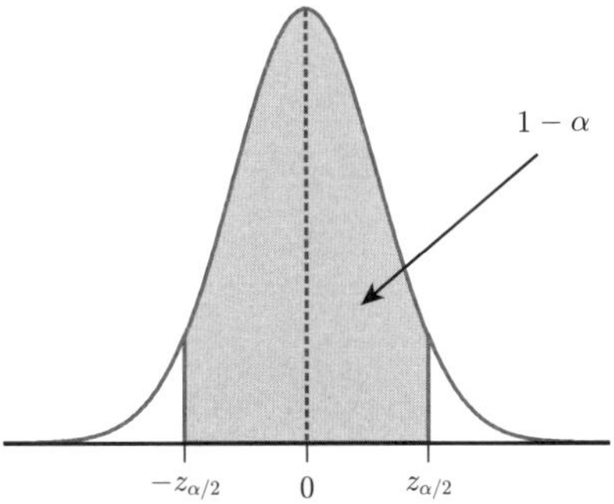

図 8.1　$N(0,1)$ の上側 $\alpha/2$ 点：$P(|Z| \leq z_{\alpha/2}) = 1-\alpha$

$$P(|Z| \leq z_{\alpha/2}) = 1-\alpha \tag{8.2}$$

が成り立つ（図 8.1）．ここで，$|Z| \leq z_{\alpha/2}$ を標本平均 $\bar{X}$ で書き直す．まず，式 (8.1) を代入して，

$$\left|\frac{\bar{X}-\mu}{\sigma/\sqrt{n}}\right| \leq z_{\alpha/2}$$

として，これを計算すると，

$$\bar{X} - z_{\alpha/2}\,\frac{\sigma}{\sqrt{n}} \leq \mu \leq \bar{X} + z_{\alpha/2}\,\frac{\sigma}{\sqrt{n}}$$

が得られる．したがって，式 (8.2) は，

$$P\left(\bar{X} - z_{\alpha/2}\,\frac{\sigma}{\sqrt{n}} \leq \mu \leq \bar{X} + z_{\alpha/2}\,\frac{\sigma}{\sqrt{n}}\right) = 1-\alpha \tag{8.3}$$

と同値である．つまり，標本平均 $\bar{X}$ を中心に

$$\left[\bar{X} - z_{\alpha/2}\,\frac{\sigma}{\sqrt{n}},\ \bar{X} + z_{\alpha/2}\,\frac{\sigma}{\sqrt{n}}\right] \tag{8.4}$$

のように幅をもたせた区間を考えれば，その区間の中に母平均 μ を捕える確率が $1-\alpha$ となる．このことをもって，区間 (8.4) を母平均 μ に対する**信頼係数 $1-\alpha$ の信頼区間**という．

以上のことを定理として述べておこう．

定理 8.2 正規母集団 $N(\mu, \sigma^2)$ から取り出した大きさ n の標本による標本平均を $\bar{X}$ とする．このとき，母平均 μ に対する信頼係数 $1-\alpha$ の信頼区間は

$$\bar{X} \pm z_{\alpha/2} \frac{\sigma}{\sqrt{n}} \tag{8.5}$$

で与えられる．ただし，式 (8.5) は区間 (8.4) の略記であり，$z_{\alpha/2}$ は標準正規分布の上側 $\alpha/2$ 点である．

実際に，観測値 $x_1, \ldots, x_n$ から得られる標本平均 $\bar{x}$ は 1 個の数値であり，これを中心に幅をとった

$$\bar{x} \pm z_{\alpha/2} \frac{\sigma}{\sqrt{n}} \tag{8.6}$$

によって母平均を推定するというのが区間推定のアイデアである．しかし，幅をとったとしても確実に母平均を捕まえているかどうかはわからない．示せることは，区間内に母平均を捕まえている確率である．式 (8.5) の意味は，信頼区間の中に母平均 μ を捕まえている確率が $1-\alpha$，はずしている確率が α ということである．この確率を大数の法則によって解釈すると，同一条件で区間推定を多数回繰り返すとき，そのうち相対頻度 $1-\alpha$ で母数を区間の中にとらえ，α で母数を区間から外すということである．そのような意味で，信頼係数は区間推定における信頼度の指標になる．観測値から得られる 1 つの信頼区間 (8.6) が母平均を捕えているか否かはいずれかに確定していることであるが，それを知ることはできない．

信頼係数としては 90%，95%，98%，99% などが習慣的に用いられる．対応する上側 $\alpha/2$ 点 $z_{\alpha/2}$ は次のようになる．

信頼係数 $(1-\alpha)$	90%	95%	98%	99%
上側 $\alpha/2$ 点 $(z_{\alpha/2})$	1.6449	1.9600	2.3263	2.5758

信頼区間の公式 (8.5) から，信頼係数 $1-\alpha$ を 1 に近づけると信頼区間の幅は広くなり，信頼区間の幅を狭くとれば信頼係数 $1-\alpha$ が低下する．したがって，実用の場面では，信頼度と信頼区間の幅に折り合いをつけて運用する．

また，区間推定の観点からは，点推定では信頼区間の幅が 0 となってしまい，その信頼係数は 0 となることにも注意しておこう．

例 8.3 ある工程で作られる製品の重量 (g) は，その工程の特性から標準偏差 $\sigma = 9.5$ の正規分布に従って揺らぐことがわかっている．この工程で作られている製品全体の平均重量 μ を知るために，15 個の製品を無作為抽出して，それらの平均重量を求めたところ $\bar{x} = 124.8$ であった．このことから μ を標本平均の 124.8 と推定する方式が点推定であるが，これでは推定の信頼度がわからない．そこで登場するのが区間推定である．仮定から母集団は正規分布 $N(\mu, 9.5^2)$ に従うことに注意して，定理 8.2 を適用すれば，母平均 μ に対する信頼係数 $1 - \alpha$ の信頼区間は，

$$\bar{x} \pm z_{\alpha/2} \frac{\sigma}{\sqrt{n}} = 124.8 \pm z_{\alpha/2} \frac{9.5}{\sqrt{15}} = 124.8 \pm z_{\alpha/2} \times 2.45$$

で与えられる．信頼係数 95% の信頼区間は，上側 2.5% 点 $z_{0.025} = 1.96$ を用いて，$124.8 \pm 1.96 \times 2.45 = 124.8 \pm 4.8$ となる．信頼係数 90% であれば，上側 5% 点 $z_{0.05} = 1.64$ を用いて，$124.8 \pm 1.64 \times 2.45 = 124.8 \pm 4.0$ となる．

例 8.4 例 8.3 において，95% 信頼区間の幅は $4.8 \times 2 = 9.6$ であった．では，この幅を 1 以下にするために必要な標本数 n を求めてみよう．一般に信頼係数 $1 - \alpha$ の信頼区間の幅は，

$$2z_{\alpha/2} \frac{\sigma}{\sqrt{n}}$$

であるから，与えられた条件は

$$2 \times 1.96 \frac{9.5}{\sqrt{n}} \leq 1$$

となる．上の不等式は簡単に解けて，$n \geq 1386.8$ が得られる．したがって，大きさ 1387 の標本が必要である．一般に，信頼区間の公式 (8.5) からわかるように，信頼係数を一定にするとき，信頼区間の幅は標本数の平方根に反比例する．つまり，区間の幅を 1/2 にしたければ 標本数は 4 倍，1/10 にしたければ標本数は 100 倍必要である．

■ 母分散が未知の場合　定理 8.2 で述べた区間推定は，母分散 σ^2 があらかじめわかっている既知の場合しか使えない．母分散が未知のときは，母分散も標本から推定する必要があり，そのために不偏分散が用いられる．念のため，標本平均 $\bar{X}$ と不偏分散 U^2 の定義

$$\bar{X} = \frac{1}{n}\sum_{k=1}^{n} X_k\,, \qquad U^2 = \frac{1}{n-1}\sum_{k=1}^{n}(X_k - \bar{X})^2,$$

を思い出しておこう．区間推定の出発点となるのは次の定理である．

定理 8.5　正規母集団 $N(\mu, \sigma^2)$ から取り出された大きさ n の標本の標本平均を $\bar{X}$, 不偏分散を U^2 とするとき，

$$T = \frac{\bar{X} - \mu}{U/\sqrt{n}} \tag{8.7}$$

は自由度 $n-1$ の t 分布 t_{n-1} に従う．

これを定理 8.1 と比較しておくのは有益である．母分散 σ^2 が既知であれば，それを用いて

$$Z = \frac{\bar{X} - \mu}{\sigma/\sqrt{n}} \sim N(0, 1)$$

のように Z を導入して，標準正規分布の議論に持ち込む．しかし，母分散が未知であるときは，母分散 σ^2 を不偏分散 U^2 で置き換えて式 (8.7) のように T を導入すると，

$$T = \frac{\bar{X} - \mu}{U/\sqrt{n}} \sim t_{n-1}$$

のように，T は正規分布ではなく t 分布に従うのである．自由度 $n-1$ にも注意しておこう．

定理 8.5 は，定理 6.16 と不偏分散の分布に関する次の定理から導かれる．それらの証明には 2 変数の微積分が必要になるので，詳細はより本格的な数理統計学の書物に譲ることにする．

定理 8.6 正規母集団 $N(\mu, \sigma^2)$ から取り出された大きさ n の標本の標本平均を $\bar{X}$, 不偏分散を U^2 とする.

(1) $\bar{X}$ は正規分布 $N(\mu, \sigma^2/n)$ に従う.

(2) $(n-1)U^2/\sigma^2$ は自由度 $n-1$ のカイ 2 乗分布に従う.

(3) $\bar{X}$ と U^2 は独立である.

では，定理 8.5 をもとにして区間推定の公式を導こう.

定理 8.7 正規母集団 $N(\mu, \sigma^2)$ から取り出した大きさ n の標本の標本平均を $\bar{X}$, 不偏分散を U^2 とする. このとき，母平均 μ に対する信頼係数 $1-\alpha$ の信頼区間は

$$\bar{X} \pm t_{n-1}(\alpha/2)\,\frac{U}{\sqrt{n}} \tag{8.8}$$

で与えられる. ただし，$t_{n-1}(\alpha/2)$ は自由度 $n-1$ の t 分布の上側 $\alpha/2$ 点である.

証明 定理 8.5 によって,

$$T = \frac{\bar{X}-\mu}{U/\sqrt{n}} \sim t_{n-1} \tag{8.9}$$

である. したがって，$t_{n-1}(\alpha/2)$ を自由度 $n-1$ の t 分布の上側 $\alpha/2$ 点とすれば,

$$P(T \geq t_{n-1}(\alpha/2)) = \frac{\alpha}{2}$$

が成り立ち，t 分布の対称性から,

$$P(|T| \leq t_{n-1}(\alpha/2)) = 1-\alpha$$

がわかる（図 8.2）. ここで，$|T| \leq t_{n-1}(\alpha/2)$ に式 (8.9) を代入して，式を変形すれば,

$$P\left(\bar{X} - t_{n-1}(\alpha/2)\,\frac{U}{\sqrt{n}} \leq \mu \leq \bar{X} + t_{n-1}(\alpha/2)\,\frac{U}{\sqrt{n}}\right) = 1-\alpha$$

となる. このことをもって，母平均 μ に対する信頼係数 $1-\alpha$ の信頼区間が式 (8.8) で与えられることになる. □

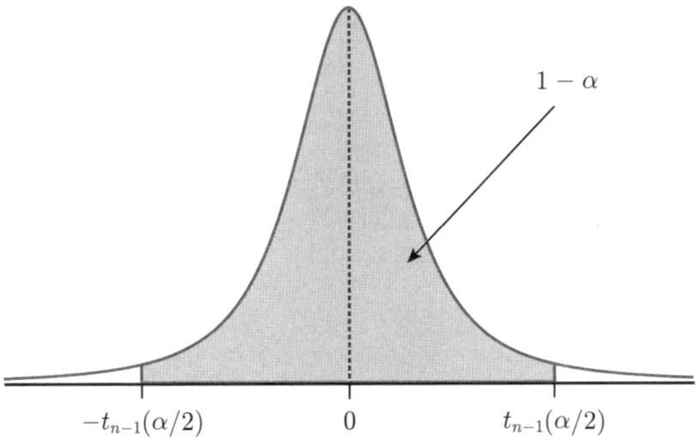

図 8.2　t 分布の上側 $\alpha/2$ 点：$P(|T| \leq t_{n-1}(\alpha/2)) = 1-\alpha$

例 8.8　ある化合物の生成実験を同一条件下で 7 回行ったところ，得られた化合物の重量は

$$12.9 \quad 17.7 \quad 14.2 \quad 12.8 \quad 16.0 \quad 15.7 \quad 14.8$$

のようになった．この実験で得られる化合物の重量は正規分布に従っているとしてよい．上の結果から，得られる化合物の平均重量を区間推定してみよう．数値計算によって，標本平均と不偏分散は

$$\bar{x} = \frac{1}{7}\sum_{k=1}^{7} x_k = 14.87, \qquad u^2 = \frac{1}{6}\sum_{k=1}^{7}(x_k - \bar{x})^2 = 3.10 = 1.76^2$$

となる．定理 8.7 によって，信頼係数 $1-\alpha$ の信頼区間は，

$$\bar{x} \pm t_{n-1}(\alpha/2)\,\frac{u}{\sqrt{n}} = 14.87 \pm t_6(\alpha/2)\,\frac{1.76}{\sqrt{7}}$$

で与えられる．したがって，90% 信頼区間は $t_6(0.05) = 1.943$ を付表から読み取って，

$$14.87 \pm 1.943 \times \frac{1.76}{\sqrt{7}} \approx 14.87 \pm 1.29$$

となる．同様に，$t_6(0.025) = 2.447$ から，95% 信頼区間は次のようになる．

$$14.87 \pm 2.447 \times \frac{1.76}{\sqrt{7}} \approx 14.87 \pm 1.63.$$

問題 8.1 正規母集団 $N(\mu, \sigma^2)$ から大きさ $n = 20$ の標本を抽出し，標本平均 $\bar{x} = 18.26$ を得た．母分散 $\sigma^2 = 0.4^2$ を既知として，母平均 μ の 95% 信頼区間を求めよ．また，90% 信頼区間を求めよ．

問題 8.2 正規母集団から取り出された 8 個の標本

122 152 154 132 144 161 138 169

をもとに，母平均の 95% 信頼区間を求めよ．また，90% 信頼区間を求めよ．

8.3 中心極限定理

正規母集団とは限らない一般の母集団の母平均の区間推定のためには，標本平均の分布を正規分布で近似する必要がある．その根拠となるのが，中心極限定理と呼ばれている確率論の基本的な結果であり，厳密に述べると次のようになる．

定理 8.9 **（中心極限定理）** $X_1, X_2, \ldots$ を独立同分布な確率変数列で，平均 0, 分散 1 に標準化されているものとする．このとき，任意の実数 x に対して，

$$\lim_{n\to\infty} P\left(\frac{1}{\sqrt{n}}\sum_{k=1}^{n} X_k \leq x\right) = \frac{1}{\sqrt{2\pi}}\int_{-\infty}^{x} e^{-t^2/2}dt \qquad (8.10)$$

が成り立つ．

証明には特性関数を用いたやや高度な微積分の手法を要する．本書ではそのような数学的な議論は必要でなく，むしろ定理の意味を理解して使えることが重要である．まず，式 (8.10) の右辺は標準正規分布の分布関数になっている．したがって，式 (8.10) の意味は，確率変数

$$\frac{1}{\sqrt{n}}\sum_{k=1}^{n} X_k \qquad (8.11)$$

の分布が，$n \to \infty$ の極限において標準正規分布 $N(0, 1)$ に収束するというこ

とである．応用上は，n が大きいとき，確率変数 (8.11) の分布は標準正規分布 $N(0,1)$ で近似されることを利用する．このことを本書では，

$$\frac{1}{\sqrt{n}}\sum_{k=1}^{n} X_k \approx N(0,1) \qquad (n \to \infty)$$

のように書くことにする．近似のために，どのくらい n が大きければよいかという精度の問題は重要であるが難しい．もとの確率変数列 X_k の従っている分布によって一概にはいえず，個別に扱う必要がある．

■ **独立同分布な確率変数の和**　中心極限定理の有用な変形として，独立同分布な確率変数の和の分布を求めることができる．

定理 8.10　$X_1, X_2, \ldots$ を独立同分布な確率変数列で，その分布の平均値を μ，分散を σ^2 とする．このとき，

$$\sum_{k=1}^{n} X_k \approx N(n\mu, n\sigma^2) \qquad (n \to \infty) \tag{8.12}$$

が成り立つ．

証明　各 X_k を標準化して，

$$\tilde{X}_k = \frac{X_k - \mu}{\sigma}$$

とすれば，$\mathbf{E}[\tilde{X}_k] = 0$, $\mathbf{V}[\tilde{X}_k] = 1$ である．したがって，$\tilde{X}_1, \tilde{X}_2, \ldots$ に対して中心極限定理（定理 8.9）の仮定が満たされるので，

$$\frac{1}{\sqrt{n}}\sum_{k=1}^{n} \tilde{X}_k \approx N(0,1) \qquad (n \to \infty) \tag{8.13}$$

が成り立つ．ここで，

$$\frac{1}{\sqrt{n}}\sum_{k=1}^{n} \tilde{X}_k = \frac{1}{\sqrt{n}}\sum_{k=1}^{n} \frac{X_k - \mu}{\sigma} = \frac{1}{\sigma\sqrt{n}}\left(\sum_{k=1}^{n} X_k - n\mu\right)$$

と変形すれば，

$$\frac{1}{\sigma\sqrt{n}}\left(\sum_{k=1}^{n} X_k - n\mu\right) \approx N(0,1)$$

が得られる．両辺に $\sigma\sqrt{n}$ を掛けて，$n\mu$ を加えれば，式 (8.12) が得られる． □

■ 一般の母集団に対する標本平均の分布 一般の母集団を考えて，その母平均を μ，母分散を σ^2 とする．その母集団から取り出した標本 $X_1, X_2, \ldots$ は，母集団分布に従う独立同分布な確率変数列になり，中心極限定理を適用することができる．

定理 8.11 母平均 μ，母分散 σ^2 の母集団から取り出した大きさ n の標本の標本平均 $\bar{X}$ の分布について，

$$\bar{X} = \frac{1}{n}\sum_{k=1}^{n} X_k \approx N\left(\mu, \frac{\sigma^2}{n}\right) \qquad (n \to \infty) \tag{8.14}$$

が成り立つ．

証明 定理 8.10 から，

$$\sum_{k=1}^{n} X_k \approx N(n\mu, n\sigma^2) \qquad (n \to \infty)$$

が成り立つ．両辺を n で割って式 (8.14) が直ちに従う． □

注意 8.12 大数の法則によって，n が大きいとき標本平均 $\bar{X}$ は母平均 μ の近くに現れる確率が大きくなり，$n \to \infty$ の極限で $\bar{X}$ が μ に収束する．中心極限定理（定理 8.11）は，標本平均 $\bar{X}$ についてさらに詳しいことを述べている．つまり，$\bar{X}$ の分布が正規分布で近似され，その分散 σ^2/n からわかるように，$n \to \infty$ の極限では揺らぎが消えて，μ に収束することがわかる．

注意 8.13 定理 8.1 で見たように，正規母集団 $N(\mu, \sigma^2)$ に対しては，式 (8.14) が厳密に成り立つ．中心極限定理で注目する点は，母集団分布の如何によらず，標本の大きさ n が大きくなれば，標本平均の分布は正規分布で近似できると主張している点である．

■ 二項分布の正規分布近似 中心極限定理の原型は，二項分布 $B(n, p)$ が同じ平均値 $\mu = np$ と分散 $\sigma^2 = np(1-p)$ をもつ正規分布 $N(\mu, \sigma^2)$ に近いことを主張するド・モアブル–ラプラスの定理にさかのぼる．具体例として，図

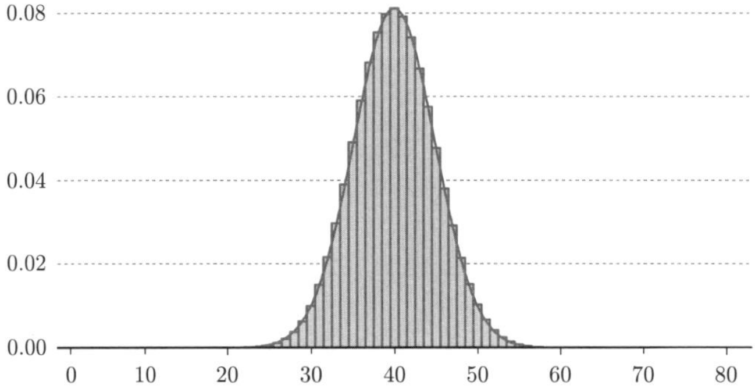

図 8.3　$B(100, 0.4)$ と $N(40, 24)$

8.3 は二項分布 $B(100, 0.4)$ に同じ平均値 $\mu = np = 40$ と分散 $\sigma^2 = np(1-p) = 24$ をもつ正規分布 $N(40, 24)$ のグラフを重ねたものである．よく重なっていることが見て取れる．

定理 8.14　**(ド・モアブル-ラプラスの定理)**　二項分布 $B(n, p)$ は n が大きいとき，正規分布 $N(np, np(1-p))$ で近似される．すなわち，

$$B(n, p) \approx N(np, np(1-p)) \qquad (n \to \infty). \tag{8.15}$$

証明　歴史的には，二項係数を上手に評価する方法で初めて証明されたのだが，今となっては，はるかに一般的な中心極限定理の簡単な一例となっている．実際，$X_1, X_2, \ldots$ を成功確率 p のベルヌーイ分布に従う独立同分布な確率変数列とすれば，その平均値は $\mu = p$，分散は $\sigma^2 = p(1-p)$ になる．まず，二項分布の定義から，

$$\sum_{k=1}^{n} X_k \sim B(n, p) \tag{8.16}$$

である．一方，中心極限定理（定理 8.10）から

$$\sum_{k=1}^{n} X_k \approx N(n\mu, n\sigma^2) = N(np, np(1-p)) \qquad (n \to \infty) \tag{8.17}$$

が成り立つ．こうして，式 (8.16) と式 (8.17) から式 (8.15) が直ちに従う．□

二項分布は離散分布，正規分布は連続分布であるから，近似式 (8.15) の意

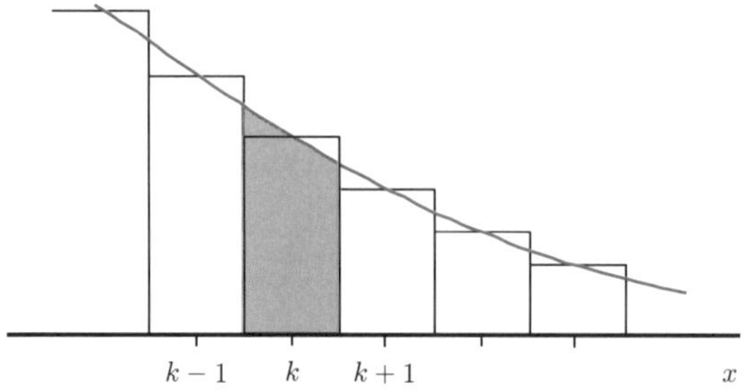

図 8.4　二項分布の確率を面積で表し，正規分布で近似する

味を少し慎重に見ておこう．図 8.3 では，二項分布をヒストグラムのように描いてあるが，それには二項分布の確率計算を面積計算に帰着させるという重要な意味がある．詳しく見るために，2 つの確率変数 $X \sim B(n,p)$ と $Y \sim N(\mu,\sigma^2)$ を考える．確率 $P(X=k)$ は本来，$x=k$ に長さ $P(X=k)$ の棒を立てて示されるべきであるが，$x=k$ に $\pm 1/2$ の幅をもたせることで，横の長さが 1, 縦の長さが $P(X=k)$ の長方形で表すことができる．さらに，その長方形の面積も $P(X=k)$ となる．一方，正規分布の密度関数のグラフは曲線であるが，二項分布と正規分布がよく重なっているので，曲線の下にできる面積と長方形の面積がほぼ一致するといえる（図 8.4）．式で書けば，

$$P(X=k) \approx P\left(k-\frac{1}{2} \le Y \le k+\frac{1}{2}\right) \tag{8.18}$$

となり，二項分布を正規分布を用いて近似的に計算するときの基礎を与える．

例 8.15　表が出る確率が 0.4 であるコインを 100 回投げるとき，表が 50 回以上出る確率を求めてみよう．まず，そのようなコインを 100 回投げたとき，表が出る回数を X とすると，X は二項分布 $B(100, 0.4)$ に従う．その平均値は $\mu = 100 \times 0.4 = 40$, 分散は $\sigma^2 = 100 \times 0.4 \times (1-0.4) = 24 \approx 4.90^2$ である．ド・モアブル–ラプラスの定理によって，二項分布 $B(100, 0.4)$ と正規分布 $N(40, 4.9^2)$ は近い．求めたい確率は，$P(X \ge 50)$ であるが，式 (8.18) にあるように，正規分布に持ち込むときに 1/2 の補正（これを**連続補正**という）が必要になる．そこで，明らかな等式 $P(X \ge 50) = P(X \ge 49.5)$ を念頭にし

て，X を $Y \sim N(40, 4.9^2)$ で置き換えて，

$$P(X \geq 50) \approx P(Y \geq 49.5)$$

とするとよい．あとは，いつも通り Y の標準化 $Z = (Y-40)/4.9 \sim N(0,1)$ を用いて，

$$P(Y \geq 49.5) = P\left(Z \geq \frac{49.5-40}{4.9}\right) = P\left(Z \geq 1.938\cdots\right) = 0.0262$$

となる．一方，二項分布による厳密値は

$$P(X \geq 50) = \sum_{k=50}^{100} \binom{100}{k} 0.4^k 0.6^{100-k} = 0.027099\cdots$$

であり，近似の精度は十分高いことがわかる．なお，連続補正を忘れると，

$$\begin{aligned} P(X \geq 50) &= P\left(\frac{X-40}{4.9} \geq \frac{50-40}{4.9}\right) \\ &\approx P(Z \geq 2.04) = 0.5 - 0.4793 = 0.0207 \end{aligned}$$

となり，近似の精度が劣る．

注意 8.16　二項分布の正規分布近似式 (8.15) において近似の精度が気になるところである．一般に，p が 1/2 に近ければ小さな n でも精度が高いが，p が 1/2 から外れるほど，n を大きくとる必要がある．実用上，$np \geq 5$, $n(1-p) \geq 5$ を同時に満たすことが目安とされる．しかしながら，二項分布の正規分布近似は理論的には重要であるが，今日では計算機によって二項分布を高精度で直接計算することが容易となり，数値計算技法としてのメリットは失われている．

問題 8.3　ある大学では過去のデータによると入学試験の合格者の内，入学を辞退するものが 5% いるという．1000 人の定員のところ 1060 人合格としたとき，定員割れを起こす確率を二項分布の正規分布近似を用いて求めよ．

8.4 母比率の区間推定

母比率 p の二項母集団を考えよう．まず，この母集団の母平均と母分散は，

$$\mu = p, \qquad \sigma^2 = p(1-p) \tag{8.19}$$

のように母比率で決まっている．一般に，母集団から取り出された大きさ n の標本 $X_1, \ldots, X_n$ の標本平均は

$$\bar{X} = \frac{1}{n}\sum_{k=1}^{n} X_k \tag{8.20}$$

で定義される．二項母集団では，標本 X_k の値は 0 または 1 であるから，式 (8.20) は標本 $X_1, \ldots, X_n$ のうち値 1 をとるものの相対度数になる．これを**標本比率**と呼び，

$$\hat{p} = \frac{1}{n}\sum_{k=1}^{n} X_k$$

と書くのがふつうである．

定理 8.17 母比率 p の二項母集団から取り出された大きさ n の標本から得られる標本比率 $\hat{p}$ について，

$$\hat{p} \approx N\left(\mu, \frac{\sigma^2}{n}\right) = N\left(p, \frac{p(1-p)}{n}\right) \tag{8.21}$$

が成り立つ．ここで $\approx$ は n が大きいときに近似的に成り立つことを示す．

証明 標本比率 $\hat{p}$ は大きさ n の標本から得られる標本平均に他ならないので，定理 8.11 の言い換えにすぎない． □

これ以降は，中心極限定理による近似が入っていることを念頭に置きつつも，簡単のため $\approx$ を明記せずに議論を進めることにする．標本比率 $\hat{p}$ の標準化は式 (8.21) から

$$Z = \frac{\hat{p} - \mu}{\sigma/\sqrt{n}} \sim N(0, 1) \tag{8.22}$$

で与えられる．標準正規分布の上側 $\alpha/2$ 点は $P(|Z| \leq z_{\alpha/2}) = 1 - \alpha$ を満たすから，式 (8.22) を代入して不等式 $|Z| \leq z_{\alpha/2}$ を書き直せば，

$$P\left(\hat{p} - z_{\alpha/2}\,\frac{\sigma}{\sqrt{n}} \leq \mu \leq \hat{p} + z_{\alpha/2}\,\frac{\sigma}{\sqrt{n}}\right) = 1 - \alpha \tag{8.23}$$

が得られる．母分散 σ^2 が既知であれば，式 (8.23) から

$$\hat{p} \pm z_{\alpha/2}\,\frac{\sigma}{\sqrt{n}} \tag{8.24}$$

が母比率 p に対する信頼係数 $1-\alpha$ の信頼区間となる．

二項母集団においては母分散 σ^2 は既知ではないが，式 (8.19) のように母分散は母平均 $\mu = p$ によって定まっている．大数の法則によって n が大きければ，$\hat{p} \approx p$ であるから，同時に $\sigma^2 \approx \hat{p}(1-\hat{p})$ も成り立つ．ここでは詳しくは述べきれないが，式 (8.23) の左辺にこの近似を適用して，

$$P\left(\hat{p} - z_{\alpha/2}\,\frac{\sqrt{\hat{p}(1-\hat{p})}}{\sqrt{n}} \leq p \leq \hat{p} + z_{\alpha/2}\,\frac{\sqrt{\hat{p}(1-\hat{p})}}{\sqrt{n}}\right) = 1 - \alpha$$

としてよいことがわかる．これは，母比率 p に対して信頼係数 $1-\alpha$ の信頼区間を示している．ただし，議論の途中で中心極限定理と大数の法則を用いたので，n が大きいことが前提になっていることは覚えておこう．以上をまとめて，定理として述べると次のようになる．

定理 8.18 二項母集団から取り出した大きさ n の標本による標本比率を $\hat{p}$ とするとき，母比率 p に対する信頼係数 $1-\alpha$ の信頼区間は

$$\hat{p} \pm z_{\alpha/2}\sqrt{\frac{\hat{p}(1-\hat{p})}{n}} \tag{8.25}$$

で与えられる．ただし，$z_{\alpha/2}$ は標準正規分布の上側 $\alpha/2$ 点である．

注意 8.19 式 (8.25) は，母分散 σ^2 が既知の場合の母平均に対する信頼区間の公式 (8.5) を流用した形になっている．実際，標本平均 $\bar{X}$ は二項母集団では標本比率 $\hat{p}$ に置き換わり，母分散 $\sigma^2 = p(1-p)$ は母比率 p を標本比率で近似して $\sigma^2 = \hat{p}(1-\hat{p})$ とすることで既知とみなされる．

例 8.20 地域の住民から無作為に選ばれた 600 人に対して，ある支持率調査を行ったところ，36.4% が支持していることがわかった．支持率に対して 95% の信頼区間を求めてみよう．定理 8.18 を適用すれば，

$$0.364 \pm 1.96 \times \sqrt{\frac{0.364(1-0.364)}{600}} = 0.364 \pm 0.038$$

となる．したがって，調査結果の 36.4% に対して ±3.8% の幅をもたせてることで，信頼係数 95% が達成される．したがって，36.4% として小数第 1 位まで算出しているが，統計的観点からは 1 の位でさえ当てにならない．

例 8.21 母比率の区間推定において，95% 信頼区間の幅を 0.01 以下に抑えるために必要な標本数を求めてみよう．信頼区間の幅は

$$2 \times 1.96\sqrt{\frac{\hat{p}(1-\hat{p})}{n}}$$

であるから，これが $\leq$ 0.01 となればよい．2 次関数の簡単な考察から $0 \leq \hat{p} \leq 1$ の範囲で $\hat{p}(1-\hat{p})$ の最大値は 1/4 である．したがって，

$$2 \times 1.96\sqrt{\frac{1}{4n}} \leq 0.01$$

が満たされれば，標本比率によらず，95% 信頼区間の幅が 0.01 以下になる．上の不等式を解いて，$n \geq 38416$ が得られる．

問題 8.4 ある地区で無作為に選ばれた 250 人 に対して，ある番組の視聴を調査したところ，視聴率は 23.6% であった．この地区全体での視聴率の 95% 信頼区間を求めよ．また，90% 信頼区間を求めよ．

問題 8.5 ある地区で番組視聴率を無作為標本から推定するとき，90% 信頼区間の幅を 1% 以下にするために必要な標本数を求めよ．

8.5 一般母集団における母平均の区間推定

一般の母集団における母平均の区間推定は，中心極限定理にもとづく近似的な議論による．母平均 μ，母分散 σ^2 の母集団から取り出された大きさ n の標本の標本平均を $\bar{X}$ とする．中心極限定理（定理 8.11）によって

$$\bar{X} \approx N\left(\mu, \frac{\sigma^2}{n}\right) \qquad (n \to \infty) \tag{8.26}$$

が成り立つ．そこで，n は大きいものと仮定して，正規母集団のときの議論を

そのまま使えば，母平均 μ に対する信頼係数 $1-\alpha$ の信頼区間

$$\bar{X} \pm z_{\alpha/2}\frac{\sigma}{\sqrt{n}} \tag{8.27}$$

が導出される．

母集団分布が不明の全く一般的な状況にあれば，母平均を知りたくて推定しようというときに，あらかじめ母分散 σ^2 が既知であるとは考え難い．母分散が未知であれば，式 (8.27) において σ^2 をその不偏推定量である不偏分散 U^2 で置き換える．もともと，議論の前提として n は大きいとしているので，不偏分散 U^2 と標本分散 S^2 の違いもごくわずかである（第 7.2 節）．そこで，式 (8.27) において母分散 σ^2 を標本分散 S^2 で代用して，一般の母集団における母平均 μ に対する信頼係数 $1-\alpha$ の信頼区間を

$$\bar{X} \pm z_{\alpha/2}\frac{S}{\sqrt{n}} \tag{8.28}$$

のように与えて実用に供している．

信頼区間の公式 (8.28) は近似の議論の積み重ねによって導出されたことに注意しておこう．最も重要な前提は，式 (8.26) が精度良く成り立つほどに n が大きくとられていることである．もちろん n が大きいほど精度はよくなるが，母集団分布がわからなければ，どの程度の精度があるかを評価することは難しく，議論には本格的な確率論を要する．一方，母集団分布の形が事前に仮定できれば，個別に詳しい議論が可能になる．典型的な場合として，正規分布（第 8.2 節）とベルヌーイ分布（第 8.4 節）を扱った．

8.6 正規母集団における母分散の区間推定

第 8.2 節では，正規母集団 $N(\mu,\sigma^2)$ に対して母平均 μ の区間推定を扱った．本節では，母分散の区間推定を扱う．

まず，母分散の点推定では，不偏推定量である不偏分散 U^2 が適当であったことを思い出す（定理 7.3）．つまり，不偏分散 U^2 は母分散 σ^2 を中心に分布する．さらに，不偏分散の分布については定理 8.6 で述べた．すなわち，

$$Y = \frac{n-1}{\sigma^2} U^2 \sim \chi^2_{n-1} \tag{8.29}$$

のように，Y が自由度 $n-1$ のカイ 2 乗分布 χ^2_{n-1} に従う．

カイ 2 乗分布においても，正規分布や t 分布と同様に上側 α 点を考えることができる．つまり，Y を自由度 $n-1$ のカイ 2 乗分布に従う確率変数とするとき，$P(Y \geq y) = \alpha$ を満たす y を自由度 $n-1$ のカイ 2 乗分布の上側 α 点と呼び，$\chi^2_{n-1}(\alpha)$ で表す．そうすると，

$$P(Y \geq \chi^2_{n-1}(\alpha)) = \alpha$$

が成り立つ．カイ 2 乗分布の上側 $1-\alpha/2$ 点 $\chi^2_{n-1}(1-\alpha/2)$ は，すなわち下側 $\alpha/2$ 点であることに注意すれば，

$$P(\chi^2_{n-1}(1-\alpha/2) \leq Y \leq \chi^2_{n-1}(\alpha/2)) = 1 - \alpha$$

が得られる．左辺の不等式の Y に式 (8.29) を代入して，不等式を書き直せば，

$$P\left(\frac{(n-1)U^2}{\chi^2_{n-1}(\alpha/2)} \leq \sigma^2 \leq \frac{(n-1)U^2}{\chi^2_{n-1}(1-\alpha/2)}\right) = 1 - \alpha$$

となる．左辺に現れた区間

$$\left[\frac{(n-1)U^2}{\chi^2_{n-1}(\alpha/2)}, \frac{(n-1)U^2}{\chi^2_{n-1}(1-\alpha/2)}\right]$$

を母分散に対する信頼係数 $1-\alpha$ の信頼区間という．カイ 2 乗分布は対称な分布ではないため，$U^2 \pm \epsilon$ という形にはなっていない．

第9章
仮説検定

9.1 仮説検定の形式

コインを投げて収集されたデータからコインが公平かどうかを判定することを考えよう．公平なコインを 100 回投げれば，平均して表が 50 回出ることが期待されるが，もちろんちょうど 50 回出るとは限らない．コインが公平かどうかは平均値 50 回からのずれの度合いで判定すべきである．許容されるずれの範囲を確率を用いて設定して，観測結果がその許容範囲に落ちたかどうかで公平かどうかを判定する統計的な手法が仮説検定である．

コイン投げの例では，表の出る確率を p とおき，コインを 100 回投げたときの表の回数 X を考える．コインが公平かどうかを問題にしているので，$p = 1/2$ を仮定して X の分布を調べることになる．この出発点となる仮定を仮説検定では**帰無仮説**といい，

$$H_0 : p = \frac{1}{2}$$

と書く．帰無仮説が否定されたときに採用する仮説を H_1 と書いて**対立仮説**という．今の問題では，

$$H_1 : p \neq \frac{1}{2}$$

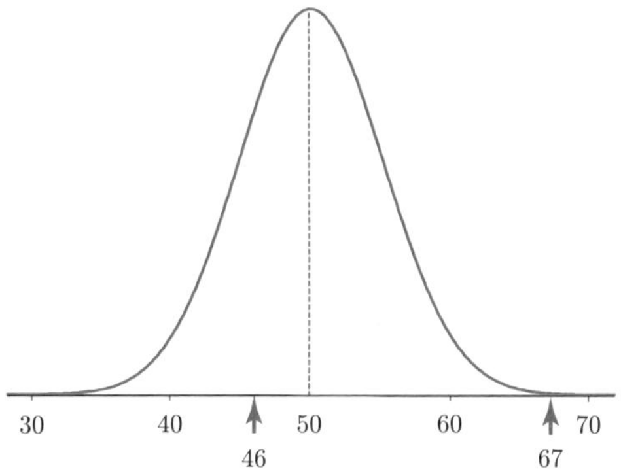

図 9.1 $B(100, 1/2) \approx N(50, 5^2)$ の実現値 $x = 67$ と $x = 46$

とする．帰無仮説 H_0 の下で，X は二項分布 $B(100, 1/2)$ に従う確率変数になる．いつも通り，正規分布で近似して $X \sim N(50, 5^2)$ としてよい（図 9.1）．

例として，2 つの実現値 $x = 67$ と $x = 46$ を考えよう．図 9.1 を見れば，実現値 $x = 67$ は稀な事象であり，$x = 46$ はふつうに現れる事象であることが直感的に理解される．仮説検定では，稀な事象が起こったとは考えずに，議論の前提を疑う立場をとる．つまり，実現値 $x = 67$ を想定される揺らぎの範囲を超えた稀な実現値であると判断するならば，議論の前提であった帰無仮説 H_0 は誤りであると結論づけるのである．一方，$x = 46$ を稀ではないと判断するのであれば，想定される揺らぎの範囲にある事象が起こったものと判断して，帰無仮説 H_0 を認めることになる．

当然のことながら，稀かどうかの判断基準を明示する必要がある．帰無仮説 H_0 を誤りであると結論づけるための稀な実現値の範囲を**棄却域**といい，H_0 を受け入れる範囲を**採択域**という．コイン投げの問題では，表の回数 X の分布は $x = 50$ を中心に対称であり，実現値が大きすぎても小さすぎても帰無仮説 H_0 は誤りであると結論づけるべきである．したがって，採択域は平均値を中心に対称にとり，棄却域は密度関数の裾野の部分にやはり対称にとるのが適当である（図 9.2）．また，実現値が棄却域に落ちる確率を**有意水準**といい，α で表す．有意水準は，稀な事象かどうかの規準となるので小さくとることが前提となる．

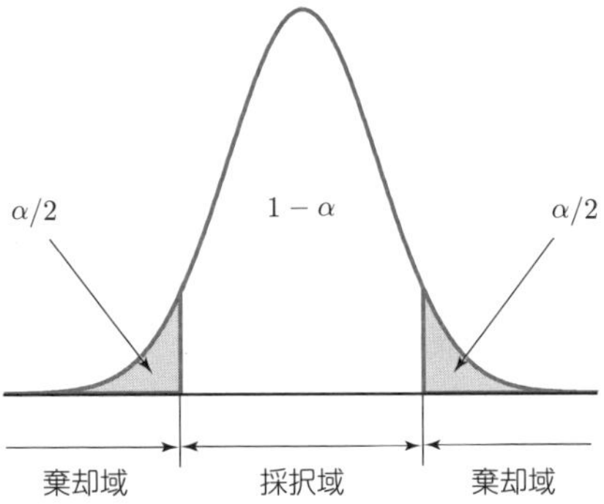

図 9.2 両側検定：採択域，棄却域，有意水準 α

例として，有意水準を $\alpha = 0.05$ とする．表の回数 X は標準化して

$$Z = \frac{X - 50}{5} \sim N(0, 1)$$

を扱う方が便利である．標準化した変数 Z の分布の形状は X と同じであり，採択域と棄却域の関係は図 9.2 の通りである．さて，有意水準は $\alpha = 0.05$ であるから，採択域と棄却域の境界は $N(0, 1)$ の両側 5% 点（= 上側 2.5% 点）に他ならない．それは $z_{0.025} = 1.96$ であるから，

$$\text{棄却域} : |z| \geq 1.96, \qquad \text{採択域} : |z| < 1.96 \tag{9.1}$$

となる[1]．さて，2 つの実現値 $x = 67, 46$ の標準化はそれぞれ，

$$z = \frac{67 - 50}{5} = 3.4, \qquad z = \frac{46 - 50}{5} = -0.8$$

である．式 (9.1) と見比べると，実現値 $x = 67$ は棄却域に落ちることがわかり，帰無仮説は誤りであると結論づける．このことを「有意水準 $\alpha = 0.05$ で帰無仮説 H_0 は棄却される」という．したがって，対立仮説 H_1 が採択される．ただし，公平なコインであっても，$x = 67$ のような稀な実現値が得られることもあるため，「帰無仮説を棄却する」とした判断が誤りである可能性

1) 連続分布では特定の値をとる確率は 0 なので，$P(|Z| \geq 1.96) = P(|Z| > 1.96) = 0.05$ である．したがって，棄却域を $|z| > 1.96$，採択域を $|z| \leq 1.96$ としてもよい．また，実現値が 1.96 に一致することはほとんど起こらないので実用上も問題はない．

もある．そのような誤り確率が有意水準 α であり，あらかじめ与えているのである．一方，実現値 $x = 46$ は棄却域に落ちないので，結論は「有意水準 $\alpha = 0.05$ で帰無仮説 H_0 は棄却されない」となる．

■ **一般的な形式**　仮説検定の手順は次のようになる．

(1) 帰無仮説 H_0 と対立仮説 H_1 を決める．
(2) 検定統計量 T を決める．
(3) 有意水準 α を決める．
(4) 棄却域 W を決める．
(5) 標本から計算される T の実現値 t によって H_0 の採否を判定する．

仮説検定は母数 θ に関する性質を標本に基づいて検証するものである（上のコイン投げの例では，母数 θ は母比率 p であった）．そこで，母数 θ に対する仮定を

$$H_0 : \theta = \theta_0$$

のように等式で与える．これを**帰無仮説**という．帰無仮説が否定されたときに受け入れる仮説を**対立仮説**といい，H_1 で表す．H_1 は必ずしも H_0 の否定でなくてもよいが，H_0 と両立することは許されない．実用上は，

$$H_1 : \theta \neq \theta_0 \tag{9.2}$$

あるいは，

$$H_1 : \theta < \theta_0 \qquad \text{または} \qquad H_1 : \theta > \theta_0 \tag{9.3}$$

が問題に応じて選ばれることが多い．対立仮説 $H_1 : \theta < \theta_0$ は，観測値から推定される母数 θ が想定される揺らぎを超えて θ_0 を下回っているかを検出したいときに用いる．対立仮説 $H_1 : \theta > \theta_0$ も同様である．一方，$H_1 : \theta \neq \theta_0$ は観測値から推定される母数 θ が想定される揺らぎを超えて θ_0 からずれているかを検出したいときに用いる．

帰無仮説 H_0 の採否を判定するために用いる統計量を**検定統計量**という．帰

無仮説 H_0 の下で検定統計量 T の分布が理論的に求められること，観測値から T の実現値 t が計算されることが必要である．

有意水準 α は，帰無仮説 H_0 が正しいのに誤って棄却してしまう誤り確率であり，$0 < \alpha < 1$ の範囲で問題に応じて決める．本書では，習慣にしたがって 10%, 5%, 1% などを用いる．誤り確率はできるだけ小さい方が好ましいが，後に述べるように仮説検定には 2 種類の過誤があるため，有意水準だけを一方的に小さくすることはできない（第 9.3 節）．

棄却域とは，検定統計量 T の実現値で稀である（あるいは異常である）と判断されるものを集めてできる範囲のことであり，$P(T \in W) = \alpha$, つまり，T がその範囲に値をとる確率がちょうど α になるように決める．検定統計量 T の分布は，典型的には正規分布曲線のように，最大値を境に単調増加から単調減少にかわるような比較的単純な密度関数によって与えられる．そのような場合の棄却域は，対立仮説の形から 2 通りある．

まず，対立仮説が式 (9.2) の形で与えられているときは，棄却域 W を密度関数の両側から合わせて確率 α を切り取って定義する．この方式を**両側検定**という（図 9.2）．対立仮説が式 (9.3) の形で与えられているときは，T の実現値が想定される揺らぎを超えて片側に大きくはずれているかに関心がある．そこで，棄却域 W を密度関数の片側から確率 α を切り取って定義する．どちら側を切り取るかは，母数 θ と T の関係で決まる．この方式を**片側検定**という（図 9.3）．なお，両側検定と片側検定のどちらを選ぶかに数理的な根拠はなく，何を検出したいかという実用上の目的によって決めることになる．

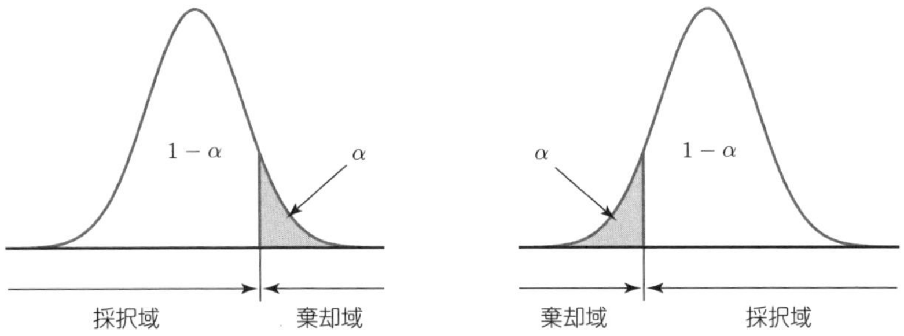

図 9.3　片側検定：採択域，棄却域，有意水準 α

最後に，観測値から得られる T の実現値 t が棄却域 W に落ちるかどうかで H_0 の採否を決める．実現値が棄却域に落ちるときは，「有意水準 α の両側検定（または片側検定）で帰無仮説 H_0 は棄却される」という．実現値が棄却域に落ちず，採択域に落ちるときは，「有意水準 α の両側検定（または片側検定）で帰無仮説 H_0 は棄却されない」という．

繰り返すと，実現値が棄却域に落ちたときは，帰無仮説からは想定し難いほど外れた値が発現したという判断である．このことを「有意水準 α で有意である」といい，そうでないときは「有意水準 α で有意ではない」ともいう．有意とは，偶然の結果ではなく，なんらかの理由があるという意味合いであり，本章で扱う仮説検定を**有意性検定**と称することもある．

注意 9.1　論理的には，「帰無仮説は棄却されない」と「帰無仮説は採択される」は同等である．しかしながら，「有意水準 α で帰無仮説は採択される」と書くと「帰無仮説は正しいと認めるのだが，確率 α でその判断を誤っている可能性がある」と解釈するのが（特に非専門家にとっては）ふつうだろう．ところが，この解釈は誤りである．しかも α は通常小さくとってあるので，「帰無仮説はほぼ正しい」という誤解につながり危険である．帰無仮説を採択するときに，その判断を誤る確率を**第 2 種誤り確率**といい，α とは全く別物であり，非常に大きいこともありうる (第 9.3 節)．そこで，無用な誤解や危険を招かないように「有意水準 α で帰無仮説は棄却されない」と書くことが推奨される．

■ **P-値**　伝統的な仮説検定では，有意水準 α を与えて帰無仮説 H_0 の採否を述べるが，結論は有意水準のとり方に依存する．また，有意水準は問題に応じて定めればよく，どう定めるかは数理的枠組みの外にある．したがって，帰無仮説 H_0 の採否結果だけではなく，得られた実現値がどのくらい稀であるかが重要になることも多い．そのための指標として使われるのが **P-値**である．一般に，検定統計量 T の実現値 t に対して，t を含めてより稀な実現値が現れる確率を t の P 値という[2]．両側検定において実現値 t が棄却域に落ちることと，その P-値が有意水準 α 以下であることは同値な条件になる．

例 9.2　コインが公平であるかどうかを調べるために，コインを 100 回投げて

2）標本数（試行回数）が大きくなれば，特定の実現値が得られる確率はほとんど 0 であるし，本質的に連続分布を対象にすれば，それは 0 である．したがって，特定の実現値を含むある範囲に値をとる確率を考えることは重要である．

表の回数を調べたところ，観測値として $x = 46$ が得られたとしよう．帰無仮説 $p = 1/2$ のもとで，$x = 46$ が得られる確率は

$$P(X = 46) = \binom{100}{46}\left(\frac{1}{2}\right)^{100} \approx 0.05796$$

となり，これそのものは相当に小さな確率である．実現値 $x = 46$ の P-値は，$x = 46$ を含めて確率の小さい実現値が現れる確率であるから，$P(X \leq 46) + P(X \geq 54) = 2P(X \geq 54)$ で与えられる．正規分布近似 $X \sim B(100, 1/2) \approx N(50, 5^2)$ と連続補正を用いて計算すれば，

$$2P(X \geq 54) \approx 2P\left(Z \geq \frac{53.5 - 50}{5}\right) = 2P(Z \geq 0.7) = 0.4840$$

となる．いつも通り，$Z \sim N(0, 1)$ とした．同様に，実現値 67 の P-値は

$$\begin{aligned} P(X \leq 33) + P(X \geq 67) = 2P(X \geq 66.5) &\approx 2P\left(Z \geq \frac{66.5 - 50}{5}\right) \\ &= 2P(Z \geq 3.3) = 0.00096 \end{aligned}$$

となり，こちらはかなり小さい．このように，P-値によって実現値が想定される揺らぎの範囲にあるか，あるいはどのくらい稀なのかの程度を知ることができる．

9.2 正規母集団における母平均の検定

正規母集団 $N(\mu, \sigma^2)$ の母平均 μ に対する仮説検定では，帰無仮説が

$$H_0 : \mu = \mu_0$$

で与えられ，対立仮説は，

$$H_1 : \mu \neq \mu_0 \quad （両側検定）$$

$$H_1 : \mu > \mu_0 \quad または \quad \mu < \mu_0 \quad （片側検定）$$

となる．大きさ n の標本から得られる標本平均 $\bar{x}$ をもとに，H_0 の採否を判定

することになる．したがって，標本平均 $\bar{X}$ をもとに検定統計量が導入される．

■ 母分散が既知の場合　正規母集団から選ばれた標本の標本平均 $\bar{X}$ の分布についてはすでに議論した（第 8.2 節）．帰無仮説 H_0 の下で，$\bar{X}$ を標準化すれば，

$$Z = \frac{\bar{X} - \mu_0}{\sigma/\sqrt{n}} \sim N(0,1)$$

が得られる．有意水準を α としよう．両側検定であれば，標準正規分布 $N(1,0)$ の上側 $\alpha/2$ 点 $z_{\alpha/2}$ を用いて，棄却域を

$$W : |z| \geq z_{\alpha/2}$$

のように設定する．片側検定では，対立仮説 $H_1 : \mu > \mu_0$ あるいは $H_1 : \mu < \mu_0$ に応じて棄却域を

$$W : z \geq z_\alpha \qquad \text{または} \qquad W : z \leq -z_\alpha$$

とする（図 9.4）．実際，$H_1 : \mu > \mu_0$ の片側検定では，μ_0 よりも大きな異常値を検出したいのだから，棄却域は右側にとるのである．最後に，Z の実現値 z を

$$z = \frac{\bar{x} - \mu_0}{\sigma/\sqrt{n}}$$

で計算して，これが棄却域に落ちるかどうかで H_0 の棄却・採択を判断する．母分散 σ^2 が既知であることがここで効いている．

例 9.3（母分散既知，両側検定）　ある空調システムでは，制御できない様々

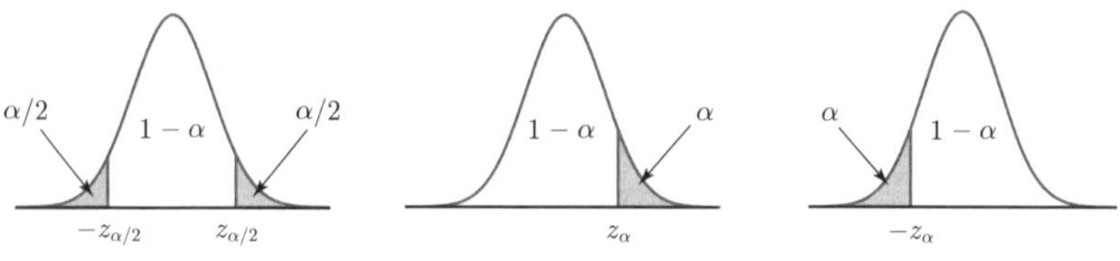

図 9.4　有意水準 α の棄却域：両側検定と片側検定

な要因のため，設定温度を中心に標準偏差 $\sigma = 0.6$（度）の正規分布に従う揺らぎが発生する．設定温度を 24 度として，システムの動作確認のために 6 回測定して，

$$23.5 \quad 25.1 \quad 24.8 \quad 25.6 \quad 24.4 \quad 23.6 \tag{9.4}$$

を得た．空調システムは正常に動作しているかを検定しよう．まず，帰無仮説と対立仮説を

$$H_0 : \mu = 24 \qquad H_1 : \mu \neq 24$$

とする．帰無仮説 H_0 と母分散既知の条件の下に，$\mu = 24$, $\sigma^2 = 0.6^2$ の正規母集団 $N(\mu, \sigma^2)$ から取り出された大きさ $n = 6$ の標本の標本平均を $\bar{X}$ とする．標準化によって，

$$Z = \frac{\bar{X} - \mu}{\sigma/\sqrt{n}} = \frac{\bar{X} - 24}{0.6/\sqrt{6}} \sim N(0,1)$$

となる．測定値 (9.4) から数値計算によって，標本平均 $\bar{X}$ の実現値 $\bar{x} = 24.5$ が得られ，Z の実現値は

$$z = \frac{24.5 - 24}{0.6/\sqrt{6}} = 2.04$$

となる．まず，有意水準を $\alpha = 0.05$ とする．対立仮説の形から両側検定となり，$z_{0.025} = 1.96$ から棄却域が $|z| \geq 1.96$ のように定まる．実現値 $z = 2.04$ は棄却域に落ちる．したがって「有意水準 5% の両側検定によって H_0 は棄却される」ことになり，空調システムは正常に動作していないと判断される．この判断を誤っている確率が 5% である．有意水準を $\alpha = 0.01$ にすると，$z_{0.005} = 2.58$ から棄却域は $|z| \geq 2.58$ となるから，実現値 $z = 2.04$ は棄却域に落ちない．したがって「有意水準 1% の両側検定によって H_0 は棄却されない」ことになり，空調システムは正常に動作していると判断される．この判断を誤まる確率は 1% ではないことはすでに注意した通りである (注意 9.1)．なお，実現値 2.04 の P-値は 0.041 である．

■ **母分散が未知の場合**　母分散 σ^2 が未知であれば，標本から計算される不

偏分散 U^2 を用いて定義される

$$T = \frac{\bar{X} - \mu_0}{U/\sqrt{n}} \sim t_{n-1} \tag{9.5}$$

を検定統計量とする．この T は自由度 $n-1$ の t 分布 t_{n-1} に従うことを思い出しておく（定理 8.5）．有意水準 α の両側検定であれば，t 分布 t_{n-1} の上側 $\alpha/2$ 点 $t_{n-1}(\alpha/2)$ を用いて，棄却域を

$$W : |t| \geq t_{n-1}(\alpha/2)$$

のように定める．有意水準 α の片側検定では，対立仮説 $H_1 : \mu > \mu_0$ あるいは $H_1 : \mu < \mu_0$ に応じて

$$W : t \geq t_{n-1}(\alpha) \qquad \text{または} \qquad W : t \leq -t_{n-1}(\alpha)$$

のように棄却域が定まる．棄却域や採択域の決め方は，母分散が既知の場合と同様であり，図 9.4 も t 分布の密度関数に読み替えれば通用する．最後に，標本平均と不偏分散の実現値を計算して T の実現値

$$t = \frac{\bar{x} - \mu_0}{u/\sqrt{n}}$$

が棄却域に落ちるかどうかで H_0 の採否を判断する．

例 9.4 **（母分散未知，両側検定）** 例 9.3 の空調システムにおいて，設定温度を中心に正規分布に従う揺らぎが発生することはわかっているが，その分散が未知である場合を扱おう．正規母集団 $N(\mu, \sigma^2)$ から取り出した大きさ $n = 6$ の標本の標本平均を $\bar{X}$, 不偏分散を U^2 とすれば，帰無仮説 H_0 の下で，

$$T = \frac{\bar{X} - \mu}{U/\sqrt{n}} = \frac{\bar{X} - 24}{U/\sqrt{6}} \sim t_{n-1} = t_5$$

となる．測定値 (9.4) から標本平均 $\bar{x} = 24.5$ と不偏分散 $u^2 = 0.83^2$ が得られ，T の実現値を計算すると，

$$t = \frac{24.5 - 24}{0.83/\sqrt{6}} = 1.468$$

となる．対立仮説 H_1 の形から両側検定である．有意水準を $\alpha = 0.05$ととれ

ば，棄却域は $|t| \geq t_5(0.025) = 2.571$ であり，実現値 $t = 1.468$ は棄却域に落ちない．したがって，「有意水準 5% の両側検定によって H_0 は棄却されない」ので，空調システムは正常に動作していると判断される．なお，実現値 1.468 の P-値は 0.202 であり，確かに大きめの確率である．

例 9.5（**母分散未知，片側検定**） ある植物の背丈 (cm) は平均 24.6 の正規分布に従うことがわかっている．同じ条件で成長促進剤を施したところ，標本数 10 のデータから標本平均 $\bar{x} = 27.1$, 不偏分散 $u^2 = 2.7^2$ が得られた．成長促進剤の効果を仮説検定によって判断しよう．題意から，実験にともなう揺らぎを超えて，従来の平均値を上回っているかを検出したいので片側検定となる．母平均を μ とおいて，帰無仮説と対立仮説を

$$H_0 : \mu = 24.6 \qquad H_1 : \mu > 24.6$$

とする．大きさ $n = 10$ の標本の標本平均を $\bar{X}$, 不偏分散を U^2 とするとき，H_0 の下で，

$$T = \frac{\bar{X} - \mu}{U/\sqrt{n}} = \frac{\bar{X} - 24.6}{U/\sqrt{10}} \sim t_9$$

が自由度 $n - 1 = 9$ の t 分布 t_9 に従う．観測値から検定統計量 T の実現値が

$$t = \frac{27.1 - 24.6}{2.7/\sqrt{10}} = 2.928$$

のように計算される．有意水準 $\alpha = 0.05$ では $t_9(0.05) = 1.833$ であるから，実現値 $t = 2.928$ は棄却域に落ちる．したがって，「有意水準 5% の片側検定で帰無仮説 H_0 は棄却される」ので，成長促進剤の効果を認めることになる．有意水準 $\alpha = 0.01$ では $t_9(0.01) = 2.821$ であるから，実現値 $t = 2.928$ はやはり棄却域に落ちる．したがって，「有意水準 1% の片側検定で帰無仮説 H_0 は棄却される」ことになる．この判断を誤る確率が 1% ということである．

注意 9.6 有意水準 1% で帰無仮説が棄却されるとき，**高度に有意**であるともいう．高度に有意ということは，たとえば有意水準を 5% としたときの判断に比べて，想定される揺らぎをより大きく超えた実現値が発現したということなので，棄却という結論にかなり自信がもてる．ただし，有意水準 1% で帰無仮説が棄却されないときは，有意水準 5% で帰

無仮説が棄却されないときに比べて，正しい判断をした確率が高いということにはならない．帰無仮説が棄却されないときには，言葉使いに注意を要する．

■ 母比率の検定 すでにコイン投げの例（第 9.1 節）を扱ったが，あらためて二項母集団の母比率 p に関する仮説検定について述べておく．帰無仮説

$$H_0 : p = p_0$$

を対立仮説

$$H_1 : p \neq p_0 \quad (\text{両側検定})$$

$$H_1 : p < p_0 \quad \text{または} \quad p > p_0 \quad (\text{片側検定})$$

に対して検定するという形になる．標本の大きさ n は十分に大きいものとする．帰無仮説 H_0 の下で標本比率 $\hat{p}$ は，

$$\hat{p} \sim N\left(p_0, \frac{p_0(1-p_0)}{n}\right)$$

のように正規分布に従うとしてよい（定理 8.17）．標準化して，

$$Z = \frac{\hat{p} - p_0}{\sqrt{p_0(1-p_0)/n}} \sim N(0,1)$$

が得られる．この後の議論は，正規母集団における母平均の検定と同じである．なお，標本数が小さいときは，正規分布で近似できないので二項分布を直接扱う．

例 9.7 人口 50 万の都市において，ある計画についての賛否が問題になった．無作為抽出された 560 人に尋ねたところ，252 人が賛成，308 人が反対という調査結果を得た．この計画についての賛否は五分五分といえるかを検定してみよう．都市の住民全体を二項母集団とみなし，賛成の比率を母比率として p とおく．帰無仮説と対立仮説は

$$H_0 : p = 0.5 \qquad H_1 : p \neq 0.5$$

となる．標本比率を $\hat{p}$ として，検定統計量を

$$Z = \frac{\hat{p} - p_0}{\sqrt{p_0(1-p_0)/n}} = \frac{\hat{p} - 0.5}{\sqrt{0.5 \times 0.5/560}} = \frac{\hat{p} - 0.5}{0.0211}$$

で定めると，Z は標準正規分布に従うとしてよい．$\hat{p} = 252/560 = 0.45$ であるから，Z の実現値は

$$z = \frac{0.45 - 0.5}{0.0211} = -2.37$$

である．有意水準を $\alpha = 0.05$ にとれば，$z_{0.025} = 1.96$ から棄却域は $|z| \geq 1.96$ であり，実現値 $z = -2.37$ は棄却域に落ちる．したがって，「有意水準 5% の両側検定で帰無仮説 H_0 は棄却される」ので，賛否は五分五分ではないと結論される．有意水準を $\alpha = 0.01$ にとれば，$z_{0.005} = 2.58$ から棄却域は $|z| \geq 2.58$ であり，実現値 $z = -2.37$ は棄却域に落ちない．したがって，「有意水準 1% の両側検定で帰無仮説 H_0 は棄却されない」ので，賛否は五分五分であると結論される．なお，実現値 $z = -2.37$ の P-値は 0.018 である．

■ **標本数が大きいとき**　一般の母集団における母平均の検定は，中心極限定理にもとづく近似的な議論による．母平均 μ，母分散 σ^2 の母集団から取り出された大きさ n の標本の標本平均を $\bar{X}$ とする．中心極限定理（定理 8.11）によって

$$\bar{X} \approx N\left(\mu, \frac{\sigma^2}{n}\right) \tag{9.6}$$

が成り立つ．ただし，≈ は n が大きいときに近似的に成り立つことを表す．そうすると，$\bar{X}$ を標準化して，

$$Z = \frac{\bar{X} - \mu}{\sigma/\sqrt{n}} \sim N(0, 1) \tag{9.7}$$

を検定統計量とする．ただし，これは母分散 σ^2 が既知でないと使えない．母分散が未知であれば，式 (9.7) において σ^2 をその不偏推定量である不偏分散 U^2 で置き換える．もともと，議論の前提として n は大きいとしているので，不偏分散 U^2 と標本分散 S^2 の違い，および標準正規分布と t 分布の違いは無視できる（第 7.2 節）．そこで，式 (9.7) において母分散 σ^2 を標本分散 S^2 で代用して，

$$Z = \frac{\bar{X} - \mu}{S/\sqrt{n}} \sim N(0,1)$$

を検定統計量とする．ただし，全く一般の母集団に対しては，中心極限定理の近似の精度の評価が困難になるので，実用には注意を要する．

問題 9.1　次の 8 個の数は正規母集団 $N(\mu, \sigma^2)$ から取り出された無作為標本である．

12.8　15.8　14.3　4.9　6.6　8.5　12.2　3.4

(1) 母分散 $\sigma^2 = 4^2$ が既知であるとき，この標本は平均値 $\mu = 7$ の正規母集団から取り出された無作為標本といえるか検定せよ．
(2) 母分散 σ^2 が未知であるとき，この標本は平均値 $\mu = 7$ の正規母集団から取り出された無作為標本といえるか検定せよ．

問題 9.2　定説では生まれてくる子供の男女比は 51 : 49 であるという．ある集団に対して調査した結果，出生数が男 538 人，女 508 人であった．この調査結果は定説を支持しているか検定せよ．

問題 9.3　ある農場で作られる作物の収穫量 (g) の平均値は 1 個体あたり 380 である．収穫量の増加をねらって新しい工程を取り入れたところ，大きさ 18 の標本について標本平均 391, 不偏分散 13^2 を得た．新しい工程の効果を認めることはできるか検定せよ．

問題 9.4　2019 年において日本人の平均年齢は 47.4 歳，標準偏差は 24.2 歳である（例 2.3）．あるサークルのメンバー 25 名の平均年齢は 36.7 歳である．このサークルは日本人の無作為標本といえるだろうか，仮説検定によって判定せよ．

9.3　2 種類の過誤

仮説検定では 2 種類の誤りを区別する必要がある．帰無仮説 H_0 が真であるのに棄却してしまう誤りを**第 1 種の過誤**といい，帰無仮説 H_0 が偽であるのに採択してしまう誤りを**第 2 種の過誤**という[3]．

3)　文脈によっては，第 1 種の誤りを**生産者危険**，第 2 種の誤りを**消費者危険**という．また，第 2 種の誤りは，非感染者から陽性反応が出る偽陽性になぞらえることもできる．

採否 \ 真偽	H_0 は真	H_0 は偽
H_0 を採択	正しい判断	第 2 種の過誤
H_0 を棄却	第 1 種の過誤	正しい判断

第 1 種の過誤が起こる確率（第 1 種誤り確率）は有意水準 α に他ならない．この確率はあらかじめ任意に設定されているものである．第 2 種の過誤が起こる確率（第 2 種誤り確率）を β で表す．この β をコントロールすることは仮説検定では重要な問題であるが，β を評価するのは難しい．本節では，簡単な例によって第 2 種誤り確率 β を説明するにとどめる．

コインを 400 回投げたところ表が 215 回出たとする．このコインが公平であるかどうかを検定しよう．表の出る確率を p とおいて，帰無仮説と対立仮説を

$$H_0 : p = \frac{1}{2} \qquad H_1 : p \neq \frac{1}{2}$$

とする．有意水準 $\alpha = 0.05$ の両側検定を考えよう．コインを 400 回投げるときの表の回数 X は，帰無仮説 H_0 の下で $B(400, 1/2) \approx N(200, 10^2)$ に従う．さらに，X を標準化して

$$Z = \frac{X - 200}{10} \sim N(0, 1)$$

が得られる．有意水準 $\alpha = 0.05$ の両側検定であるから，$N(0, 1)$ の上側 2.5% 点 $z_{0.025} = 1.96$ を用いて，棄却域は $|z| \geq 1.96$ で与えられることがわかる．標準化する前の変数 x に戻せば，棄却域は $|x - 200| \geq 19.6$ となり，採択域は

$$200 - 19.6 < x < 200 + 19.6 \tag{9.8}$$

となる．実現値 $\bar{x} = 215$ は棄却域に落ちないので，結論は「有意水準 5% の両側検定で H_0 は棄却されない」となる．したがって，このコインは公平であると判定される．この判定を誤る確率が第 2 種誤り確率 β である．

それでは，第 2 種誤り確率 β を調べよう．ところが，コインが公平でないというだけでは，表の出る確率 p を特定する術がないことに気がつく．まず，一例として $p = 0.6$ としてみる．つまり，表の出る確率が $p = 0.6$ であるコイ

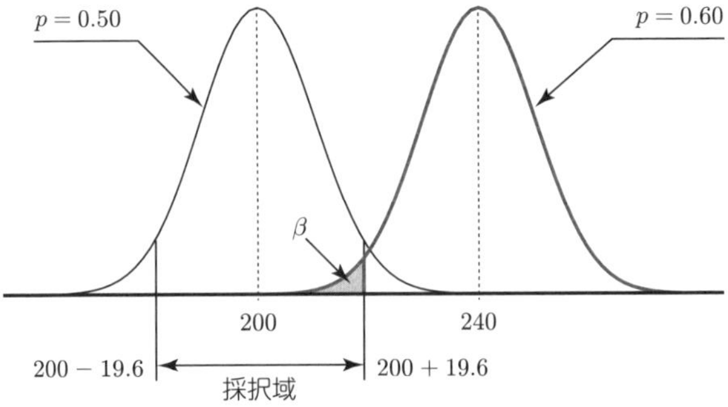

図 9.5 $B(400, 0.5)$ と $B(400, 0.6)$

ンを気づかずに投げていて，それを公平なコインであると判定してしまったということである．その確率を計算しよう．表の出る確率が $p = 0.6$ であるコインを 400 回投げて出る表の回数を Y とする．正規分布で近似して，

$$Y \sim B(400, 0.6) \approx N(240, 9.80^2)$$

が得られる．Y の実現値が採択域 (9.8) に落ちる確率が β である．したがって，

$$\beta = P(200 - 19.6 < Y < 200 + 19.6)$$

となる（図 9.5 の網掛け部分の面積）．標準化して計算すると，

$$\beta = P\left(\frac{-180.4 - 240}{9.8} < Z < \frac{219.6 - 240}{9.8}\right) \approx P(Z < -2.08) = 0.019$$

となる．このように，表の出る確率が $p = 0.6$ であるコインを間違って公平なコインであると判定してしまう確率はかなり小さい．

しかしながら，$p = 0.6$ というのは公平でないコインの一例にすぎない．もう一つの例として $p = 0.525$ を考えてみよう．このコインを 400 回投げて出る表の回数を改めて Y とすれば，

$$Y \sim B(400, 0.525) \approx N(210, 9.99^2)$$

が得られる．Y の実現値が採択域 (9.8) に落ちる確率が β であるから

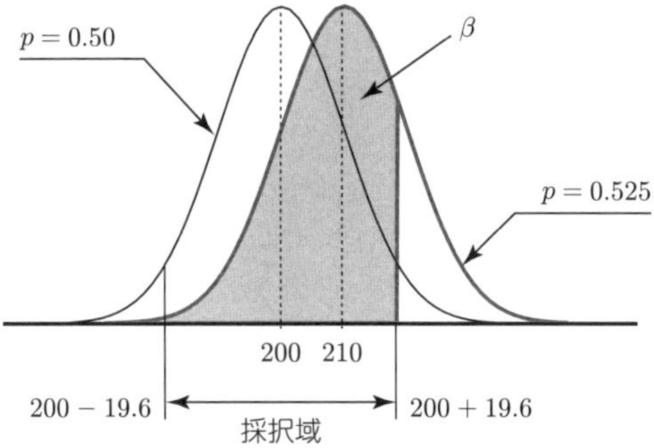

図 9.6　$B(400, 0.5)$ と $B(400, 0.525)$

$$\beta = P(200 - 19.6 < Y < 200 + 19.6)$$

となる（図 9.6 の網掛け部分の面積）．標準化して計算すると，

$$\beta = P\left(\frac{-180.4 - 210}{9.99} < Z < \frac{219.6 - 210}{9.99}\right) \approx P(Z < 0.96) = 0.831$$

となる．このように，公平なコインに近い偽物に対しては，高確率で公平であると判定してしまうことがわかる．

また，図 9.5 や図 9.6 から β を小さくすることは採択域を狭くとることを意味し，2 種類の誤り確率 α, β を同時に小さくすることはできないことがわかる．有意水準 α の方はあらかじめ任意に設定できるので，第 1 種誤り確率はコントロールされているといえる．しかし，第 2 種誤り確率 β を評価することは一般にはできないので，帰無仮説 H_0 が採択された場合は，棄却するだけの有意差が認められなかったと理解するべきである．そこで，「採択する」という積極的な表現ではなく，「棄却できない」という方が薦められる．

問題 9.5　公平なコイン A と表が出る確率が 60% のイカサマコイン B の区別ができなくなってしまった．そこで，試しに一方を 160 回振ってみたところ表が 87 回出た．このコインは A, B のどちらであろうか．帰無仮説 H_0: $p = 0.5$ を対立仮説 H_1: $p = 0.6$ に対して検定し，誤り確率を求めよ．

9.4 正規母集団における母平均の差の検定

2つの正規母集団 $N(\mu_1, \sigma_1^2)$, $N(\mu_2, \sigma_2^2)$ に対して，母平均が等しいかどうかを判定する問題を考える．つまり，帰無仮説

$$H_0 : \mu_1 = \mu_2$$

を対立仮説

$$H_1 : \mu_1 \neq \mu_2 \quad \text{（両側検定）}$$

$$H_1 : \mu_1 > \mu_2 \quad \text{または} \quad \mu_1 < \mu_2 \quad \text{(片側検定)}$$

に対して検定する．第1の母集団からは n_1 個の標本 $X_1, \ldots, X_{n_1}$ を，第2の母集団からは n_2 個の標本 $Y_1, \ldots, Y_{n_2}$ を取り出す．さらに，これら $n_1 + n_2$ 個の標本は独立であるとする[4)]．

■ **母分散が既知の場合** 第1の母集団から取り出した標本の標本平均を $\bar{X}$，第2の母集団からのそれを $\bar{Y}$ とすると，

$$\bar{X} = \frac{1}{n_1}\sum_{k=1}^{n_1} X_k \sim N\left(\mu_1, \frac{\sigma_1^2}{n_1}\right), \qquad \bar{Y} = \frac{1}{n_2}\sum_{k=1}^{n_2} Y_k \sim N\left(\mu_2, \frac{\sigma_2^2}{n_2}\right),$$

が成り立つ．さらに，$\bar{X}$ と $\bar{Y}$ は独立になるから，正規分布の再生性（定理6.14）と帰無仮説 H_0 の下で，

$$\bar{X} - \bar{Y} \sim N\left(\mu_1 - \mu_2, \frac{\sigma_1^2}{n_1} + \frac{\sigma_2^2}{n_2}\right) = N\left(0, \frac{\sigma_1^2}{n_1} + \frac{\sigma_2^2}{n_2}\right)$$

となる．これを標準化した

$$Z = \frac{\bar{X} - \bar{Y}}{\sqrt{\dfrac{\sigma_1^2}{n_1} + \dfrac{\sigma_2^2}{n_2}}} \sim N(0, 1) \tag{9.9}$$

を検定統計量とする．あとの手続きは母平均の検定と同様である．与えられた

4) このことを**対応のない 2 群の比較**ともいう．一方，**対応のある 2 群の比較**には，個体に施した処置の前後の変化を各個体ごとに調査する場合（このときは $n_1 = n_2$ となる）などが含まれる．

有意水準 α に対して，対立仮説 H_1 にしたがって両側検定または片側検定を選び，棄却域を設定して，実現値を調べればよい．

例 9.8 2 つの地区 A, B に生育するある植物の背丈は正規分布にしたがっているとしてよい．さらに，A 地区のものは標準偏差 4.2, B 地区のものは標準偏差 3.8 であることが知られている．A 地区からサンプリングした 24 個体の背丈の平均値は 85.8, B 地区からサンプリングした 35 個体の背丈の平均値は 88.2 であった．このことから，A 地区，B 地区で背丈の違いは認められるだろうか．A 地区，B 地区において背丈の平均値をそれぞれ μ_A, μ_B とすると，帰無仮説と対立仮説は，

$$H_0 : \mu_A = \mu_B \qquad H_1 : \mu_A \neq \mu_B$$

である．A 地区の標本 24 個から得られる標本平均を $\bar{X}_A$, B 地区の標本 35 個から得られる標本平均 $\bar{X}_B$ とおく．帰無仮説 H_0 のもとで，

$$Z = \frac{\bar{X}_A - \bar{X}_B}{\sqrt{\dfrac{4.2^2}{24} + \dfrac{3.8^2}{35}}} = \frac{\bar{X}_A - \bar{X}_B}{1.071} \sim N(0,1)$$

となる．標本から得られる Z の実現値は

$$z = \frac{85.8 - 88.2}{1.071} = -2.24$$

である．この実現値は，有意水準 $\alpha = 0.05$ の棄却域 $|z| \geq 1.96$ に落ちるので，「有意水準 5% の両側検定によって H_0 は棄却される」ことになり，A 地区と B 地区の違いを認める．一方，有意水準 $\alpha = 0.01$ なら実現値は棄却域 $|z| \geq 2.58$ に落ちない．したがって，「有意水準 1% の両側検定によって H_0 は棄却されない」ので，A 地区と B 地区の違いはないものと判定される．

■ **等分散の場合** 2 つの正規母集団の母分散が等しいが未知である場合を扱う．それぞれの母集団分布を $N(\mu_1, \sigma^2)$, $N(\mu_2, \sigma^2)$ とおく．式 (9.9) の特別な場合（$\sigma_1^2 = \sigma_2^2 = \sigma^2$）として，

$$Z = \frac{\bar{X} - \bar{Y}}{\sigma\sqrt{\dfrac{1}{n_1} + \dfrac{1}{n_2}}} \sim N(0,1) \tag{9.10}$$

が成り立つ．ただし，母分散 σ^2 は未知であるので，不偏分散

$$U_1^2 = \frac{1}{n_1 - 1}\sum_{k=1}^{n_1}(X_k - \bar{X})^2, \qquad U_2^2 = \frac{1}{n_2 - 1}\sum_{k=1}^{n_2}(Y_k - \bar{Y})^2$$

が必要になる．不偏分散に関連して，

$$\begin{aligned}\Xi &= \frac{n_1 - 1}{\sigma^2}U_1^2 + \frac{n_2 - 1}{\sigma^2}U_2^2 \\ &= \frac{1}{\sigma^2}\sum_{k=1}^{n_1}(X_k - \bar{X})^2 + \frac{1}{\sigma^2}\sum_{k=1}^{n_2}(Y_k - \bar{Y})^2 \end{aligned} \tag{9.11}$$

は自由度 $n_1 + n_2 - 2$ のカイ 2 乗分布に従うことが証明できる[5)]．さらに，式 (9.11) で定義された Ξ と Z は独立である[6)]．ここで，定理 6.16 を用いると，

$$T = \frac{Z}{\sqrt{\Xi/(n_1 + n_2 - 2)}}$$

が自由度 $n_1 + n_2 - 2$ の t 分布に従うことがわかる．式 (9.11) と式 (9.10) によって，Ξ と Z をもとの統計量で表せば，

$$T = \frac{\bar{X} - \bar{Y}}{\sqrt{\left(\dfrac{1}{n_1} + \dfrac{1}{n_2}\right)\dfrac{(n_1 - 1)U_1^2 + (n_2 - 1)U_2^2}{n_1 + n_2 - 2}}} \sim t_{n_1 + n_2 - 2} \tag{9.12}$$

が得られる．これを検定統計量とする．式 (9.10) において未知である母分散 σ^2 を合成された不偏分散

$$\frac{(n_1 - 1)U_1^2 + (n_2 - 1)U_2^2}{n_1 + n_2 - 2}$$

で置き換えたものになっている．

---

5) 定理 8.6(2) とカイ 2 乗分布の再生性を用いる．ここでは述べきれないので，詳しくはより上級の数理統計学の文献を参照されたい．

6) 定理 8.6(3) によって，$\bar{X}$ と U_1^2 は独立，$\bar{Y}$ と U_2^2 も独立である．したがって，U_1^2 と U_2^2 の関数である Ξ と $\bar{X}$ と $\bar{Y}$ の関数である Z が独立になる．

例 9.9 ある作物の栽培方式 A,B を比較するため，畑を 15 分割して 9 カ所では方式 A を，残りの 6 カ所では方式 B を用いて栽培実験を行った．その結果，それぞれの方式について 1 カ所当たりの収穫量 (kg) の平均値と不偏分散は

$$\bar{x}_A = 7.32, \quad u_A^2 = 0.44^2, \quad \bar{x}_B = 7.86, \quad u_B^2 = 0.37^2$$

であった．両者の収穫量は分散の等しい正規分布 $N(\mu_A, \sigma^2)$ と $N(\mu_B, \sigma^2)$ に従うとみなしてよい．両者の収穫高に有意差が認められるか検定しよう．帰無仮説と対立仮説は

$$H_0 : \mu_A = \mu_B \qquad H_1 : \mu_A \neq \mu_B$$

である．検定統計量 (9.12) は

$$T = \frac{\bar{X}_A - \bar{X}_B}{\sqrt{\left(\dfrac{1}{9} + \dfrac{1}{6}\right)\dfrac{8U_A^2 + 5U_B^2}{13}}} = 6.841 \times \frac{\bar{X}_A - \bar{X}_B}{\sqrt{8U_A^2 + 5U_B^2}} \sim t_{13}$$

となり，T は自由度 13 の t 分布に従う．標本から得られる T の実現値 t は

$$t = 6.841 \times \frac{7.32 - 7.86}{\sqrt{8 \times 0.44^2 + 5 \times 0.37^2}} = -2.472$$

となる．有意水準を $\alpha = 0.05$ とする．対立仮説 H_1 の形から両側検定であり，実現値 $t = -2.472$ は棄却域 $|t| \geq t_{13}(0.025) = 2.160$ に落ちる．したがって，「有意水準 5% の両側検定によって帰無仮説 H_0 は棄却される」ので，方式 A, B に有意差を見出したことになる．有意水準 $\alpha = 0.01$ では，$t_{13}(0.005) = 3.012$ と比較して，実現値 $t = -2.472$ は棄却域に落ちないことがわかる．したがって，「有意水準 1% の両側検定によって帰無仮説 H_0 は棄却されない」ので，2 つの方式 A, B に有意差は認められない．

■ **等分散の検定** 母分散が等しい 2 つの正規母集団に対して，母平均の差の検定は t 検定（t 分布を用いる検定）に帰着できた．しかし，多くの応用の場面では，あらかじめ母分散が等しいことが想定できることは少なく，母分散が等しいことを検定で確認する必要がある．そのために F 分布が必要になる．

定理 9.10 等しい分散をもつ2つの正規母集団 $N(\mu_1, \sigma^2)$, $N(\mu_2, \sigma^2)$ から，それぞれ独立に取り出された大きさ m, n の標本を $X_1, \ldots, X_m$ と $Y_1, \ldots, Y_n$ とする．このとき，それぞれの不偏分散

$$U_1^2 = \frac{1}{m-1}\sum_{k=1}^{m}(X_k - \bar{X})^2, \qquad U_2^2 = \frac{1}{n-1}\sum_{k=1}^{n}(Y_k - \bar{Y})^2,$$

の比について

$$F = \frac{U_1^2}{U_2^2} \sim F_{n-1}^{m-1} \tag{9.13}$$

が成り立つ．ここで，F_{n-1}^{m-1} は自由度 $(m-1, n-1)$ の F 分布である．

では，2つの正規母集団を $N(\mu_1, \sigma_1^2)$, $N(\mu_2, \sigma_2^2)$ として，帰無仮説

$$H_0 : \sigma_1^2 = \sigma_2^2$$

を対立仮説

$$H_1 : \sigma_1^2 \neq \sigma_2^2$$

に対して検定しよう．それぞれの母集団から大きさ m, n の標本を取り出して得られる不偏分散をそれぞれ U_1^2, U_2^2 とする．定理 9.10 から，帰無仮説 H_0 の下で，

$$F = \frac{U_1^2}{U_2^2} \sim F_{n-1}^{m-1}$$

が成り立つことがわかる．これを検定統計量とする．また，対立仮説 H_1 の形から両側検定となる．有意水準 α が与えられたとき，F 分布は対称な分布ではないが，実用上，密度関数の両側から確率 $\alpha/2$ ずつ切り取って棄却域とする．つまり，F_{n-1}^{m-1} 分布の上側 α 点を $F_{n-1}^{m-1}(\alpha)$ として，棄却域を

$$\{f \leq F_{n-1}^{m-1}(1-\alpha/2)\} \cup \{f \geq F_{n-1}^{m-1}(\alpha/2)\}$$

とする（図 9.7）．F 分布の一般的な性質（定理 6.20）によって，

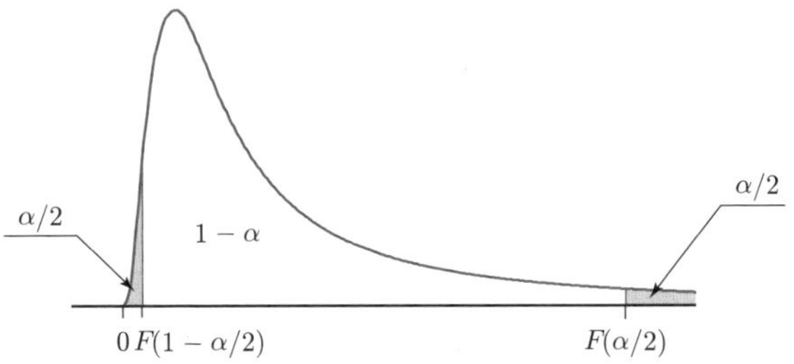

図 9.7　F 分布と棄却域

$$F_{n-1}^{m-1}(1-\alpha/2)=\frac{1}{F_{m-1}^{n-1}(\alpha/2)}$$

が成り立つことを使ってもよい．

例 9.11（例 9.9 の続き）　正規母集団 $N(\mu_A,\sigma_A^2)$ から取り出された大きさ 9 の標本の不偏分散を U_A^2，$N(\mu_B,\sigma_B^2)$ から取り出された大きさ 6 の標本の不偏分散を U_B^2 とする．帰無仮説と対立仮説は

$$H_0:\sigma_A^2=\sigma_B^2 \qquad H_1:\sigma_A^2\neq\sigma_B^2$$

となる．帰無仮説 H_0 の下で，不偏分散の比

$$F=\frac{U_A^2}{U_B^2}$$

は自由度 $(8,5)$ の F 分布 F_5^8 に従う．有意水準 $\alpha = 0.05$ とする．まず，F_5^8 の上側 2.5% 点を表から読み取ると，$F_5^8(0.025)=6.757$ である．また，

$$F_5^8(0.975)=\frac{1}{F_8^5(0.025)}=\frac{1}{4.8173}=0.208$$

であるから，棄却域は $\{f\leq 0.208\}\cup\{f\geq 6.757\}$ となる．そうすると，検定統計量 F の実現値

$$f=\frac{u_A^2}{u_B^2}=\frac{0.44^2}{0.37^2}=1.414$$

は棄却域に落ちないことがわかる．したがって，「有意水準 5% の両側検定で H_0 は棄却されない」ので，2 つの母集団の分散は等しいと認められる．

問題 9.6 A 組 25 名，B 組 32 名に同じ試験をしたところ，A 組の平均点は $\bar{x}_A = 64.5$，B 組の平均点は $\bar{x}_B = 61.2$ であった．両組の成績に違いがあるといえるか検定せよ．ただし，成績は両組とも正規分布に従うとしてよく，その分散は A 組 8.3^2，B 組 9.6^2 が知られている．

9.5 適合度の検定

母集団が個体の属性によって k 個の集団 $A_1, A_2, \ldots, A_k$ に分かれているとして，それぞれの比率を $p_1, p_2, \ldots, p_k$ とする（$k = 2$ の場合は二項母集団である）．この母集団から取り出された n 個の標本の中で，属性 A_j をもつものの個数が f_j であったとする．これをもとに，母集団分布がある特定の比率 $p_1^0, p_2^0, \ldots, p_k^0$ になっているかどうかの検定を分布の**適合度検定**という．帰無仮説を

$$H_0 : p_1 = p_1^0,\ p_2 = p_2^0,\ \ldots,\ p_k = p_k^0$$

として，対立仮説はその否定をとる．帰無仮説 H_0 で与えた分布を理論分布，その下で n 個の標本のうち各属性をもつものの期待度数を理論度数と称して，表にまとめると次のようになる．

属性	A_1	$\cdots$	A_j	$\cdots$	A_k	合計
理論分布	p_1^0	$\cdots$	p_j^0	$\cdots$	p_k^0	1
理論度数	np_1^0	$\cdots$	np_j^0	$\cdots$	np_k^0	n
観測度数	f_1	$\cdots$	f_j	$\cdots$	f_k	n

理論度数と観測度数との差を統計的に評価することになる．

一般に，上の母集団から取り出した n 個の標本のうち属性 A_j をもつものの個数を X_j とするとき，

$$\chi^2 = \sum_{j=1}^{k} \frac{(X_j - np_j)^2}{np_j}$$

の分布は，n が十分大きいとき，自由度 $k-1$ のカイ 2 乗分布で近似されるこ

とが証明できる．実用上は，$np_j \geq 5$ が近似の基準とされる．

そこで，帰無仮説 H_0 のもとで，$np_j^0 \geq 5$ を確認した上で，

$$\chi^2 = \sum_{j=1}^{k} \frac{(X_j - np_j^0)^2}{np_j^0} \sim \chi^2_{k-1} \tag{9.14}$$

を検定統計量とする．これを**ピアソンのカイ 2 乗値**という．明らかに，χ^2 は観測度数 X_j と理論度数の差を数値化したものであり，違いが大きいほど χ^2 の値も大きくなる．このことから，与えられた有意水準 α をカイ 2 乗分布の密度関数の右側から切り取って棄却域とする．つまり，カイ 2 乗分布の上側 α 点を用いて，$\chi^2 \geq \chi^2(\alpha)$ が棄却域となる．最後に，X_j の実現値 f_j を式 (9.14) に代入して計算される χ^2 の実現値が棄却域に落ちるかどうかを確認すればよい．

例 9.12　次の表は，サイコロを 120 回投げて出た目を記録したものである．このサイコロは公平といえるかどうかを検定しよう．

目（j）	1	2	3	4	5	6	合計
観測度数（f_j）	23	18	15	22	25	17	120

帰無仮説

$$H_0 : p_1 = \cdots = p_6 = \frac{1}{6}$$

を有意水準 5% で仮説検定しよう．$n = 120$ なので $np_j^0 = 20 \geq 5$ が満たされるから，上に述べた適合度検定が適用できる．ピアソンのカイ 2 乗値は，

$$\chi^2 = \sum_{j=1}^{6} \frac{(f_j - 20)^2}{20} = 3.8$$

となる．一方，自由度 5 のカイ 2 乗分布の上側 5% 点は $\chi^2_5(0.05) = 11.07$ であるから，実現値 3.8 は棄却域に落ちない（図 9.8）．したがって，「有意水準 5% で H_0 は棄却されない」のでサイコロは公平であると認められる．

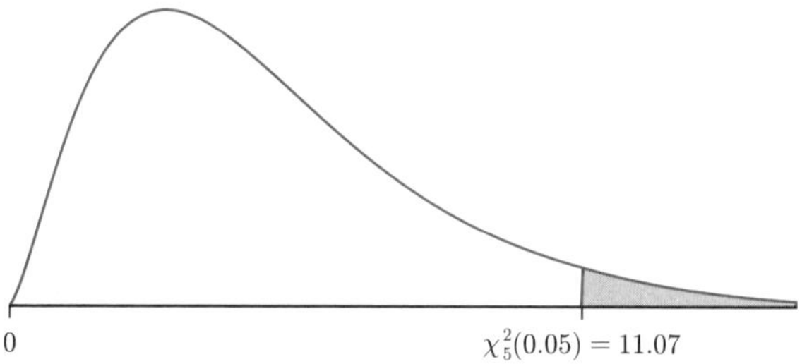

図 9.8 カイ 2 乗分布 χ^2_5 の上側 5% 点 $\chi^2_5(0.05) = 11.07$

注意 9.13 $k = 2$ の場合は二項母集団であり，第 9.2 節で述べた母比率の検定と本節の適合度検定が適用できることになる．見かけ上異なるが，この 2 つの検定法は同値である．

■ **独立性の検定** 母集団の個体に対して 2 種類の属性 A, B が考えられ，属性 A は $A_1, \ldots, A_r$ に分割され，属性 B は $B_1, \ldots, B_s$ に分割されているものとする．母集団から取り出された標本から，属性 A, B が独立であるかどうかを判定する問題を扱う．取り出された標本のうちで，属性 A_i と B_j をもつものの個数を X_{ij} とすると，次のような一覧表が得られる．このような表を $r \times s$ の**分割表**という．表中の $X_{i\cdot}$ は行和，$X_{\cdot j}$ は列和，n は標本の大きさである．

	B_1	$\cdots$	B_j	$\cdots$	B_s	合計
A_1	X_{11}	$\cdots$	X_{1j}	$\cdots$	X_{1s}	$X_{1\cdot}$
$\vdots$		$\cdots$		$\cdots$		$\vdots$
A_i	X_{i1}	$\cdots$	X_{ij}	$\cdots$	X_{is}	$X_{i\cdot}$
$\vdots$		$\cdots$		$\cdots$		$\vdots$
A_r	X_{r1}	$\cdots$	X_{rj}	$\cdots$	X_{rs}	$X_{r\cdot}$
合計	$X_{\cdot 1}$	$\cdots$	$X_{\cdot j}$	$\cdots$	$X_{\cdot s}$	n

帰無仮説

$$H_0: \text{属性 } A = \{A_1, \ldots, A_r\},\ B = \{B_1, \ldots, B_s\} \text{ が独立である}$$

を検定する．この母集団から取り出された標本が属性 A_i をもつ確率と属性

B_j をもつ確率は，上の分割表から推定される，

$$P(A_i) = \frac{X_{i\cdot}}{n}, \qquad P(B_j) = \frac{X_{\cdot j}}{n}$$

を用いる．帰無仮説 H_0 の下で $P(A_i \cap B_j) = P(A_i)P(A_j)$ が成り立つので，分割表中の観測値 X_{ij} と比較すべき理論値は

$$nP(A_i \cap B_j) = nP(A_i)P(B_j) = n \cdot \frac{X_{i\cdot}}{n} \cdot \frac{X_{\cdot j}}{n}$$

となる．分布の適合度検定と同様に，理論値と観測値の差をピアソンのカイ 2 乗値

$$\chi^2 = \sum_{i=1}^{r}\sum_{j=1}^{s} \frac{\left(X_{ij} - n\,\dfrac{X_{i\cdot}}{n}\dfrac{X_{\cdot j}}{n}\right)^2}{n\,\dfrac{X_{i\cdot}}{n}\dfrac{X_{\cdot j}}{n}} = \frac{1}{n}\sum_{i=1}^{r}\sum_{j=1}^{s} \frac{(nX_{ij} - X_{i\cdot}X_{\cdot j})^2}{X_{i\cdot}X_{\cdot j}} \tag{9.15}$$

によって与える．分布の適合度検定を発展させた議論によって，n が大きいとき，χ^2 が自由度 $(r-1)(s-1)$ のカイ 2 乗分布に近似的に従うことが示される．あとは，有意水準 α に対して，カイ 2 乗分布の上側 α 点 $\chi^2_{(r-1)(s-1)}(\alpha)$ と式 (9.15) で定まる χ^2 の実現値を比較して，H_0 の棄却・採択を決めればよい．

例 9.14　予防接種と発病の関係について次の結果を得た．予防接種の効果は認められるかどうかを独立性の検定で調べよう．

	発病有	発病無	合計
予防接種有	21	87	108
予防接種無	27	45	72
合計	48	132	180

まず，帰無仮説 H_0 は予防接種と発病は独立であることとする．ピアソンのカイ 2 乗値は，

$$\chi^2 = \frac{1}{180}\left\{\frac{(180\cdot 21 - 108\cdot 48)^2}{108\cdot 48} + \frac{(180\cdot 87 - 108\cdot 132)^2}{108\cdot 132} + \frac{(180\cdot 27 - 72\cdot 48)^2}{72\cdot 48} + \frac{(180\cdot 45 - 72\cdot 132)^2}{72\cdot 132}\right\}$$

$$= 7.2017$$

となる．有意水準を $\alpha = 0.01$ として独立性を検定しよう．自由度 $(2-1)\times(2-1)=1$ のカイ二乗分布の上側 1% 点は $\chi_1^2(0.01) = 6.6349$ であり，実現値 $\chi^2 = 7.2017$ は棄却域に落ちる．したがって，有意水準 1% で帰無仮説 H_0 は棄却され，予防接種の効果を認める．

問題 9.7 ある地域で自生する A,B,C の 3 種類の植物は 3:2:1 の割合で均衡を保っているという定説がある．標本調査の結果，A が 20 個，B が 17 個，C が 13 個観察された．この結果は定説を支持しているか検定せよ．

問題 9.8 ある映画で観客の人数を調べたら，男性 60 人，女性 86 人であった．このことから映画の人気に男女の違いはあるか．(1) 二項母集団の母比率の検定 (2) 適合度検定，の 2 つの方法で確かめよ．

第10章

2変量データ

10.1　散布図

調査対象の各個体について2項目の観測や測定を行って得られるデータが2変量データである．変量を x, y とすれば，各個体のデータは (x_i, y_i) のように2個の観測値の組で与えられ，自然に xy-座標平面上の点をみなすことができる．すべてのデータ (x_i, y_i) を xy-座標平面上に点として表示したものを**散布図**という（図10.1）．散布図は2変量データの大まかな傾向や変量間の関係性を視覚的にとらえるのに便利である．

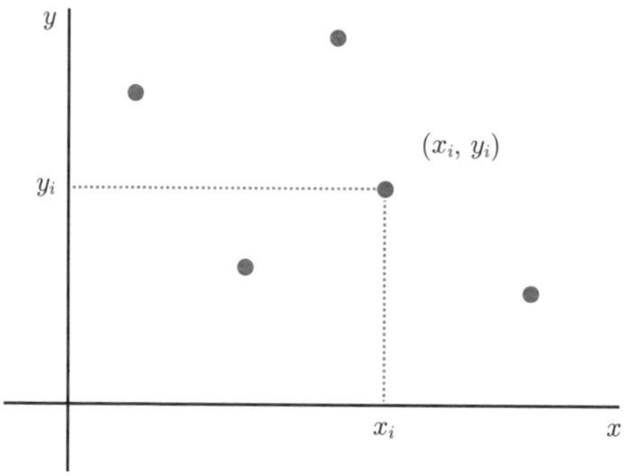

図10.1　散布図

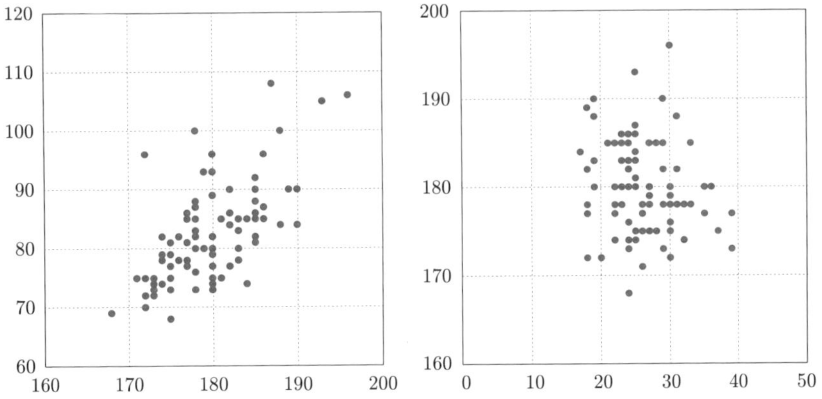

図 10.2 散布図：(左) 身長と体重.(右) 年齢と身長.

例 10.1 スポーツチーム A に所属する選手の身長，体重，年齢の調査結果を振り返ろう（第 1 章：表 1.1）．大きさ 83 の 3 変量データとなっている．この 3 変量から 2 変量を取り出して散布図を描くことができる．横軸に身長を縦軸に体重をとって描いた散布図が図 10.2 左に示されている．全体として右上がりの傾向が見て取れる．それは身長が高い人は体重が重い，あるいは体重が重い人は身長が高いという，いわば常識的な傾向を表しているといえる．同様に，図 10.2 右は年齢（横軸）と身長（縦軸）の散布図である．両変数の関連性，つまり，年齢が高いほど身長が高い（あるいは低い）という傾向を見出すことは難しいだろう．子供であれば年齢とともに身長が高くなるが，調査対象の選手はすでに大人であるから，年齢と身長の関連性が見えなくても当然である．

散布図は 2 つの変量の間の関係性を視覚的にとらえるのに便利であるが，座標軸の縮尺を変えると見栄えがずいぶん変わってしまう．両変量をそれぞれ標準化しておくと，そのような錯覚を避けやすいだろう．データを標準化して描き直したものを図 10.3 に示す．標準化によって，2 つの変量はともに平均値が 0 となるので，散布図は原点 $(0, 0)$ を中心に分布する点群になる．さらに，ばらつきの指標である分散は 1 として統一されるので，両変量についてデータのばらつき方も同程度になる．

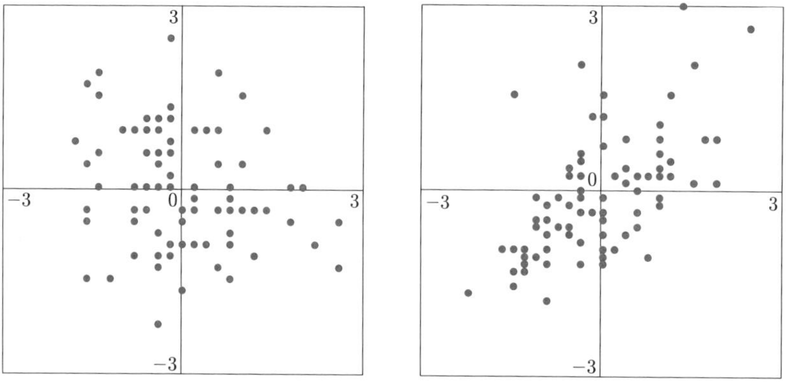

図 10.3 標準化された散布図：（左）身長と体重．（右）年齢と身長．

■ **相関** 一般に，一方の変量が大きくなれば他方も大きくなるというような変量間の関係性を**相関**という．特に，散布図が 1 本の直線でよく近似できるとき，その関係性を**線形相関**があるという．線形相関のことを単に相関ということも多く，本書でもそのように用いる．相関が認められるとき，散布図が右上がり傾向であれば**正の相関**，右下がり傾向であれば**負の相関**という（図 10.4）．

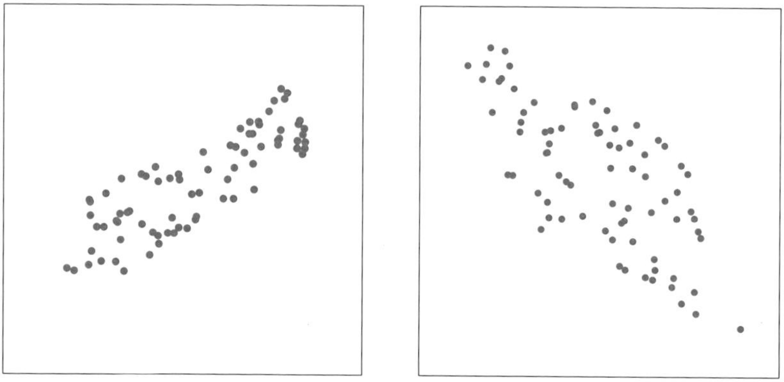

図 10.4 正の相関と負の相関

10.2 相関係数

2変量 x, y は，その散布図がある直線に集中するほど相関が強いといえる．しかしながら，見た目だけで相関の強さを判定することは困難である．相関の強さを数量的に定義する必要がある．

■ **共分散** 大きさ n の2変量データ $(x_1, y_1), (x_2, y_2), \ldots, (x_n, y_n)$ が与えられたとしよう．まず，各変量ごとの平均値が

$$\bar{x} = \frac{1}{n}\sum_{i=1}^{n} x_i\,, \qquad \bar{y} = \frac{1}{n}\sum_{i=1}^{n} y_i \tag{10.1}$$

のように得られる．これらを用いて，2変量の**共分散**を

$$s_{xy} = \frac{1}{n}\sum_{i=1}^{n}(x_i - \bar{x})(y_i - \bar{y}) \tag{10.2}$$

で定義する．明らかに $s_{xy} = s_{yx}$ である．式 (10.2) の右辺を展開すると，

$$\begin{aligned} s_{xy} &= \frac{1}{n}\sum_{i=1}^{n}(x_i y_i - \bar{x}\,y_i - \bar{y}\,x_i + \bar{x}\cdot\bar{y}) \\ &= \frac{1}{n}\sum_{i=1}^{n} x_i y_i - \bar{x}\,\frac{1}{n}\sum_{i=1}^{n} y_i - \bar{y}\,\frac{1}{n}\sum_{i=1}^{n} x_i + \frac{1}{n}\sum_{i=1}^{n}\bar{x}\cdot\bar{y} \\ &= \frac{1}{n}\sum_{i=1}^{n} x_i y_i - \bar{x}\cdot\bar{y} - \bar{y}\cdot\bar{x} + \bar{x}\cdot\bar{y} \\ &= \frac{1}{n}\sum_{i=1}^{n} x_i y_i - \bar{x}\cdot\bar{y} \end{aligned}$$

となる．第1項は2変量 x, y の積を新しい変量とみなして平均を取ったものであるから，$\overline{xy}$ と書くことができる．こうして，共分散の公式

$$s_{xy} = \overline{xy} - \bar{x}\cdot\bar{y} \tag{10.3}$$

が導かれた．

注意 10.2　共分散の定義式 (10.2) において $x=y$ とすると，x の分散あるいは y の分散の定義に一致する．つまり，

$$s_{xx}=s_x^2, \qquad s_{yy}=s_y^2$$

が成り立つ．このことから，分散 s_x^2 を s_{xx} と書く流儀もある．また，共分散の公式 (10.3) において，$x=y$ とおいたものは分散公式に他ならない．

散布図の右上がりまたは右下がりの傾向と共分散の正負には数学的に厳密な対応はないが，おおむね次のように理解される．散布図が右上がりの傾向にあるということは，共分散の定義

$$s_{xy}=\frac{1}{n}\sum_{i=1}^{n}(x_i-\bar{x})(y_i-\bar{y})$$

の右辺において，$(x_i-\bar{x})(y_i-\bar{y})>0$ となる (x_i, y_i) の個数が $(x_i-\bar{x})(y_i-\bar{y})<0$ となるものよりも多く，その結果，共分散は正になりやすいと理解される (図 10.5)．散布図が右下がりの傾向にあるときも同様に理解される．ただし，共分散は 2 変量データに対していつでも算出できる量であり，共分散が正だからといって，散布図が右上がりの直線状になっているとは限らない．散布図は非常に多くの情報を含んでおり，その性質をただ 1 つの量でとらえきれないとしても，それはむしろ当然である．

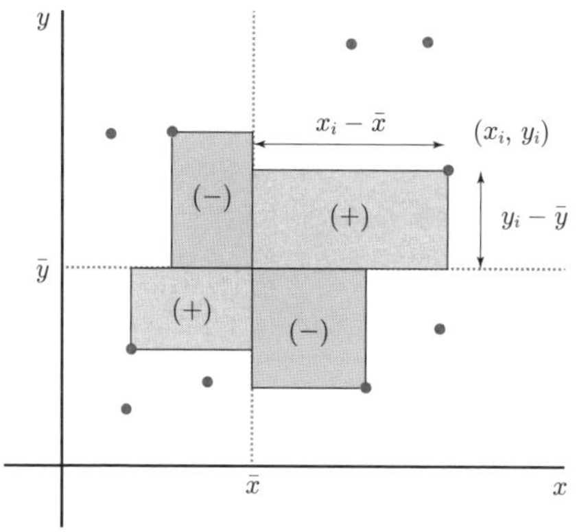

図 10.5　共分散の説明

■ **相関係数** 相関の正負は共分散の計算に帰着するが，共分散そのものでは相関の強さを示す指標には使えない．実際，定義式 (10.2) からわかるように，共分散は測定の単位に依存する量だからである．そこで，2つの変量 x, y の標準化を $\tilde{x}, \tilde{y}$ として，標準化されたデータ

$$\tilde{x}_i = \frac{x_i - \bar{x}}{s_x}, \qquad \tilde{y}_i = \frac{y_i - \bar{y}}{s_y} \tag{10.4}$$

を扱う．標準化された変量 $\tilde{x}, \tilde{y}$ の共分散は，定義式 (10.2) によって，

$$s_{\tilde{x}\,\tilde{y}} = \frac{1}{n}\sum_{i=1}^{n}(\tilde{x}_i - \bar{\tilde{x}})(\tilde{y}_i - \bar{\tilde{y}})$$

となる．ここで，標準化されたデータの平均値は $\bar{\tilde{x}} = \bar{\tilde{y}} = 0$ であるから，

$$\begin{aligned} s_{\tilde{x}\,\tilde{y}} = \frac{1}{n}\sum_{i=1}^{n}\tilde{x}_i\tilde{y}_i &= \frac{1}{n}\sum_{i=1}^{n}\frac{x_i - \bar{x}}{s_x}\,\frac{y_i - \bar{y}}{s_y} \\ &= \frac{1}{s_x s_y}\,\frac{1}{n}\sum_{i=1}^{n}(x_i - \bar{x})(y_i - \bar{y}) = \frac{s_{xy}}{s_x s_y} \end{aligned}$$

が得られる．これを変量 x, y の**相関係数**といい，r_{xy} で表す．つまり，変量 x, y の相関係数は

$$r_{xy} = \frac{s_{xy}}{s_x s_y} = s_{\tilde{x}\,\tilde{y}} \tag{10.5}$$

で定義される．簡単にいえば，相関係数は標準化された共分散である．

注意 10.3 上の議論ではいちいち断らなかったが，相関係数が定義される前提として $s_x > 0$ かつ $s_y > 0$ が必要である．もし $s_x = 0$ であれば変量 x に対応するデータは一定値になり，$s_y = 0$ であれば変量 y に対応するデータは一定値になる．このような場合は，そもそも2変量の一方の変化から他方の変化を見るという相関係数の目的に照らして問題にならない．

定理 10.4 2変量 x, y の相関係数は次の関係式を満たす．

$$-1 \le r_{xy} = r_{yx} \le 1. \tag{10.6}$$

証明 相関係数の定義式 (10.5) から $r_{xy} = r_{yx}$ は明らかである．式 (10.6) のためには

$r_{xy}^2 \leq 1$ を示せばよい．いつも通り，x, y の標準化をそれぞれ $\tilde{x}, \tilde{y}$ とする．すべての実数 t に対して成り立つ明らかな不等式

$$\sum_{i=1}^{n}(t\tilde{x}_i - \tilde{y}_i)^2 \geq 0$$

から始めよう．左辺を展開して整理すると，

$$\left(\sum_{i=1}^{n}\tilde{x}_i^2\right)t^2 - 2\left(\sum_{i=1}^{n}\tilde{x}_i\tilde{y}_i\right)t + \left(\sum_{i=1}^{n}\tilde{y}_i^2\right) \geq 0$$

となる．両辺を n で割り，$\bar{\tilde{x}} = \bar{\tilde{y}} = 0$ に注意して，

$$s_{\tilde{x}}^2\,t^2 - 2s_{\tilde{x}\tilde{y}}\,t + s_{\tilde{y}}^2 \geq 0 \tag{10.7}$$

が得られる．さらに，標準化された変数について $s_{\tilde{x}} = s_{\tilde{y}} = 1$ と $s_{\tilde{x}\tilde{y}} = r_{xy}$ が成り立つので，式 (10.7) は，

$$t^2 - 2r_{xy}t + 1 \geq 0$$

となる．この不等式がすべての実数 t で成り立つので，2 次式の判別式 D は

$$D = (2r_{xy})^2 - 4 \leq 0$$

を満たす．これより，$r_{xy}^2 \leq 1$ が従う． □

相関係数の正負と共分散の正負は一致し，相関係数が正のとき，その 2 つの変量には**正の相関**があるといい，負のときは**負の相関**があるという．また，0 のときは**無相関**であるという．また，相関係数の絶対値が 1 に近いとき，考えている 2 変数は**相関が強い**といい，0 に近いときは**相関が弱い**という．

例 10.5　スポーツチーム A に所属する選手の身長と体重，年齢と身長，年齢と体重に対する共分散と相関係数は次の通りである．

	共分散	相関係数
身長と体重	28.27	0.628
年齢と身長	−3.46	−0.130
年齢と体重	−1.33	−0.032

標準化された散布図（図 10.3）と相関係数を比較するとよい．相関係数 0.628 はそれほど強くはないが，散布図からは右上がりの直線的な傾向が見て取れ

る．一方，年齢と身長の相関係数 -0.130 からは負の相関，つまり，若い選手の方が身長が高い傾向をわずかに捕えることができる．しかしながら，相関係数が 0 に近いので，ほぼ相関はないといってよく，実際，散布図を 1 本の直線で合理的に近似することはできないだろう．

注意 10.6　2 変量データから計算した相関係数が 0 に近いからといって，その 2 変量に関係がないと結論付けるのは誤りである．標準化された 2 組の 2 変量データの散布図を図 10.6 に示そう．相関係数は，左図で 0.043，右図で 0.082 となっており，ともに無相関であると結論付けられる．しかし，散布図を見ればわかるように，左の散布図ではデータはほぼ楕円上に分布しており，2 変量が無関係であるとは到底いえない．相関係数が示すのは直線的な関係性の強さだけであって，曲線上に分布しているような関係性を反映するものではない．一方，右の散布図では，大多数のデータは直線状に分布しているものの，少数の極端なデータ（外れ値）の影響で相関係数が 0 に近くなっている．実際，2 つの外れ値を除いて相関係数を計算し直すと 0.915 が得られ，予想通り強い相関が反映した値になる．このように，相関係数の数値だけを見て関係性を判断するのは危険である．

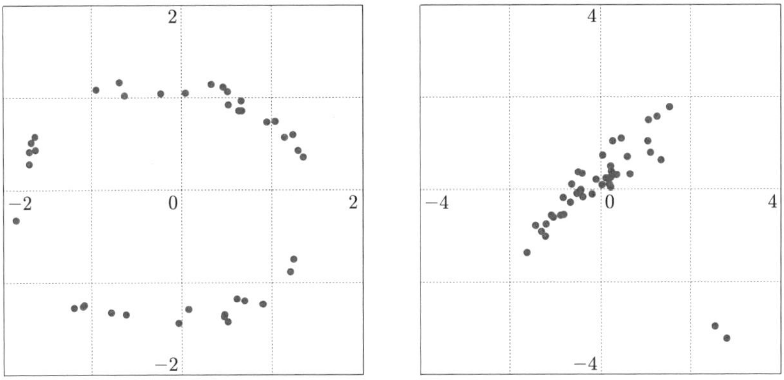

図 10.6　相関係数の例：（左）0.043．（右）0.082．

問題 10.1　スポーツチーム A に所属する選手の体重と年齢について散布図を描き，相関がほとんどないことを確認せよ (例 10.5)．

問題 10.2　大きさ n の 2 変量データ $(x_1, y_1), (x_2, y_2), \ldots, (x_n, y_n)$ は $s_x > 0$, $s_y > 0$ を満たすものとする．このとき，散布図が右上がりの直線になることと相関係数が $r = 1$ を満たすことは同値であることを示せ．また，散布図が右下がりの直線になることと相関係数が $r = -1$ を満たすことは同値であることを示せ．

10.3 回帰直線

2 変量データ $(x_1, y_1), (x_2, y_2), \ldots, (x_n, y_n)$ に（線形）相関があるとき，その散布図に最も適合した直線を考えたい．いくつかの観点があるが，ここでは与えられた x に対して最も適切な y を 1 次関数 $y = ax + b$ によって推定する問題として扱う．この文脈では，x を**説明変数**，y を**目的変数**といい，最適な 1 次関数を y の x への**回帰直線**または**回帰式**という．2 つの変量 x, y を入れ替えても議論は並行して進むが，得られる回帰直線は異なるので注意を要する．

■ **最小二乗法**　実際のデータ (x_i, y_i) は xy-座標平面にばらついているが，これに適合する 1 次関数

$$y = ax + b \tag{10.8}$$

を定めよう．式 (10.8) を仮定すれば，$x = x_i$ に対して $y = ax_i + b$ が対応するはずである．しかし，得られたデータ y_i はそれに必ずしも一致していないので，何らかの影響で揺らぎ ϵ_i が加わったと解釈する．そこで，各データ (x_i, y_i) に対して**残差**を

$$\epsilon_i = y_i - (ax_i + b)$$

によって定義する（図 10.7）．残差はデータと想定される 1 次関数とのずれであるから，残差の総量を最小にする 1 次関数が散布図に最も良く適合するものと考えられる．残差の総量の測り方には任意性があるが，**残差平方和**

$$Q = \sum_{i=1}^{n} \epsilon_i^2 = \sum_{i=1}^{n} (y_i - ax_i - b)^2 \tag{10.9}$$

を最小にするように a, b を定めるのが基本的である．この方法を**最小二乗法**といい，ふつう回帰直線というときは最小二乗法によって導かれたものを指す．

それでは，残差平方和 (10.9) の最小化を議論しよう．実際，残差平方和 $Q = Q(a, b)$ は 2 次関数なので，その最小値は平方完成による代数計算または初等的な微積分によって求めることができる．数学的な議論を次の補題にまとめ

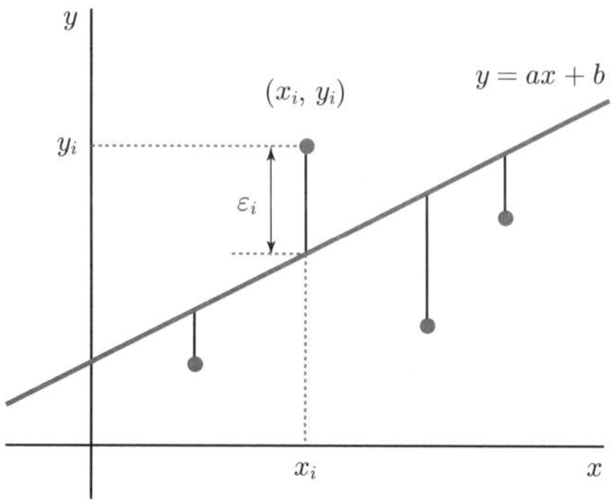

図 10.7　残差：データと想定される 1 次関数とのずれ

ておく．

補題 10.7　与えられた n 個のデータ $(x_1, y_1), (x_2, y_2), \ldots, (x_n, y_n)$ に対して，

$$Q(a, b) = \sum_{i=1}^{n} (y_i - ax_i - b)^2 \tag{10.10}$$

を最小にする a, b は次の $\hat{a}, \hat{b}$ で与えられる．

$$\hat{a} = \frac{s_{xy}}{s_x^2}, \qquad \hat{b} = \bar{y} - \hat{a}\bar{x} \tag{10.11}$$

で与えられる．ただし，$s_x > 0$ とする．

証明　式 (10.10) の右辺を展開して計算する．出てくる和は i を 1 から n まで走らせてとるものばかりなので，単に $\sum$ と記すと，

$$\begin{aligned} Q &= \sum (y_i^2 + a^2 x_i^2 + b^2 - 2ax_i y_i - 2by_i + 2abx_i) \\ &= \sum y_i^2 + a^2 \sum x_i^2 + b^2 n - 2a \sum x_i y_i - 2b \sum y_i + 2ab \sum x_i \end{aligned} \tag{10.12}$$

が得られる．結局は同じことであるが，平均値，分散，共分散

$$\bar{x} = \frac{1}{n} \sum x_i\,, \qquad s_x^2 = \frac{1}{n} \sum x_i^2 - \bar{x}^2\,,$$

$$\bar{y} = \frac{1}{n}\sum y_i\,, \qquad s_y^2 = \frac{1}{n}\sum y_i^2 - \bar{y}^2\,,$$

$$s_{xy} = \frac{1}{n}\sum x_i y_i - \bar{x}\bar{y}$$

を用いて書き換えておくと少し見通しがよいだろう．実際，

$$Q = n(s_y^2 + \bar{y}^2) + a^2 n(s_x^2 + \bar{x}^2) + b^2 n - 2an(s_{xy} + \bar{x}\bar{y}) - 2bn\bar{y} + 2abn\bar{x}$$

となる．Q はもともと平方和であるから最小値をとることがわかり，最小値を与える $(a, b) = (\hat{a}, \hat{b})$ において Q の偏微分は 0 になる．一方，Q の偏微分は

$$\frac{\partial Q}{\partial a} = 2an(s_x^2 + \bar{x}^2) - 2n(s_{xy} + \bar{x}\bar{y}) + 2bn\bar{x},$$

$$\frac{\partial Q}{\partial b} = 2bn - 2n\bar{y} + 2an\bar{x}$$

であるから，$(a, b) = (\hat{a}, \hat{b})$ は連立方程式

$$\frac{\partial Q}{\partial a} = \frac{\partial Q}{\partial b} = 0$$

の解である．実際，連立方程式は簡単に解けて，ただ 1 つの解が式 (10.11) で与えられる．したがって，そこで与えた $(\hat{a}, \hat{b})$ において $Q = Q(a, b)$ は最小値をとる． □

注意 10.8 補題 10.7 では $s_x > 0$ を仮定した．この条件は $x_1, x_2, \ldots, x_n$ が一定値ではないことと同値である．もし 2 変量データ (x_i, y_i) において，x_i がすべて一致して一定であるという状況では，そもそも x を用いて y を推定するいう問題そのものが成り立たない．

注意 10.9 残差平方和 $Q = Q(a, b)$ が，確かに式 (10.11) で与えた $(\hat{a}, \hat{b})$ において最小値をとることは，平方完成による代数計算でも確認できる．実際，

$$\frac{1}{n}\,Q(\hat{a}, \hat{b}) = s_y^2 - \frac{s_{xy}^2}{s_x^2}$$

に注意して計算すれば，

$$\frac{1}{n}(Q(a, b) - Q(\hat{a}, \hat{b})) = (a\bar{x} + b - \bar{y})^2 + \left(as_x - \frac{s_{xy}}{s_x}\right)^2 \geq 0$$

が得られる．したがって，すべての a, b に対して $Q(a, b) \geq Q(\hat{a}, \hat{b})$ が成り立つ．

補題 10.7 によって，残差平方和 (10.9) の最小化ができた．結果をまとめると，

定理 10.10 2 変量データ $(x_1, y_1), (x_2, y_2), \ldots, (x_n, y_n)$ に対して，x を説明変数，y を目的変数とする回帰直線（回帰式）は，

$$y = \hat{a}x + \hat{b} \tag{10.13}$$

で与えられる．ただし，

$$\hat{a} = \frac{s_{xy}}{s_x^2}, \qquad \hat{b} = \bar{y} - \hat{a}\bar{x} \tag{10.14}$$

である．さらに，式 (10.13) は具体的には次のようになる．

$$y = \frac{s_{xy}}{s_x^2}(x - \bar{x}) + \bar{y}. \tag{10.15}$$

定理 10.10 において，x と y の役割を入れ替えれば，y を説明変数，x を目的変数とする回帰直線が得られる．ただし，$s_{xy} = s_{yx}$ に注意しよう．

定理 10.11 2 変量データ $(x_1, y_1), (x_2, y_2), \ldots, (x_n, y_n)$ に対して，y を説明変数，x を目的変数とする回帰直線（回帰式）は次で与えられる．

$$x = \frac{s_{xy}}{s_y^2}(y - \bar{y}) + \bar{x}. \tag{10.16}$$

回帰直線の式 (10.15) を相関係数 $r_{xy} = s_{xy}/(s_x s_y)$ を用いて少し書き換えると，

$$\frac{y - \bar{y}}{s_y} = r_{xy}\,\frac{x - \bar{x}}{s_x} \tag{10.17}$$

となる．同様にして，あるいは x, y の役割を入れ替えて，回帰直線の式 (10.16) は

$$\frac{x - \bar{x}}{s_x} = r_{xy}\,\frac{y - \bar{y}}{s_y} \tag{10.18}$$

と書いてもよい．これらの表示から，回帰直線は標準化された 2 つの変量を相関係数がつなぐ形で得られていることがわかる．また，その表式から直ちにわかるように，2 つの回帰直線はともに平均値の定める点 $(\bar{x}, \bar{y})$ を通るが，一

般には傾きが異なる．実際，2 つの回帰直線の傾きの比をとると，

$$\frac{s_y}{s_x} r_{xy} \Big/ \frac{s_y}{r_{xy} s_x} = r_{xy}^2 \leq 1$$

となる．つまり，説明変数と目的変数は対称的な役割にないのである．

例 10.12　スポーツチーム A に所属する選手の身長 (x) と体重 (y) について，

$$\bar{x} = 179.783, \qquad \bar{y} = 82.855,$$

$$s_x^2 = 28.8204, \qquad s_y^2 = 70.3164, \qquad s_{xy} = 28.2699$$

である（ここでは，後の計算のために有効数字を多めにとってある）．x を説明変数，y を目的変数とする回帰直線は公式 (10.15) から

$$y = \frac{28.2699}{28.8204}(x - 179.783) + 82.855 = 0.9809x - 93.494$$

となり，元のデータの有効数字を考えれば，$y = 0.98x - 93.5$ とするのが適当である．同様に，y を説明変数，x を目的変数とする回帰直線は式 (10.16) から

$$x = \frac{28.2699}{70.3164}(y - 82.855) + 179.783 = 0.40y + 146.5$$

で与えられる．後者の傾き $1/0.40 = 2.5$ は確かに前者の傾きより大きい．これらの回帰直線を散布図に書き込んだものを図 10.8 に示す．なお，2 直線の交点は $(\bar{x}, \bar{y})$ である．

■ **決定係数**　2 変量データに回帰直線を当てはめたとき，その適合性について数値指標があると便利である．2 変量データ $(x_1, y_1), \ldots, (x_n, y_n)$ に対して，x を説明変数，y を目的変数とする回帰直線を $y = \hat{a}x + \hat{b}$ として，

$$\hat{y}_i = \hat{a}x_i + \hat{b}, \qquad \epsilon_i = y_i - \hat{y}_i$$

とおく．つまり，$\hat{y}_i$ は $x = x_i$ のときの回帰直線による y の**予測値**であり，ϵ_i はその予測値と実際のデータとの差，つまり残差となる．

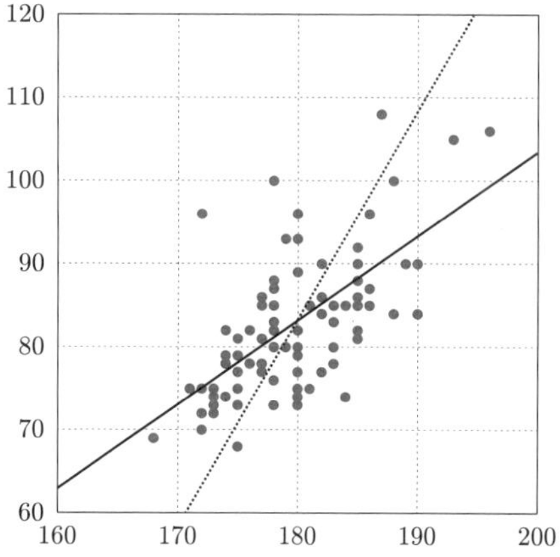

図 10.8　回帰直線：（実線）x が説明変数．（破線）y が説明変数．

定理 10.13　**（平方和の分解）**　上の仮定の下に，次の等式が成り立つ．

$$\sum_{i=1}^{n}(y_i-\bar{y})^2=\sum_{i=1}^{n}(\hat{y}_i-\bar{y})^2+\sum_{i=1}^{n}\epsilon_i^2. \tag{10.19}$$

証明　明らかな等式

$$\begin{aligned}(y_i-\bar{y})^2&=((y_i-\hat{y}_i)-(\bar{y}-\hat{y}_i))^2\\&=(y_i-\hat{y}_i)^2-2(y_i-\hat{y}_i)(\bar{y}-\hat{y}_i)+(\bar{y}-\hat{y}_i)^2\\&=\epsilon_i^2-2(y_i-\hat{y}_i)(\bar{y}-\hat{y}_i)+(\hat{y}_i-\bar{y})^2\end{aligned}$$

から式 (10.19) のためには，

$$\sum_{i=1}^{n}(y_i-\hat{y}_i)(\bar{y}-\hat{y}_i)=0 \tag{10.20}$$

を示せばよい．回帰直線の方程式 (10.15) から

$$\hat{y}_i=\frac{s_{xy}}{s_x^2}(x_i-\bar{x})+\bar{y}$$

であるから，これを式 (10.20) の左辺に直接代入すると，

$$
\begin{aligned}
&\sum_{i=1}^{n}\left\{y_i-\bar{y}-\frac{s_{xy}}{s_x^2}(x_i-\bar{x})\right\}\left\{-\frac{s_{xy}}{s_x^2}(x_i-\bar{x})\right\}\\
&\quad=-\frac{s_{xy}}{s_x^2}\sum_{i=1}^{n}(y_i-\bar{y})(x_i-\bar{x})+\left(\frac{s_{xy}}{s_x^2}\right)^2\sum_{i=1}^{n}(x_i-\bar{x})^2\\
&\quad=-\frac{s_{xy}}{s_x^2}ns_{xy}+\left(\frac{s_{xy}}{s_x^2}\right)^2 ns_x^2=0
\end{aligned}
$$

となり，確かに式 (10.20) が成り立つ． □

式 (10.19) において現れる 3 つの和

$$
\mathrm{SS_T}=\sum_{i=1}^{n}(y_i-\bar{y})^2,\qquad \mathrm{SS_R}=\sum_{i=1}^{n}(\hat{y}_i-\bar{y})^2,\qquad \mathrm{SS_E}=\sum_{i=1}^{n}\epsilon_i^2 \tag{10.21}
$$

をそれぞれ**全平方和**，**回帰平方和**，**残差平方和**と呼ぶ．等式 (10.19) は，

$$
\mathrm{SS_T}=\mathrm{SS_R}+\mathrm{SS_E} \tag{10.22}
$$

となり，**決定係数**を

$$
R^2=\frac{\mathrm{SS_R}}{\mathrm{SS_T}}
$$

で定義する．明らかに，$0 \le R^2 \le 1$ である．全平方和 $\mathrm{SS_T}$ は観測値 y_i についての平均値 $\bar{y}$ との差の 2 乗の総和（したがって，ns_y^2 に一致する）である．等式 (10.22) は，全平方和を観測値 x_i の変動で説明できる部分（回帰平方和）とそれ以外の変動量（残差平方和）の和に分解できることを示している．したがって，決定係数 R^2 が 1 に近いほど回帰直線がデータによく適合しているといえる．

例 10.14（例 10.12 の続き） チーム A の選手の身長 x と体重 y に関して，x を説明変数，y を目的変数とする回帰直線は $y=0.9809x-93.494$ で与えられる．これを用いると $x=x_i$ に対して，

$$
\hat{y}_i=0.9809x_i-93.494
$$

が回帰直線による y の予測値となる．これを用いて式 (10.21) を計算すると，

$$\mathrm{SS_T} = \sum (y_i - \bar{y})^2 = 5836.3,$$
$$\mathrm{SS_R} = \sum (\hat{y}_i - \bar{y})^2 = 2301.6,$$
$$\mathrm{SS_E} = \sum \epsilon_i^2 = 3534.7$$

が得られ，決定係数は

$$R^2 = \frac{\mathrm{SS_R}}{\mathrm{SS_T}} = \frac{2301.6}{5836.3} = 0.394$$

となる．このことをもって，体重の変動の 39.4% が身長によって説明されたと解釈する．

■ **回帰直線の誤用** 2 変量 x, y が，何らかの理由で 1 次関数 $y = ax + b$ で関係付けられていることがわかっていて，その係数を収集されたデータから推定する問題では，回帰直線による手法は非常に有効である．たとえば，ばねに加重をかける実験を行い，加重 x とばねの長さ y の測定データから回帰直線を求めるような場合である．この実験の背後には，ばねの伸びは加重に比例するという物理法則（フックの法則）が知られているからである．しかし，一般の問題では，2 変量が 1 次関数で関係しているかは定かではなく，むしろ近似として最適な 1 次関数を求めることが課題となる．ところが，どのような 2 変量データに対しても平均値，分散，相関係数さえ計算すれば，回帰直線を決定することができてしまう．ここで留意すべきことは，回帰直線が得られたとしても問題の 2 変量が回帰直線（1 次関数）で説明できているとは限らないことである．

図 10.9 は標準化された 2 変量データの散布図と回帰直線（横軸 x が説明変数，縦軸 y が目的変数）を示している．相関係数は左図のデータでは 0.756，右図では 0.415 であり，ともに正の相関を示す値となっている．まず，左図の散布図は 1 本の直線に沿っているというよりは，放物線上に分布しているように見える．このようなデータに対しては，そもそも回帰直線をあてはめるのは不適切である．一方，右図では多くのデータは 1 本の直線の近くにばらついているように見えるが，回帰直線の傾きは大多数のデータを説明するにして

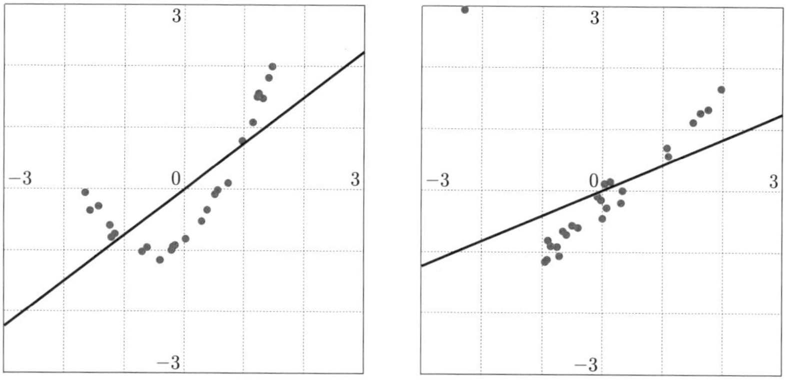

図 10.9 回帰直線が誤用された例

は小さすぎるように見える．これは少数の極端なデータ（外れ値）の影響を受けたためと考えられ，この場合は外れ値の吟味が必要である．このように，回帰直線自体は 2 変量データから計算だけで求めることができるが，それがデータの説明として適切かどうかはわからない．少なくとも散布図に戻って検討することが重要である．

問題 10.3 表は 10 名の学生の中間試験と期末試験の結果である．散布図を描き，回帰直線を求めよ．さらに，決定係数を求めよ．

中間試験 (x)	44	68	32	63	82	88	37	51	65	60
期末試験 (y)	53	76	56	68	86	79	64	61	71	56

問題 10.4 2 変量 (x, y) のデータが与えられたとして，x を説明変数，y を目的変数とする回帰直線を L_1，y を説明変数，x を目的変数とする回帰直線を L_2 とする．このとき，L_2 の方が L_1 より傾きの絶対値が大きいことを示せ．

問題 10.5 2 変量 (x, y) のデータが与えられたとして，相関係数は $r_{xy} \neq 0$ とする．このとき，x を説明変数とする回帰直線 L_1 と y を説明変数とする回帰直線 L_2 とのなす交角 $0 \leq \theta < \pi/2$ は

$$\tan\theta = \left| r_{xy} - \frac{1}{r_{xy}} \right| \frac{s_x s_y}{s_x^2 + s_y^2}$$

を満たすことを示せ．このことから，2 直線のなす交角は，相関が弱いほど $\pi/2$ に近く，相関が強いほど 0 に近いことを説明せよ．

第11章
多変量データと確率ベクトル

11.1 データ行列

調査対象の各個体について p 項目の観測や測定が行われれば，各個体について p 個の数値データが対応する．このようなデータを **p 変量データ**といい，$p \geq 2$ のときは総称して**多変量データ**という．変量を $x_1, x_2, \ldots, x_p$ とすれば，大きさ n の p 変量データは

$$X = \begin{bmatrix} x_{11} & \cdots & x_{1j} & \cdots & x_{1p} \\ \vdots & \ddots & \vdots & \ddots & \vdots \\ x_{i1} & \cdots & x_{ij} & \cdots & x_{ip} \\ \vdots & \ddots & \vdots & \ddots & \vdots \\ x_{n1} & \cdots & x_{nj} & \cdots & x_{np} \end{bmatrix} \tag{11.1}$$

のように $n \times p$ のデータ行列によって表示される．多変量データを効率よく，また見通し良く取り扱うためには行列の知識が必須となる．

データ行列の第 i 行が i 番目の測定で得られた p 変量のデータに対応する．それを

$$\boldsymbol{x}_i = [\, x_{i1} \;\; x_{i2} \;\; \ldots \;\; x_{ip} \,] \tag{11.2}$$

とおく．このような形式を p 次元行ベクトルといい，しばしば p 次元座標空間の点の座標とみなす．多変量データに対して，まず，知りたいことは，n 個の点 $\boldsymbol{x}_1, \boldsymbol{x}_2, \ldots, \boldsymbol{x}_n$ の分布状況である．2 変量 $(p = 2)$ の場合は，2 次元座標平面に図示される散布図が有用であった．3 変量 $(p = 3)$ の場合は，3 次元座標空間をコンピュータのディスプレイに表示することで，分布状況を知ることがある程度可能である．しかし，$p \geq 4$ ではそのままでは可視化は困難になり，様々な統計量を用いて特徴を抽出したり，データの次元を下げる工夫などが必要となる．

■ **分散共分散行列と相関行列**　多変量データにおいて 1 つの変量 x_j に注目すれば，1 変量のデータ $x_{1j}, \ldots, x_{ij}, \ldots, x_{nj}$ が得られる．これはデータ行列 X の第 j 列に相当する．変量 x_j の平均値と分散は，いつも通り

$$\bar{x}_j = \frac{1}{n}\sum_{i=1}^{n} x_{ij}\,, \tag{11.3}$$

$$s_j^2 = s_{x_j}^2 = \frac{1}{n}\sum_{i=1}^{n}(x_{ij} - \bar{x}_j)^2 \tag{11.4}$$

によって定義される．以降，記号が煩わしいので分散は s_j^2 のように書く．同様に，2 つの変量 x_j, x_k を取り出せば，それらの共分散と相関係数が

$$s_{jk} = s_{x_j,x_k} = \frac{1}{n}\sum_{i=1}^{n}(x_{ij} - \bar{x}_j)(x_{ik} - \bar{x}_k), \tag{11.5}$$

$$r_{jk} = r_{x_j,x_k} = \frac{s_{jk}}{s_j s_k} \tag{11.6}$$

によって定義される．これらを用いて，$p \times p$ 行列

$$\Sigma = \begin{bmatrix} s_{11} & s_{12} & \ldots & s_{1p} \\ s_{21} & s_{22} & \ldots & s_{2p} \\ \vdots & \vdots & \ddots & \vdots \\ s_{p1} & s_{p2} & \ldots & s_{pp} \end{bmatrix}, \qquad R = \begin{bmatrix} r_{11} & r_{12} & \ldots & r_{1p} \\ r_{21} & r_{22} & \ldots & r_{2p} \\ \vdots & \vdots & \ddots & \vdots \\ r_{p1} & r_{p2} & \ldots & r_{pp} \end{bmatrix} \tag{11.7}$$

を定義する．前者を**分散共分散行列**，後者を**相関行列**という．成分について $s_{jk} = s_{kj}$, $r_{jk} = r_{kj}$ が成り立つので，どちらの行列も対称行列である．また，

対角成分について，$s_{jj} = s_j^2$, $r_{jj} = 1$ となることに注意しておこう．分散共分散行列と相関行列は多変量解析の基礎になる．

■ **データ行列による直接表示** 分散共分散行列 Σ と相関行列 R はデータ行列 X に行列演算を繰り返すことで得られる．行列演算は多変量を扱うときの基本であるので少し触れておく．まず，すべての成分が 1 となっている $n \times n$ 行列

$$J = \begin{bmatrix} 1 & 1 & \dots & 1 \\ 1 & 1 & \dots & 1 \\ \vdots & \vdots & \ddots & \vdots \\ 1 & 1 & \dots & 1 \end{bmatrix}$$

を準備する．積 JX を計算して，平均値 (11.3) と見比べると，

$$\frac{1}{n}(JX)_{ij} = \frac{1}{n}\sum_{k=1}^{n}(J)_{ik}(X)_{kj} = \frac{1}{n}\sum_{k=1}^{n}x_{kj} = \bar{x}_j$$

が得られる．ここで，

$$Y = X - \frac{1}{n}JX \tag{11.8}$$

とおくと，

$$(Y)_{ij} = \left(X - \frac{1}{n}JX\right)_{ij} = x_{ij} - \bar{x}_j \tag{11.9}$$

となる．Y は $n \times p$ 行列であるから，転置行列 Y^T は $p \times n$ 行列となり，行列の積 Y^TY が定義されて $p \times p$ 行列になる[1)]．行列 Y^TY の (j, k) 成分は，

$$(Y^TY)_{jk} = \sum_{i=1}^{n}(Y^T)_{ji}(Y)_{ik} = \sum_{i=1}^{n}(Y)_{ij}(Y)_{ik} \tag{11.10}$$

となり，式 (11.9) を代入して，

---

1) 一般に，行列 Y に対して，行と列を入れ替えてできる行列を**転置行列**といい，Y^T で表す．成分でいえば，$(Y^T)_{ij} = (Y)_{ji}$ となる．

$$(Y^TY)_{jk} = \sum_{i=1}^{n}(x_{ij} - \bar{x}_j)(x_{ik} - \bar{x}_k)$$

が得られる．2 変量 x_j と x_k の共分散 (11.5) と比較して，

$$s_{jk} = \frac{1}{n}(Y^TY)_{jk}$$

がわかる．こうして，式 (11.7) で定義した分散共分散行列 Σ は

$$\Sigma = \frac{1}{n}Y^TY = \frac{1}{n}\left(X - \frac{1}{n}JX\right)^T\left(X - \frac{1}{n}JX\right) \qquad (11.11)$$

のように，行列の積で簡潔に表示されることがわかった．

相関係数についても述べておこう．$p \times p$ 行列 D を

$$D = \begin{bmatrix} \sqrt{s_{11}} & 0 & \dots & 0 \\ 0 & \sqrt{s_{22}} & \dots & 0 \\ \vdots & \vdots & \ddots & \vdots \\ 0 & 0 & \dots & \sqrt{s_{pp}} \end{bmatrix} \qquad (11.12)$$

で定義する．対角成分に標準偏差が並び，それ以外の成分はすべて 0 である．この D の逆行列 D^{-1} は D の対角成分をすべて逆数で置き換えたものになる．このとき，

$$Z = YD^{-1} \qquad (11.13)$$

は $n \times p$ 行列になり，その (i, j) 成分は式 (11.9) と式 (11.12) から

$$(Z)_{ij} = \sum_{k=1}^{p}(Y)_{ik}(D^{-1})_{kj} = (Y)_{ij}(D^{-1})_{jj} = \frac{x_{ij} - \bar{x}_j}{\sqrt{s_{jj}}}$$

となることがわかる．つまり，$(Z)_{ij}$ はデータ x_{ij} の標準化であり，行列 Z はデータ行列 X の標準化といえる．さらに，Z^TZ は $p \times p$ 行列になり，その (j, k) 成分は，

$$
\begin{aligned}
(Z^T Z)_{jk} &= \sum_{i=1}^{n} (Z^T)_{ji}(Z)_{ik} \\
&= \sum_{i=1}^{n} (Z)_{ij}(Z)_{ik} = \sum_{i=1}^{n} \frac{x_{ij} - \bar{x}_j}{\sqrt{s_{jj}}} \frac{x_{ik} - \bar{x}_k}{\sqrt{s_{kk}}}
\end{aligned}
$$

となる．両辺を n で割って，

$$
\frac{1}{n}(Z^T Z)_{jk} = \frac{s_{jk}}{\sqrt{s_{jj}}\sqrt{s_{kk}}} = r_{jk}
$$

は相関係数になる．したがって，相関行列の定義式 (11.7) から，

$$
R = \frac{1}{n} Z^T Z
$$

が得られる．さらに，式 (11.13) と式 (11.8) を用いると，

$$
\begin{aligned}
R &= \frac{1}{n} (Y D^{-1})^T (Y D^{-1}) = \frac{1}{n} D^{-1} Y^T Y D^{-1} \\
&= \frac{1}{n} D^{-1} \Big(X - \frac{1}{n} J X \Big)^T \Big(X - \frac{1}{n} J X \Big) D^{-1}
\end{aligned}
\tag{11.14}
$$

となる．最後に，式 (11.11) から

$$
R = D^{-1} \Sigma D^{-1}
$$

が得られる．これは分散共分散行列 Σ と相関行列 R の関係式である．

問題 11.1　スポーツチーム A に所属する選手の身長，体重，年齢を調査して得られた 3 変量データ（第 1 章：表 1.1）の分散共分散行列と相関行列を書き下せ．

11.2 確率ベクトル

1 変量データに関する統計的推論の出発点は，得られたデータを標本抽出に対応する確率変数の実現値とみなすことであった．多変量データは各標本に対して複数の観測や測定を施して得られるものなので，得られるデータは複数の数値の組，すなわちベクトルとなる．そうすると，p 変量データに関する統計的推論のためには，得られたデータを p 次元確率ベクトルの実現値とみなすことになる．本節では，確率ベクトルの扱いについて述べる．

■ **確率ベクトル**　確率ベクトル $\boldsymbol{X}$ とは，確率変数 $X_1, X_2, \ldots, X_p$ を成分にもつ列（縦）ベクトル

$$\boldsymbol{X} = \begin{bmatrix} X_1 \\ X_2 \\ \vdots \\ X_p \end{bmatrix}$$

のことをいう[2]．ここで，$p \geq 1$ であり，$\boldsymbol{X}$ の次元という．確率ベクトルの実現値は，p 次元座標空間内に点として現れるが，その現れ方に確率的な傾向が付随する．それを記述するのが p 次元確率分布という概念である．本書では一般論には立ち入らず，離散型確率ベクトルと密度関数をもつ連続型確率ベクトルを扱う．以下，断りがなければ，確率ベクトルの次元は p とする．

■ **結合分布**　離散型確率ベクトル $\boldsymbol{X}$ に対しては，ベクトル $\boldsymbol{a} = [a_1 \ \ldots \ a_p]^T$ を値としてとる確率

$$P(\boldsymbol{X} = \boldsymbol{a}) = P(X_1 = a_1, \ldots, X_p = a_p) \tag{11.15}$$

を直接決めることで，確率分布が与えられる．右辺の $X_1 = a_1, \ldots, X_p = a_p$ はベクトルの等式 $\boldsymbol{X} = \boldsymbol{a}$ を成分で書いたものである．もちろん，

$$P(X_1 = x_1, \ldots, X_p = x_p) \geq 0, \qquad \sum_{x_1, \ldots, x_p} P(X_1 = x_1, \ldots, X_p = x_p) = 1$$

が成り立つ．また，確率ベクトル $\boldsymbol{X}$ に対して，

$$P(X_1 \leq a_1, \ldots, X_p \leq a_p) = \int_{-\infty}^{a_1} \cdots \int_{-\infty}^{a_p} f_{\boldsymbol{X}}(x_1, \ldots, x_p)\, dx_1 \cdots dx_p \tag{11.16}$$

を満たすような p 変数の関数 $f_{\boldsymbol{X}}(x_1, \ldots, x_p)$ があれば，それを確率ベクトル

---

2)　列（縦）ベクトルと行（横）ベクトルを臨機応変に使い分けるのが便利であるが，本書では正規分布の表示（後述）を念頭に，無用の混乱を避けるため列ベクトルに限定して扱う．そうすると，多変量データを確率ベクトルの実現値とみなすときに注意を要する．つまり，多変量データは行ベクトル式 (11.2) の形で表示しているので，観測に対応する確率ベクトル $\boldsymbol{X}_i$ の転置をとって，$\boldsymbol{X}_i^T$ の実現値として扱うことになる．

$\boldsymbol{X}$ の密度関数という．このとき，$\boldsymbol{X}$ は連続型確率変数である．もちろん，

$$f_{\boldsymbol{X}}(x_1,\dots,x_p)\ge 0,\qquad \int_{-\infty}^{+\infty}\cdots\int_{-\infty}^{+\infty} f_{\boldsymbol{X}}(x_1,\dots,x_p)dx_1\cdots dx_p=1$$

が成り立つ．このように，確率ベクトル $\boldsymbol{X}$ の分布は，その成分である確率変数 $X_1,\dots,X_p$ の分布で記述される．この観点から，確率 (11.15) を**結合分布**または**同時分布**と呼び，式 (11.16) に現れた関数 $f_{\boldsymbol{X}}(x_1,\dots,x_p)$ を**結合密度関数**または**同時密度関数**と呼ぶ．

■ **周辺分布**　確率ベクトル $\boldsymbol{X}$ の結合分布において，第 j 成分 x_j を除いて他の成分について和をとることを考える．つまり，離散型であれば，

$$\sum_{x_1,\dots,\check{x}_j,\dots,x_p} P(X_1=x_1,\dots,X_j=x_j,\dots,X_p=a_p),$$

連続型であれば，

$$\int_{-\infty}^{+\infty}\cdots\int_{-\infty}^{+\infty} f_{\boldsymbol{X}}(x_1,\dots,x_j,\dots,x_p)dx_1\cdots d\check{x}_j\cdots dx_p$$

を考える．ただし，$\check{x}_j$ は和や積分の計算において x_j を除外することを意味する．これらは確率ベクトル $\boldsymbol{X}$ の第 j 成分にある確率変数 X_j の分布を与え，

$$P(X_j=x_j)=\sum_{x_1,\dots,\check{x}_j,\dots,x_p} P(X_1=x_1,\dots,X_j=x_j,\dots,X_p=a_p) \tag{11.17}$$

$$f_{X_j}(x_j)=\int_{-\infty}^{+\infty}\cdots\int_{-\infty}^{+\infty} f_{\boldsymbol{X}}(x_1,\dots,x_j,\dots,x_p)dx_1\cdots d\check{x}_j\cdots dx_p \tag{11.18}$$

が成り立つ．前者を**周辺分布**，後者を**周辺密度関数**と呼ぶ．これらの用語は結合分布や結合密度関数に対比して用いられる．

定理 11.1　確率変数 $X_1,\dots,X_p$ が独立であることと，それらを成分とする確率ベクトル $\boldsymbol{X}$ の結合分布が成分 X_j の周辺分布の積に分解することは同値な条件である．

特に，$\boldsymbol{X}$ が離散型であれば，結合分布 (11.15) が

$$P(\boldsymbol{X} = \boldsymbol{a}) = P(X_1 = a_1, \ldots, X_p = a_p) = \prod_{j=1}^{p} P(X_j = a_j)$$

を満たすことと $X_1, \ldots, X_p$ が独立になることが同値になる．また，$\boldsymbol{X}$ が結合密度関数をもつときは，

$$f_{\boldsymbol{X}}(x_1, \ldots, x_p) = \prod_{j=1}^{p} f_{X_j}(x_j)$$

が成り立つことと $X_1, \ldots, X_p$ が独立になることが同値になる．

■ 平均ベクトルと分散共分散行列　確率ベクトル $\boldsymbol{X}$ の第 j 成分 X_j の平均値を

$$\mu_j = \mathbf{E}[X_j]$$

とおく．確率ベクトル $\boldsymbol{X}$ が離散型であれば，式 (11.17) を用いて，

$$\begin{aligned}
\mu_j &= \sum_{x_j} x_j P(X_j = x_j) \\
&= \sum_{x_j} x_j \sum_{x_1, \ldots, \check{x}_j, \ldots, x_p} P(X_1 = x_1, \ldots, X_j = x_j, \ldots, X_p = x_p) \\
&= \sum_{x_1, \ldots, x_j, \ldots, x_p} x_j P(X_1 = x_1, \ldots, X_j = x_j, \ldots, X_p = x_p)
\end{aligned}$$

となる．確率ベクトル $\boldsymbol{X}$ が密度関数をもつときは，式 (11.18) によって，

$$\begin{aligned}
\mu_j &= \int_{-\infty}^{+\infty} x_j f_{X_j}(x_j) dx_j \\
&= \int_{-\infty}^{+\infty} \cdots \int_{-\infty}^{+\infty} x_j f_{\boldsymbol{X}}(x_1, \ldots, x_j, \ldots, x_p) dx_1 \cdots dx_j \cdots dx_p
\end{aligned}$$

となる．このように，確率ベクトルの成分 X_j の平均値は結合確率を用いて表示される．

次に，確率ベクトル $\boldsymbol{X}$ の 2 つの成分 X_j と X_k に対して共分散

$$\sigma_{jk} = \mathbf{Cov}(X_j, X_k) = \mathbf{E}[(X_j - \mu_j)(X_k - \mu_k)]$$

を考えよう．確率ベクトル $\boldsymbol{X}$ が離散型のときは，

$$\sigma_{jk} = \sum_{x_1,\ldots,x_p} (x_j - \mu_j)(x_k - \mu_k) P(X_1 = x_1, \ldots, X_p = x_p),$$

連続型の場合は，

$$\sigma_{jk} = \int_{-\infty}^{+\infty} \cdots \int_{-\infty}^{+\infty} (x_j - \mu_j)(x_k - \mu_k) f_{\boldsymbol{X}}(x_1, \ldots, x_p) dx_1 \cdots dx_p$$

のように結合分布を用いて与えることができる．上の式は $j = k$ でも成り立ち，そのときは分散を与えることに注意しておこう．

確率ベクトル $\boldsymbol{X}$ の成分から計算される平均値 $\mathbf{E}[X_j] = \mu_j$ と共分散 $\mathbf{Cov}(X_j, X_k) = \sigma_{jk}$ をもとに，p 次元列ベクトル $\boldsymbol{\mu}$ と $p \times p$ 行列 Σ を

$$\boldsymbol{\mu} = [\mu_j] = \begin{bmatrix} \mu_1 \\ \vdots \\ \mu_p \end{bmatrix}, \qquad \Sigma = [\sigma_{jk}] = \begin{bmatrix} \sigma_{11} & \cdots & \sigma_{1p} \\ \vdots & \ddots & \vdots \\ \sigma_{p1} & \cdots & \sigma_{pp} \end{bmatrix}$$

のように定義し，$\boldsymbol{\mu}$ を $\boldsymbol{X}$ の**平均ベクトル**，Σ を**分散共分散行列**と呼ぶ．分散共分散行列の対角成分は $\sigma_{jj} = \mathbf{Cov}(X_j, X_j) = \mathbf{V}[X_j]$ となり，確率ベクトル $\boldsymbol{X}$ の第 j 成分 X_j の分散になる．さらに，X_j と X_k の相関係数が

$$r_{jk} = \frac{\sigma_{jk}}{\sqrt{\sigma_{jj}}\sqrt{\sigma_{kk}}}$$

で定義され，これらを成分にもつ $p \times p$ 行列

$$R = [r_{jk}] = \begin{bmatrix} r_{11} & \cdots & r_{1p} \\ \vdots & \ddots & \vdots \\ r_{p1} & \cdots & r_{pp} \end{bmatrix}$$

を $\boldsymbol{X}$ の**相関行列**という．相関行列の対角成分はすべて $r_{kk} = 1$ である．

確率ベクトル $\boldsymbol{X}$ の成分 $X_1, X_2, \ldots, X_p$ が独立であれば，$j \neq k$ である限り $\mathbf{Cov}(X_j, X_k) = 0$ が成り立ち，互いに無相関である（定理 5.9）．したがって，分散共分散行列，相関行列はともに対角行列となる．

例 11.2（多項分布） 1 回の試行で $s \geq 2$ 個の互いに排反な事象 $E_1, \ldots, E_s$ のいずれかが起こるものとし，それぞれが起こる確率を $p_1, \ldots, p_s$ とする．たとえば，サイコロ振りがこれにあたる．この試行を独立に n 回繰り返したとき，事象 E_k の起こる回数を X_k とする．このとき，$X_1, \ldots, X_s$ を成分とする s 次元確率ベクトル $\boldsymbol{X}$ の分布を**多項分布**という．組合せ数の考察によって，整数 $n_1 \geq 0, \ldots, n_s \geq 0$ が $n_1 + n_2 + \cdots + n_s = n$ を満たすとき，

$$P(X_1 = n_1, \ldots, X_s = n_s) = \frac{n!}{n_1! \cdots n_s!} p_1^{n_1} \cdots p_s^{n_s}$$

がわかる．右辺は $(p_1 + p_2 + \cdots + p_s)^n$ の展開に現れる一般項であることにも注意しておこう．X_1 の周辺分布は

$$\begin{aligned} P(X_1 = j) &= \sum_{n_2+\cdots+n_s=n-j} P(X_1 = j, X_2 = n_2, \ldots, X_s = n_s) \\ &= \sum_{n_2+\cdots+n_s=n-j} \frac{n!}{j! n_2! \cdots n_s!} p_1^j p_2^{n_2} \cdots p_s^{n_s} \\ &= \frac{n!}{j!(n-j)!} p_1^j \sum_{n_2+\cdots+n_s=n-j} \frac{(n-j)!}{n_2! \cdots n_s!} p_2^{n_2} \cdots p_s^{n_s} \\ &= \frac{n!}{j!(n-j)!} p_1^j (p_2 + \cdots + p_s)^{n-j} \end{aligned}$$

のように計算される．これは，$X_1 \sim B(n, p_1)$ を示している．ただし，X_1 は事象 E_1 が n 回の試行のうち何回起こったかを数えたものであるから，二項分布 $B(n, p_1)$ に従うことは計算するまでもない．同様にして，$X_j \sim B(n, p_j)$ であり，

$$\mathbf{E}[X_j] = np_j\,, \qquad \mathbf{V}[X_j] = np_j(1 - p_j)\,,$$

は既知である．次に，$j \neq k$ として共分散 $\mathbf{Cov}(X_j, X_k)$ を計算しよう．分散に関する等式

$$\mathbf{V}[X_j + X_k] = \mathbf{V}[X_j] + \mathbf{V}[X_k] + 2\mathbf{Cov}(X_j, X_k)$$

と $X_j + X_k \sim B(n, p_j + p_k)$ を用いると，

$$
\begin{aligned}
\mathbf{Cov}(X_j, X_k) &= \frac{1}{2}(\mathbf{V}[X_j + X_k] - \mathbf{V}[X_j] - \mathbf{V}[X_k]) \\
&= \frac{1}{2}\bigl\{n(p_j + p_k)(1 - p_j - p_k) - np_j(1 - p_j) - np_k(1 - p_k)\bigr\} \\
&= -np_j p_k
\end{aligned}
$$

がわかる．こうして，$\boldsymbol{X}$ の平均ベクトル $\boldsymbol{\mu}$ と分散共分散行列 Σ は，それぞれ

$$
\boldsymbol{\mu} = \begin{bmatrix} np_1 \\ np_2 \\ \vdots \\ np_s \end{bmatrix}, \quad \Sigma = \begin{bmatrix} np_1(1-p_1) & -np_1p_2 & \cdots & -np_1p_s \\ -np_2p_1 & np_2(1-p_2) & \cdots & -np_2p_s \\ \vdots & \vdots & \ddots & \vdots \\ -np_sp_1 & -np_sp_2 & \cdots & np_s(1-p_s) \end{bmatrix}
$$

で与えられる．また，$j \neq k$ のとき，相関係数は，

$$
r_{X_j X_k} = \frac{\mathbf{Cov}(X_j, X_k)}{\sqrt{\mathbf{V}[X_j]}\sqrt{\mathbf{V}[X_k]}} = -\sqrt{\frac{p_j p_k}{(1-p_j)(1-p_j)}}
$$

となる．相関係数が負になることは，あらかじめ予想できたであろう．

例 11.3　$a > 0, b > 0$ を定数とする．座標平面内の三角形

$$
\Omega = \left\{(x, y)\,;\, x \geq 0,\ y \geq 0,\ \frac{x}{a} + \frac{y}{b} \leq 1\right\}
$$

からランダムに 1 点を選び，その座標を (X, Y) とする．このとき，確率ベクトル $\boldsymbol{X} = [X\ Y]^T$ は Ω 上の一様分布に従う．$|\Omega| = ab/2$ に注意すれば，$\boldsymbol{X}$ の結合密度関数が

$$
f_{\boldsymbol{X}}(x, y) = \begin{cases} \dfrac{2}{ab}, & (x, y) \in \Omega, \\ 0, & \text{その他}, \end{cases}
$$

で与えられることがわかる．

では，X の周辺密度関数 $f_X(x)$ を計算しよう．定義によって，x を固定して $f_{\boldsymbol{X}}(x, y)$ を y について積分すればよい（図 11.1）．$x < 0$ または $x > a$ で

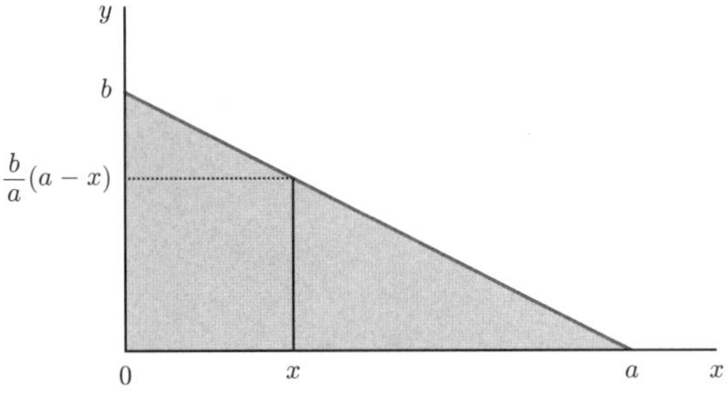

図 11.1 三角形上の一様分布から周辺分布の計算（例 11.3）

は $f_X(x) = 0$ となることは明らかである．$0 \le x \le a$ のときは，積分を計算して，

$$f_X(x) = \int_0^{\frac{b}{a}(a-x)} \frac{2}{ab}\, dy = \frac{2}{ab} \times \frac{b}{a}\,(a-x) = \frac{2}{a^2}\,(a-x)$$

となる．これを用いて，

$$\mathbf{E}[X] = \int_{-\infty}^{+\infty} x f_X(x) dx = \int_0^a x\, \frac{2}{a^2}\,(a-x) dx = \frac{a}{3}\,,$$

$$\mathbf{E}[X^2] = \int_{-\infty}^{+\infty} x^2 f_X(x) dx = \int_0^a x^2\, \frac{2}{a^2}\,(a-x) dx = \frac{a^2}{6}\,,$$

が得られる．さらに，分散公式によって，

$$\mathbf{V}[X] = \mathbf{E}[X^2] - \mathbf{E}[X]^2 = \frac{a^2}{6} - \left(\frac{a}{3}\right)^2 = \frac{a^2}{18}$$

が得られる．同様に，Y の周辺分布は

$$f_Y(y) = \begin{cases} \dfrac{2}{b^2}\,(b-y), & 0 \le y \le b, \\ 0, & \text{その他}, \end{cases}$$

となり，これを用いて，

$$\mathbf{E}[Y] = \frac{b}{3}\,, \qquad \mathbf{E}[Y^2] = \frac{b^2}{6}\,, \qquad \mathbf{V}[Y] = \frac{b^2}{18}$$

がわかる．ここで $(\mathbf{E}[X], \mathbf{E}[Y]) = (a/3, b/3)$ は三角形 Ω の重心になることに注意しておこう．さらに，

$$\mathbf{E}[XY] = \int_{-\infty}^{+\infty}\int_{-\infty}^{+\infty} xy f_{\boldsymbol{X}}(x,y)\,dxdy = \frac{2}{ab}\int_{\Omega} xy\,dxdy$$
$$= \frac{2}{ab}\int_0^a xdx \int_0^{\frac{b}{a}(a-x)} ydy = \frac{ab}{12}$$

から，共分散が

$$\mathbf{Cov}\,(X,Y) = \mathbf{E}[XY] - \mathbf{E}[X]\mathbf{E}[Y] = \frac{ab}{12} - \frac{a}{3}\frac{b}{3} = -\frac{ab}{36}$$

のように得られる．したがって，相関係数は

$$r_{XY} = \frac{\mathbf{Cov}\,(X,Y)}{\sqrt{\mathbf{V}[X]}\sqrt{\mathbf{V}[Y]}} = -\frac{ab}{36}\bigg/\frac{a}{\sqrt{18}}\frac{b}{\sqrt{18}} = -\frac{1}{2}$$

となる．最後の相関係数が a,b によらないところが面白い．

問題 11.2　サイコロを 2 個投げて出た目のうち大きい方を X，小さい方を Y として確率ベクトル $\boldsymbol{X} = [X\ Y]^T$ を定義する．ただし，同じ目が出たときは，その目を $X = Y$ とする．$\boldsymbol{X}$ の平均ベクトル，分散共分散行列，相関行列を求めよ．

問題 11.3　2 つの確率変数 X, Y が独立であるとき，$aX + bY$ と $cX + dY$ の相関係数を求めよ．ただし，a, b, c, d は定数とする．

問題 11.4　関数

$$f(x,y) = \begin{cases} Ce^{-2x-3y}, & x \geq 0,\ y \geq 0, \\ 0, & \text{その他}, \end{cases}$$

が同時密度関数になるように定数 C の値を定めよ．次に，周辺密度関数を求めよ．

11.3 多次元正規分布

多次元正規分布は，理論と応用の両面から最も重要な連続型の多次元確率分布である．その扱いには行列の知識が必須となる．

■ **行列に付随する 2 次形式**　$p \times p$ 行列 $\Sigma = [\sigma_{jk}]$ に対して，p 変数の 2 次関数を

$$f(\boldsymbol{x}) = f(x_1, \ldots, x_p) = \langle \boldsymbol{x}, \Sigma \boldsymbol{x} \rangle, \qquad \boldsymbol{x} = \begin{bmatrix} x_1 \\ \vdots \\ x_p \end{bmatrix}$$

で定義し，Σ に付随する **2 次形式**という．ただし，右辺の $\langle \boldsymbol{x}, \Sigma \boldsymbol{x} \rangle$ は p 次元ベクトル $\boldsymbol{x}$ と $\Sigma \boldsymbol{x}$ の内積である．成分で書けば，

$$\langle \boldsymbol{x}, \Sigma \boldsymbol{x} \rangle = \sum_{j,k=1}^{p} \sigma_{jk} x_j x_k$$

となる．上の式は Σ を Σ^T で置き換えても変わらないから，初めから Σ は対称行列（$\Sigma = \Sigma^T$，つまり $\sigma_{jk} = \sigma_{kj}$）としてよい．

■ **正定値行列**　$p \times p$ 行列 Σ は，ゼロベクトル $\mathbf{0}$ を除くすべての p 次元ベクトル $\boldsymbol{x}$ に対して $\langle \boldsymbol{x}, \Sigma \boldsymbol{x} \rangle > 0$ となるとき，**正定値**と呼ばれる．正定値行列の条件を少し緩めて，すべての p 次元ベクトル $\boldsymbol{x}$ に対して $\langle \boldsymbol{x}, \Sigma \boldsymbol{x} \rangle \geq 0$ となるとき，行列 Σ は**半正定値**と呼ばれる．半正定値行列は必ず対称行列になることとは容易にわかる．また，半正定値行列の固有値はすべて非負 (≥ 0) になる．さらに，Σ が正定値であれば，その固有値はすべて正 (> 0) になり，逆行列 Σ^{-1} が存在する．

■ **多次元正規分布の密度関数**　$\Sigma = [\sigma_{jk}]$ を $p \times p$ の正定値行列，$\boldsymbol{\mu} = [\mu_j]$ を p 次元ベクトルとする．このとき，

$$f(x_1, \ldots, x_p) = \frac{1}{(2\pi)^{p/2} |\Sigma|^{1/2}} \exp\left\{ -\frac{1}{2} \left\langle \boldsymbol{x} - \boldsymbol{\mu}, \Sigma^{-1} (\boldsymbol{x} - \boldsymbol{\mu}) \right\rangle \right\} \tag{11.19}$$

で定義される p 変数関数 $f(x_1, \ldots, x_p)$ を平均ベクトル $\boldsymbol{\mu}$，分散共分散行列 Σ をもつ $\boldsymbol{p}$ **次元正規分布**と呼び，記号 $N(\boldsymbol{\mu}, \Sigma)$ で表す．ただし，式 (11.19) において，$\boldsymbol{x} = [x_j]$ は p 次元ベクトルであり，$|\Sigma|$ は Σ の行列式である．

上の定義では，先回りした用語を用いているが，式 (11.19) で定義される p 変数関数が，確かに密度関数になっていて，平均ベクトルと分散共分散行列があらかじめ与えられた $\boldsymbol{\mu}$ と Σ に一致することは証明を要する．実際，すべ

ての $(x_1, \ldots, x_p)$ に対して $f(x_1, \ldots, x_p) > 0$ が成り立つことは明らかなので，示すべきことは次の 3 つの等式である．

$$\int_{-\infty}^{+\infty} \cdots \int_{-\infty}^{+\infty} f(x_1, \ldots, x_p)\, dx_1 \cdots dx_p = 1,$$
$$\int_{-\infty}^{+\infty} \cdots \int_{-\infty}^{+\infty} x_j f(x_1, \ldots, x_p)\, dx_1 \cdots dx_p = \mu_j\,,$$
$$\int_{-\infty}^{+\infty} \cdots \int_{-\infty}^{+\infty} (x_j - \mu_j)(x_k - \mu_k) f(x_1, \ldots, x_p)\, dx_1 \cdots dx_p = \sigma_{jk}\,.$$

計算は，Σ が正定値行列であることを踏まえて，行列の対角化を行い，積分の変数変換によって 1 次元正規分布に帰着する（意欲のある読者は試みよ）．

■ 周辺分布 多次元正規分布の密度関数の式 (11.19) において 1 つの変数を除いて，他の変数で積分したものが周辺密度関数である．たとえば，x_1 以外の変数で積分すると

$$\int_{-\infty}^{+\infty} \cdots \int_{-\infty}^{+\infty} f(x_1, \ldots, x_p)\, dx_2 \cdots dx_p = \frac{1}{\sqrt{2\pi\sigma_{11}}} \exp\left\{ -\frac{(x_1 - \mu_1)^2}{2\sigma_{11}} \right\}$$

が得られる[3)]．これは $N(\mu_1, \sigma_{11})$ の密度関数に他ならない．つまり，多次元正規分布の周辺分布は 1 次元正規分布になる．このことを確率変数の言葉で述べておこう．

定理 11.4 平均ベクトルを $\boldsymbol{\mu} = [\mu_j]$，分散共分散行列を $\Sigma = [\sigma_{jk}]$ とする p 次元正規分布 $N(\boldsymbol{\mu}, \Sigma)$ に従う確率ベクトル $\boldsymbol{X}$ の第 j 成分 X_j の周辺分布は正規分布 $N(\mu_j, \sigma_{jj})$ である．

■ 正規確率ベクトルの成分の独立性 確率変数 $X_1, X_2, \ldots, X_p$ が独立であれば，$j \neq k$ である限り $\mathbf{Cov}(X_j, X_k) = 0$ が成り立ち，互いに無相関である（定理 5.9）．この逆の主張は一般には成り立たないので，次の定理は注目に値する．

3) 直接計算することもできるが，特性関数によるやや高度な技法による方が簡単で見通しもよい．より進んだ数理統計学や確率論の文献を参照されたい．

定理 11.5 確率変数 $X_1, X_2, \ldots, X_p$ を成分とする確率ベクトル $\boldsymbol{X}$ は p 次元正規分布 $N(\boldsymbol{\mu}, \Sigma)$ に従うものとする．もし $X_1, X_2, \ldots, X_p$ が互いに無相関であれば，それらは独立である．

証明 分散共分散行列を $\Sigma = [\sigma_{jk}]$ とすれば，仮定から $j \neq k$ に対して $\sigma_{jk} = \mathbf{Cov}(X_j, X_k) = 0$ となる．そうすると，Σ^{-1} は対角線に σ_{jj}^{-1} が並ぶ対角行列となり，

$$\langle \boldsymbol{x} - \boldsymbol{\mu}, \Sigma^{-1}(\boldsymbol{x} - \boldsymbol{\mu}) \rangle = \sum_{j=1}^{p} \sigma_{jj}^{-1} (x_j - \mu_j)^2$$

となる．さらに，$|\Sigma| = \sigma_{11} \cdots \sigma_{pp}$ にも注意すれば，$N(\boldsymbol{\mu}, \Sigma)$ の密度関数が

$$f(x_1, \ldots, x_p) = \prod_{j=1}^{p} \frac{1}{\sqrt{2\pi\sigma_{jj}}} \exp\left\{ -\frac{(x - \mu_j)^2}{2\sigma_{jj}} \right\}$$

のように 1 次元正規分布の密度関数の積に分解することがわかる．これは，$X_1, \ldots, X_p$ が独立であることを示す (定理 11.1). □

■ **2 次元正規分布** 平均ベクトル $\boldsymbol{\mu}$ と分散共分散行列 Σ を

$$\boldsymbol{\mu} = \begin{bmatrix} a \\ b \end{bmatrix}, \qquad \Sigma = \begin{bmatrix} \sigma_{11} & \sigma_{12} \\ \sigma_{21} & \sigma_{22} \end{bmatrix}$$

として，2 次元正規分布 $N(\boldsymbol{\mu}, \Sigma)$ を考える．定義により，密度関数は

$$f(x, y) = \frac{1}{2\pi|\Sigma|^{1/2}} \exp\left\{ -\frac{1}{2} \langle \boldsymbol{x} - \boldsymbol{\mu}, \Sigma^{-1}(\boldsymbol{x} - \boldsymbol{\mu}) \rangle \right\} \qquad (11.20)$$

で与えられる．ただし，

$$\boldsymbol{x} = \begin{bmatrix} x \\ y \end{bmatrix}$$

である．また，その概形を図 11.2 に示す．

では，密度関数の具体的な表示を求めよう．行列式 $|\Sigma|$ と Σ の逆行列は

$$|\Sigma| = \sigma_{11}\sigma_{22} - \sigma_{12}\sigma_{21}, \qquad \Sigma^{-1} = \frac{1}{|\Sigma|} \begin{bmatrix} \sigma_{22} & -\sigma_{12} \\ -\sigma_{21} & \sigma_{11} \end{bmatrix},$$

となり，分散共分散行列の性質から $\sigma_{12} = \sigma_{21}$ であるから，

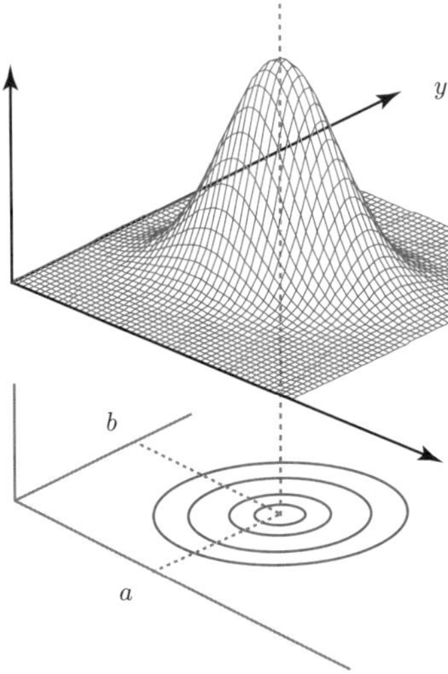

図 11.2 2次元正規分布 $N(\boldsymbol{\mu}, \Sigma)$ の密度関数とその等高線

$$\begin{aligned}&\left\langle \boldsymbol{x}-\boldsymbol{\mu}, \Sigma^{-1}(\boldsymbol{x}-\boldsymbol{\mu})\right\rangle \\ &\quad= \frac{1}{|\Sigma|}\{\sigma_{22}(x-a)^2 - 2\sigma_{12}(x-a)(y-b) + \sigma_{11}(y-b)^2\} \\ &\quad= \frac{\sigma_{11}\sigma_{22}}{|\Sigma|}\left\{\frac{(x-a)^2}{\sigma_{11}} - \frac{2\sigma_{12}}{\sigma_{11}\sigma_{22}}(x-a)(y-b) + \frac{(y-b)^2}{\sigma_{22}}\right\} \qquad (11.21)\end{aligned}$$

が得られる．さらに，相関係数を

$$\rho = \frac{\sigma_{12}}{\sqrt{\sigma_{11}}\sqrt{\sigma_{22}}}$$

とおけば，

$$|\Sigma| = \sigma_{11}\sigma_{22} - \sigma_{12}\sigma_{21} = \sigma_{11}\sigma_{22}\left(1 - \frac{\sigma_{12}^2}{\sigma_{11}\sigma_{22}}\right) = \sigma_{11}\sigma_{22}(1-\rho^2).$$

となり，式 (11.21) は

$$\left\langle \boldsymbol{x}-\boldsymbol{\mu}, \Sigma^{-1}(\boldsymbol{x}-\boldsymbol{\mu})\right\rangle = \frac{1}{1-\rho^2}\left\{\frac{(x-a)^2}{\sigma_{11}} - 2\rho\frac{x-a}{\sqrt{\sigma_{11}}}\frac{y-b}{\sqrt{\sigma_{22}}} + \frac{(y-b)^2}{\sigma_{22}}\right\}$$

となる．これを式 (11.20) に代入して，密度関数の具体的な表示が得られる．ここでは，確率変数の言葉を使って述べておこう．

定理 11.6 確率変数 X, Y の平均値を μ_X, μ_Y，分散を σ_X^2, σ_Y^2，共分散を σ_{XY} とする．もし X, Y を成分とする 2 次元確率ベクトル $\boldsymbol{X}$ が 2 次元正規分布に従うとすれば，その結合密度関数は 次のように与えられる．

$$\frac{1}{2\pi\sigma_X\sigma_Y\sqrt{1-\rho^2}}$$
$$\times \exp\left[-\frac{1}{2(1-\rho^2)}\left\{\left(\frac{x-\mu_X}{\sigma_X}\right)^2 - 2\rho\frac{x-\mu_X}{\sigma_X}\frac{y-\mu_Y}{\sigma_Y} + \left(\frac{y-\mu_Y}{\sigma_Y}\right)^2\right\}\right].$$

ただし，$\rho = \sigma_{XY}/(\sigma_X\sigma_Y)$ は X, Y の相関係数である．

さらに，周辺分布に関する定理 11.4 を 2 変数の場合に述べれば次が得られる．

定理 11.7 確率変数 X, Y の平均値を μ_X, μ_Y，分散を σ_X^2, σ_Y^2，共分散を σ_{XY} とする．もし X, Y を成分とする 2 次元確率ベクトル $\boldsymbol{X}$ が 2 次元正規分布に従うとすれば，X, Y は 1 次元正規分布に従い，$X \sim N(\mu_X, \sigma_X^2)$，$Y \sim N(\mu_Y, \sigma_Y^2)$ が成り立つ．

問題 11.5　次の行列 Σ は正定値行列であることを示し，2 次元正規分布 $N(\mathbf{0}, \Sigma)$ の密度関数を書き下せ．

$$\Sigma = \frac{1}{4}\begin{bmatrix} 4 & 2 \\ 2 & 3 \end{bmatrix}$$

問題 11.6　2 次元確率ベクトル $\boldsymbol{X}$ の密度関数が

$$f(x, y) = C\exp(-5x^2 + 4xy - y^2 + 18x - 8y - 17)$$

で与えられている．ただし，C は定数である．$f(x, y)$ は 2 次元正規分布の密度関数であることを示し，定数 C と $\boldsymbol{X}$ の平均ベクトルと分散共分散行列を求めよ．

第12章 多変量解析

12.1 回帰分析

ある変量 y を別の1つまたは2つ以上の変量 $x_1, \ldots, x_p$ を用いて合理的に計算する手法があれば予測や制御など幅広い応用が期待される．たとえば，ボールの飛距離 y を初速 x_1 と打出し角度 x_2 で計算することができれば飛距離を制御できるし，ビールの売上金額 y を広告費 x_1 と気温 x_2 で計算できれば事業計画に役に立つだろう．このような問題は入出力システムとして一般的にとらえることができる．

途中の処理過程は未知であるという意味で，ブラックボックスとも呼ばれる．ブラックボックスを解明して，入力 $(x_1, \ldots, x_p)$ に対して出力 y を与える関数 $y = f(x_1, x_2, \ldots, x_p)$ を決定することが問題となる．上に述べたボールの飛距離の問題では，それを支配する物理法則（ニュートン力学）を用いて関数 $y = f(x_1, x_2)$ を導出するのが合理的である．一方，ビールの売上金額の問題では，売上金額 y, 広告費 x_1, 気温 x_2 の関係性を支配する根本的な原理や法

則は不明であり，存在するとも思われない．このような場合は，(x_1, x_2, y) の 3 変量データを収集して，それをもとに関数 $y = f(x_1, x_2)$ を推定するというアプローチをとる．

入力 $(x_1, \ldots, x_p)$ に対する出力 y という形で大きさ n のデータが収集されれば，$n \times (p+1)$ のデータ行列

$$\begin{bmatrix} x_{11} & x_{12} & \cdots & x_{1p} & y_1 \\ \vdots & \vdots & \ddots & \vdots & \vdots \\ x_{i1} & x_{i2} & \cdots & x_{ip} & y_i \\ \vdots & \vdots & \ddots & \vdots & \vdots \\ x_{n1} & x_{n2} & \cdots & x_{np} & y_n \end{bmatrix} \tag{12.1}$$

として与えられる．すべてのデータを

$$y_i = f(x_{i1}, x_{i2}, \ldots, x_{ip}) \tag{12.2}$$

のように関数 $y = f(x_1, x_2, \ldots, x_p)$ を用いて説明したいのだが，いくつか考慮すべき問題がある．まず，同じ入力に対して異なる出力をもつデータが存在すると，式 (12.2) を満たす関数 $f(x_1, \ldots, x_p)$ はそもそも存在しない．一方，n 個の入力がすべて異なれば，すべての i に対して式 (12.2) が成り立つような関数は，複雑さを厭わなければいくらでも存在する．しかし，いたずらに複雑な関数を用いるのは，データを比較的単純な原理から説明するという本来の方向性に反しており，ブラックボックスの本質を見逃すことにつながる．そこで，すべてのデータを式 (12.2) のように等式で満足させるのではなく，揺らぎ ϵ_i を許容する等式

$$y_i = f(x_{i1}, x_{i2}, \ldots, x_{ip}) + \epsilon_i \tag{12.3}$$

を扱う．ここでいう揺らぎには通常の測定誤差だけではなく，表に出ている変数 $x_1, x_2, \ldots, x_p$ 以外の隠れた変数の効果から生じるものも含まれる．

問題は次のように定式化される．まず，予測の対象となる変数を**目的変数**と

いい，それを与えるため変数を**説明変数**という[1)]．目的変数を y，説明変数を $x_1, x_2, \ldots, x_p$ として，与えられたデータ式 (12.1) を揺らぎ ϵ を許す関数

$$y = f(x_1, x_2, \ldots, x_p) + \epsilon \tag{12.4}$$

によって合理的に説明することが問題である．このとき，式 (12.4) を一般に**回帰モデル**と呼び，回帰モデルを作るためのデータ分析の手法を**回帰分析**と総称する．特に，式 (12.4) において $f(x_1, x_2, \ldots, x_p)$ が

$$f(x_1, x_2, \ldots, x_p) = \beta_0 + \beta_1 x_1 + \beta_2 x_2 + \cdots + \beta_p x_p \tag{12.5}$$

のように1次関数で与えられるものを**線形回帰モデル**と呼ぶ．また，説明変数が1個の場合 $(p = 1)$ を**単回帰モデル**，複数個の場合 $(p \geq 2)$ を**重回帰モデル**という．線形単回帰モデルは第10.3節で扱った．以下では，重回帰モデルを扱うが，$p = 1$ とおけば単回帰モデルの議論が再現される．

12.2 線形重回帰モデル

与えられた $n \times (p+1)$ データ行列 (12.1) に対して，$x_1, x_2, \ldots, x_p$ を説明変数，y を目的変数とする線形重回帰モデル

$$y = \beta_0 + \beta_1 x_1 + \beta_2 x_2 + \cdots + \beta_p x_p + \epsilon \tag{12.6}$$

を扱う．基本的な考え方は単回帰の場合と同様であり，最小二乗法によって残差平方和の最小化を考える．つまり，i 番目のデータの**残差**を

$$\epsilon_i = y_i - (\beta_0 + \beta_1 x_{i1} + \beta_2 x_{i2} + \cdots + \beta_p x_{ip}) \tag{12.7}$$

で定義して，残差平方和

1) 文脈によっては，説明変数は望む値に設定できるという理由から**制御変数**とも呼ばれる．あるいは，数学の一般的な用語にしたがって，説明変数を**独立変数**，目的変数を**従属変数**と呼ぶこともある．

$$Q = \sum_{i=1}^{n} \epsilon_i^2 = \sum_{i=1}^{n} (y_i - (\beta_0 + \beta_1 x_{i1} + \beta_2 x_{i2} + \cdots + \beta_p x_{ip}))^2 \tag{12.8}$$

を最小にするような $\beta_0, \beta_1, \ldots, \beta_p$ を求めて，最適な回帰モデル (12.6) を決定する．単回帰モデル ($p = 1$) では，2 変数の 2 次関数 $Q = Q(\beta_0, \beta_1)$ の最小化問題に帰着された（第 10.3 節では，$a = \beta_1$, $b = \beta_0$ と書いていた）．重回帰モデルでは $p \geq 2$ を扱うが，$Q = Q(\beta_0, \beta_1, \ldots, \beta_p)$ が 2 次関数であることに変わりはなく，原理的には第 10.3 節と同様の方針で Q の最小化を考えることができる．ただし，議論の途中で $p + 1$ 個の未知数を含む連立方程式を解く必要があり，理論的にも技術的にも行列計算が必須となる．

まず，式 (12.6) の係数を見ると，β_0 が他の係数と対等な役割にないのでいささか不便である．そこで，ダミー変数 x_0 を導入し，それに関する各個体のデータはすべて 1 であるとしてデータ行列 (12.1) を拡張しておく．この拡張された $n \times (p+2)$ データ行列を変量 $x_0, x_1, \ldots, x_p$ に関する部分と変量 y に関する部分に分割して，

$$X = \begin{bmatrix} x_{10} & x_{11} & \cdots & x_{1p} \\ \vdots & \vdots & \ddots & \vdots \\ x_{i0} & x_{i1} & \cdots & x_{ip} \\ \vdots & \vdots & \ddots & \vdots \\ x_{n0} & x_{n1} & \cdots & x_{np} \end{bmatrix}, \qquad \boldsymbol{y} = \begin{bmatrix} y_1 \\ \vdots \\ y_i \\ \vdots \\ y_n \end{bmatrix} \tag{12.9}$$

とおく．X は $n \times (p+1)$ 行列であり，すべての i に対して $x_{i0} = 1$ である．

次に，変量 $x_0, x_1, \ldots, x_p$ および係数 $\beta_0, \beta_1, \ldots, \beta_p$ から $p + 1$ 次元ベクトル

$$\boldsymbol{x} = [x_0 \ x_1 \ \ldots \ x_p], \qquad \boldsymbol{\beta} = \begin{bmatrix} \beta_0 \\ \beta_1 \\ \vdots \\ \beta_p \end{bmatrix}$$

を定義する．こうして，線形重回帰モデル (12.6) は

$$y = \boldsymbol{x}\boldsymbol{\beta} + \epsilon \tag{12.10}$$

と同じことになる．実際，残差 (12.7) は $\epsilon_i = (\boldsymbol{y} - X\boldsymbol{\beta})_i$ で与えられる．ただし，右辺は n 次元ベクトル $\boldsymbol{y} - X\boldsymbol{\beta}$ の第 i 成分を意味する．そうすると，残差平方和はこのベクトルのノルムの 2 乗に等しく，

$$Q = \sum_{i=1}^{n} \epsilon_i^2 = \|\boldsymbol{y} - X\boldsymbol{\beta}\|^2 = \langle \boldsymbol{y} - X\boldsymbol{\beta}, \boldsymbol{y} - X\boldsymbol{\beta} \rangle \tag{12.11}$$

となり，さらに右辺を展開することで，

$$\begin{aligned} Q &= \langle \boldsymbol{y}, \boldsymbol{y} \rangle - 2\langle \boldsymbol{y}, X\boldsymbol{\beta} \rangle + \langle X\boldsymbol{\beta}, X\boldsymbol{\beta} \rangle \\ &= \langle \boldsymbol{y}, \boldsymbol{y} \rangle - 2\langle X^T\boldsymbol{y}, \boldsymbol{\beta} \rangle + \langle X^T X\boldsymbol{\beta}, \boldsymbol{\beta} \rangle \end{aligned}$$

を得る．この表示が実に有効なのである．

さて，$Q = Q(\boldsymbol{\beta})$ は $\boldsymbol{\beta}$ の 2 次関数であり，元々が平方和で定義されているので最小値をとることがわかる．したがって，最小値を与える $\boldsymbol{\beta}$ は次の連立方程式

$$\frac{\partial Q}{\partial \beta_0} = \frac{\partial Q}{\partial \beta_1} = \cdots = \frac{\partial Q}{\partial \beta_p} = 0 \tag{12.12}$$

を満たす．一方，Q の偏微分は，第 j 成分が 1 でそれ以外の成分がすべて 0 である $p+1$ 次元ベクトル $\boldsymbol{\xi}_j$ を用いて，

$$\begin{aligned} \frac{\partial Q}{\partial \beta_j} &= -2\langle X^T\boldsymbol{y}, \boldsymbol{\xi}_j \rangle + 2\langle X^T X\boldsymbol{\beta}, \boldsymbol{\xi}_j \rangle \\ &= 2\langle X^T X\boldsymbol{\beta} - X^T\boldsymbol{y}, \boldsymbol{\xi}_j \rangle \end{aligned}$$

となる．そうすると，連立方程式 (12.12) は $X^T X\boldsymbol{\beta} - X^T\boldsymbol{y} = \boldsymbol{0}$, すなわち，

$$X^T X\boldsymbol{\beta} = X^T\boldsymbol{y} \tag{12.13}$$

と同値になる．これを**正規方程式**という．つまり，$Q(\boldsymbol{\beta})$ の最小値を与える $\boldsymbol{\beta}$ は正規方程式 (12.13) を満たす．もし $X^T X$ に逆行列が存在すれば，

$$\hat{\boldsymbol{\beta}} = (X^T X)^{-1} X^T \boldsymbol{y} \tag{12.14}$$

が正規方程式 (12.13) のただ 1 つの解になる．したがって，$Q = Q(\boldsymbol{\beta})$ は $\boldsymbol{\beta} = \hat{\boldsymbol{\beta}}$ で最小値をとり，$\boldsymbol{\beta} \neq \hat{\boldsymbol{\beta}}$ ならば $Q(\boldsymbol{\beta}) > Q(\hat{\boldsymbol{\beta}})$ となる．以上をまとめておこう．

定理 12.1 変量 $x_1, \ldots, x_p, y$ に対して，$p+1$ 変量のデータ (12.1) が与えられたとする．ダミー変数 x_0 を導入し，そのデータをすべて 1 とおく．変量 $x_0, x_1, \ldots, x_p$ に関する $n \times (p+1)$ データ行列 X と変数 y に関する $n \times 1$ データ行列 $\boldsymbol{y}$ を式 (12.9) のように定義する．このとき，残差平方和を最小にする線形重回帰モデルは

$$y = \boldsymbol{x}\hat{\boldsymbol{\beta}} + \epsilon, \qquad \hat{\boldsymbol{\beta}} = (X^T X)^{-1} X^T \boldsymbol{y},$$

で与えられる．ただし，$X^T X$ は逆行列をもつものとする．

確かに $Q = Q(\boldsymbol{\beta})$ が式 (12.14) で与えた $\hat{\boldsymbol{\beta}}$ において最小値をとることは，直接計算でも確かめられる．式 (12.11) を少し変形して，

$$\begin{aligned} Q(\boldsymbol{\beta}) &= \|\boldsymbol{y} - X\boldsymbol{\beta}\|^2 \\ &= \|\boldsymbol{y} - X\hat{\boldsymbol{\beta}} + X\hat{\boldsymbol{\beta}} - X\boldsymbol{\beta}\|^2 \\ &= \|\boldsymbol{y} - X\hat{\boldsymbol{\beta}}\|^2 + \|X\hat{\boldsymbol{\beta}} - X\boldsymbol{\beta}\|^2 + 2\langle \boldsymbol{y} - X\hat{\boldsymbol{\beta}}, X\hat{\boldsymbol{\beta}} - X\boldsymbol{\beta} \rangle \end{aligned} \tag{12.15}$$

が得られる．上の内積は，

$$\langle \boldsymbol{y} - X\hat{\boldsymbol{\beta}}, X\hat{\boldsymbol{\beta}} - X\boldsymbol{\beta} \rangle = \langle X^T(\boldsymbol{y} - X\hat{\boldsymbol{\beta}}), \hat{\boldsymbol{\beta}} - \boldsymbol{\beta} \rangle$$

となるが，$\hat{\boldsymbol{\beta}}$ は方程式 (12.13) を満たすので，$X^T(\boldsymbol{y} - X\hat{\boldsymbol{\beta}}) = \boldsymbol{0}$ である．そうすると，式 (12.15) の最後の項は 0 であり，

$$Q(\boldsymbol{\beta}) = \|\boldsymbol{y} - X\hat{\boldsymbol{\beta}}\|^2 + \|X\hat{\boldsymbol{\beta}} - X\boldsymbol{\beta}\|^2 = Q(\hat{\boldsymbol{\beta}}) + \|X\hat{\boldsymbol{\beta}} - X\boldsymbol{\beta}\|^2$$

が得られる．したがって，$Q(\boldsymbol{\beta}) \geq Q(\hat{\boldsymbol{\beta}})$ であり，等号は $X\boldsymbol{\beta} = X\hat{\boldsymbol{\beta}}$ のときに限ることもわかる．もし $X^T X$ が逆行列をもてば，$X\boldsymbol{\beta} = X\hat{\boldsymbol{\beta}}$ から $\boldsymbol{\beta} =$

$\hat{\boldsymbol{\beta}}$ が従う．つまり，X^TX が逆行列をもてば，$Q(\boldsymbol{\beta})$ の最小値を与える $\boldsymbol{\beta}$ は $\hat{\boldsymbol{\beta}}$ に限る．

注意 12.2 X は $n \times (p+1)$ 行列であるから，X^TX は $(p+1) \times (p+1)$ 行列になる．行列の一般論によって，$n < p+1$ のときは X^TX は逆行列をもたないので，変数の個数に比べて標本の大きさ（データの個数）が少ないときは，本節で述べた重回帰モデルの議論は使えない．$n \geq p+1$ であっても，説明変数の間に線形関係があるとやはり X^TX は逆行列をもたない．実用上は，厳密な線形関係が成り立つような説明変数をとることはなく，標本数も十分大きいので，X^TX が逆行列をもたない場面に遭遇することはほとんどないだろう．

注意 12.3 説明変数の間に強い（線形）相関があることを**共線性**が存在するという．その場合は，正規方程式 (12.13) から重回帰モデルが決定されたとしても，その適合性についてはさらに検討を要する．それは，説明変数の間に強い相関があると，データがわずかに変化するだけで，X^TX の逆行列が大きく変化するという現象が起こるからである．さらに進んだ多変量解析の文献を参照されたい．

例 12.4 第 10.3 節で扱った線形単回帰モデルを本節で述べた一般論を用いて確認しておこう．まず，与えられた2変量データを $(x_1, y_1), (x_2, y_2), \ldots, (x_n, y_n)$ とし，目的変数を y，説明変数を x とする．新たにダミー変数 x_0 を導入し，変数 x を x_1 と書き直す．式 (12.9) の X と $\boldsymbol{y}$ は

$$X = \begin{bmatrix} 1 & x_1 \\ 1 & x_2 \\ \vdots & \vdots \\ 1 & x_n \end{bmatrix}, \qquad \boldsymbol{y} = \begin{bmatrix} y_1 \\ y_2 \\ \vdots \\ y_n \end{bmatrix}$$

となり，

$$X^TX = \begin{bmatrix} n & \sum_{i=1}^n x_i \\ \sum_{i=1}^n x_i & \sum_{i=1}^n x_i^2 \end{bmatrix} = \begin{bmatrix} n & n\bar{x} \\ n\bar{x} & ns_x^2 + n\bar{x}^2 \end{bmatrix}$$

が得られる．線形代数学の知識によって，X^TX が逆行列をもつための必要十分条件は $s_x^2 \neq 0$ となることがわかる．この条件の下で，

$$(X^TX)^{-1} = \frac{1}{n^2s_x^2}\begin{bmatrix} ns_x^2 + n\bar{x}^2 & -n\bar{x} \\ -n\bar{x} & n \end{bmatrix} = \frac{1}{ns_x^2}\begin{bmatrix} s_x^2 + \bar{x}^2 & -\bar{x} \\ -\bar{x} & 1 \end{bmatrix}$$

がわかる．一方，

$$X^T\boldsymbol{y} = \begin{bmatrix} 1 & \cdots & 1 \\ x_1 & \cdots & x_n \end{bmatrix}\begin{bmatrix} y_1 \\ \vdots \\ y_n \end{bmatrix} = \begin{bmatrix} \sum_{i=1}^n y_i \\ \sum_{i=1}^n x_iy_i \end{bmatrix} = \begin{bmatrix} n\bar{y} \\ ns_{xy} + n\bar{x}\bar{y} \end{bmatrix}$$

であるから，公式 (12.14) から求める $\hat{\boldsymbol{\beta}}$ は

$$\begin{aligned} \hat{\boldsymbol{\beta}} &= (X^TX)^{-1}X^T\boldsymbol{y} \\ &= \frac{1}{ns_x^2}\begin{bmatrix} s_x^2 + \bar{x}^2 & -\bar{x} \\ -\bar{x} & 1 \end{bmatrix}\begin{bmatrix} n\bar{y} \\ ns_{xy} + n\bar{x}\bar{y} \end{bmatrix} = \frac{1}{s_x^2}\begin{bmatrix} s_x^2\bar{y} - s_{xy}\bar{x} \\ s_{xy} \end{bmatrix} \end{aligned}$$

となる．したがって，求めるべき線形回帰モデル $y = \beta_0 + \beta_1 x + \epsilon$ の係数は，

$$\hat{\beta}_0 = \frac{1}{s_x^2}(s_x^2\bar{y} - s_{xy}\bar{x}) = \bar{y} - \frac{s_{xy}}{s_x^2}\,\bar{x}, \qquad \hat{\beta}_1 = \frac{s_{xy}}{s_x^2}$$

で与えられる．もちろん，定理 10.10 に述べたものと一致している．

■ **重回帰式**　定理 12.1 の記号を引き続き用いる．そこで得られた線形重回帰モデルから定まる 1 次式

$$y = \boldsymbol{x}\hat{\boldsymbol{\beta}} \tag{12.16}$$

を**重回帰式**という．これは入力 $\boldsymbol{x} = [x_0 \ x_1 \ \ldots, x_p]$ に対して出力 y を予測する式である．また，重回帰式は $(\boldsymbol{x}, y)$ を座標系とする $p+2$ 次元の座標空間の中に超平面を定める[2)]．これに関連して，次の結果を確認しておこう．

---

2) 直線（1 次元）や平面（2 次元）を高次元に一般化した図形を総称して超平面と呼ぶ．

定理 12.5 変量 $x_0, x_1, \ldots, x_p, y$ に対応するデータの平均値を $\bar{x}_0, \bar{x}_1, \ldots, \bar{x}_p, \bar{y}$ として，$\bar{\boldsymbol{x}} = [\bar{x}_0\ \bar{x}_1\ \ \ldots, \bar{x}_p]$ とおく．このとき，

$$\bar{y} = \bar{\boldsymbol{x}}\hat{\boldsymbol{\beta}}$$

が成り立つ．言い換えると，データの平均値が定める点 $(\bar{\boldsymbol{x}}, \bar{y}) = (\bar{x}_0, \bar{x}_1, \ldots, \bar{x}_p, \bar{y})$ は重回帰式 (12.16) の定める超平面上にある．

証明　線形重回帰モデルは，正規方程式 (12.13) を解いて得られる $\hat{\boldsymbol{\beta}}$ によって定まるが，正規方程式は連立方程式 (12.12) と同値であるから，特に，

$$\frac{\partial Q}{\partial \beta_0} = 0$$

が成り立つ．一方，残差平方和 Q の定義式 (12.8) を直接 β_0 で微分すると，

$$\begin{aligned}\frac{\partial Q}{\partial \beta_0} &= -2\sum_{i=1}^{n}(y_i - (\beta_0 + \beta_1 x_{i1} + \beta_2 x_{i2} + \cdots + \beta_p x_{ip})) \\ &= -2n(\bar{y} - (\beta_0 + \beta_1 \bar{x}_1 + \beta_2 \bar{x}_2 + \cdots + \beta_p \bar{x}_p))\end{aligned}$$

が得られる．これが $\boldsymbol{\beta} = \hat{\boldsymbol{\beta}} = [\hat{\beta}_j]$ に対して 0 となるから，

$$\bar{y} = \hat{\beta}_0 + \hat{\beta}_1 \bar{x}_1 + \hat{\beta}_2 \bar{x}_2 + \cdots + \hat{\beta}_p \bar{x}_p = \bar{\boldsymbol{x}}\hat{\boldsymbol{\beta}}$$

が成り立つ．ここで，x_0 はダミー変数で，$x_{i0} = 1$ であることを用いた． □

■ **平方和の分解**　i 番目のデータ $\boldsymbol{x}_i = [x_{i0}\ x_{i1}\ \ \ldots, x_{ip}]$ に対して，重回帰式 (12.16) による**予測値**を

$$\hat{y}_i = \boldsymbol{x}_i\hat{\boldsymbol{\beta}} \tag{12.17}$$

とおく．実際のデータ y_i との差 $\epsilon_i = y_i - \hat{y}_i$ が残差であった．$\hat{\boldsymbol{\beta}}$ は残差平方和が最小になるように定められたものである．さて，ϵ_i, y_i, $\hat{y}_i$ を成分にもつ n 次元列ベクトルを $\boldsymbol{\epsilon}$, $\boldsymbol{y}$, $\hat{\boldsymbol{y}}$ とおくと，次が成り立つ．

$$\boldsymbol{\epsilon} = \boldsymbol{y} - \hat{\boldsymbol{y}}, \qquad \hat{\boldsymbol{y}} = X\hat{\boldsymbol{\beta}}.$$

単回帰モデルの場合に述べた平方和の分解（定理 10.13）はそのまま重回帰モデルについても成り立つが，ここではベクトル記法で扱う．成分がすべて 1 となっている n 次元列ベクトルを $\mathbf{1}$ とすると，**全平方和**，**回帰平方和**，**残差**

平方和はそれぞれ次のようになる．

$$\mathrm{SS_T} = \sum_{i=1}^{n} (y_i - \bar{y})^2 = \|\boldsymbol{y} - \bar{y}\mathbf{1}\|^2,$$

$$\mathrm{SS_R} = \sum_{i=1}^{n} (\hat{y}_i - \bar{y})^2 = \|\hat{\boldsymbol{y}} - \bar{y}\mathbf{1}\|^2,$$

$$\mathrm{SS_E} = \sum_{i=1}^{n} \epsilon_i^2 = \|\boldsymbol{\epsilon}\|^2.$$

定理 12.6 **(平方和の分解)** 上の 3 つの平方和は次の関係式を満たす．

$$\mathrm{SS_T} = \mathrm{SS_R} + \mathrm{SS_E}\,. \tag{12.18}$$

証明　全平方和の定義から，

$$\begin{aligned}
\mathrm{SS_T} &= \|\boldsymbol{y} - \bar{y}\mathbf{1}\|^2 = \|(\boldsymbol{y} - \hat{\boldsymbol{y}}) + (\hat{\boldsymbol{y}} - \bar{y}\mathbf{1})\|^2 \\
&= \|\boldsymbol{\epsilon} + (\hat{\boldsymbol{y}} - \bar{y}\mathbf{1})\|^2 = \|\boldsymbol{\epsilon}\|^2 + \|\hat{\boldsymbol{y}} - \bar{y}\mathbf{1}\|^2 + 2\langle \boldsymbol{\epsilon}, \hat{\boldsymbol{y}} - \bar{y}\mathbf{1}\rangle \\
&= \mathrm{SS_E} + \mathrm{SS_R} + 2\langle \boldsymbol{\epsilon}, \hat{\boldsymbol{y}} - \bar{y}\mathbf{1}\rangle
\end{aligned}$$

となるから，式 (12.18) のためには $\langle \boldsymbol{\epsilon}, \hat{\boldsymbol{y}} - \bar{y}\mathbf{1}\rangle = 0$ を示せばよい．実際，

$$\begin{aligned}
\langle \boldsymbol{\epsilon}, \hat{\boldsymbol{y}} - \bar{y}\mathbf{1}\rangle &= \langle \boldsymbol{y} - X\hat{\boldsymbol{\beta}}, X\hat{\boldsymbol{\beta}} - \bar{y}\mathbf{1}\rangle \\
&= \langle \boldsymbol{y} - X\hat{\boldsymbol{\beta}}, X\hat{\boldsymbol{\beta}}\rangle - \langle \boldsymbol{y} - X\hat{\boldsymbol{\beta}}, \bar{y}\mathbf{1}\rangle \\
&= \langle X^T\boldsymbol{y} - X^TX\hat{\boldsymbol{\beta}}, \hat{\boldsymbol{\beta}}\rangle - \bar{y}\langle \boldsymbol{y} - X\hat{\boldsymbol{\beta}}, \mathbf{1}\rangle
\end{aligned} \tag{12.19}$$

となる．第 1 項は，$\hat{\boldsymbol{\beta}}$ が正規方程式 (12.13) を満たすので 0 になる．第 2 項においては，$\langle \boldsymbol{y}, \mathbf{1}\rangle = n\bar{y}$ と

$$\langle X\hat{\boldsymbol{\beta}}, \mathbf{1}\rangle = \sum_{i=1}^{n} (X\hat{\boldsymbol{\beta}})_i = \sum_{i=1}^{n}\sum_{k=0}^{p} x_{ik}\hat{\beta}_k = \sum_{k=0}^{p} n\bar{x}_k\hat{\beta}_k = n\bar{\boldsymbol{x}}\hat{\boldsymbol{\beta}}$$

から，

$$\langle \boldsymbol{y} - X\hat{\boldsymbol{\beta}}, \mathbf{1}\rangle = n\bar{y} - n\bar{\boldsymbol{x}}\hat{\boldsymbol{\beta}} = n(\bar{y} - \bar{\boldsymbol{x}}\hat{\boldsymbol{\beta}})$$

が得られる．これは，定理 12.5 によって 0 となる．こうして，式 (12.19) は 0 であることが示された． □

単回帰の場合と同様に，回帰平方和と全平方和の比によって**決定係数**

$$R^2 = \frac{\mathrm{SS_R}}{\mathrm{SS_T}}$$

が定義され，回帰モデルの適合性の指標となる．明らかに $0 \leq R^2 \leq 1$ であり，R^2 が1に近いほど回帰モデルがデータによく適合しているといえる．

12.3 条件付き平均値と回帰モデル

回帰式 $y = f(x_1, \ldots, x_p)$ は，$p+1$ 次元座標空間に配置された多数のデータ点 $(x_{i1}, \ldots, x_{ip}, y_i)$ を1枚の超平面（より一般には超曲面）で近似するものと考えられる．データはもともと標本抽出によって得られることを思い出せば，データ点は母集団分布に従う確率ベクトルの実現値に他ならない．本節では，回帰モデルを $p+1$ 次元の確率分布の立場から見直して，その基礎付けを行う．多次元でも同様であるが記号が煩雑になるため $p=1$（単回帰）として，2次元確率ベクトル $\boldsymbol{X} = [X\ Y]^T$ を扱う．

■ **離散型確率ベクトルの条件付き平均値**　確率ベクトル $\boldsymbol{X} = [X\ Y]^T$ は離散型であるとする．もし $P(X = x) > 0$ であれば，条件付き確率

$$P(Y = y|X = x) = \frac{P(X = x, Y = y)}{P(X = x)}$$

が定義される．これを $\boldsymbol{X}$ の結合分布に対比して，条件 $X = x$ の下での Y の**条件付き分布**という．条件付き分布を用いて Y の平均値

$$\mathbf{E}[Y|X = x] = \sum_y y P(Y = y|X = x)$$

が定義される．これを条件 $X = x$ の下での Y の**条件付き平均値**という．

例 12.7　サイコロを振って偶数の目が出たときはコインを2回投げ，奇数の目が出たときはコインを3回投げるとき，サイコロの出目を X，コイン投げで表の出た回数を Y とする．結合分布 $P(X = x, Y = y)$ は次のようになる．

$y\backslash x$	1	2	3	4	5	6	計
0	1/48	1/24	1/48	1/24	1/48	1/24	9/48
1	3/48	2/24	3/48	2/24	3/48	2/24	21/48
2	3/48	1/24	3/48	1/24	3/48	1/24	15/48
3	1/48	0	1/48	0	1/48	0	3/48
計	1/6	1/6	1/6	1/6	1/6	1/6	1

上の表では，各行と各列の総和（行和と列和）も合わせて表示している．行和がYの周辺分布，列和がXの周辺分布になる[3]．条件付き確率$P(Y = y|X = x)$は結合分布から容易に計算できて，次のように一覧表にまとめることができる．

$y\backslash x$	1	2	3	4	5	6
0	1/8	1/4	1/8	1/4	1/8	1/4
1	3/8	2/4	3/8	2/4	3/8	2/4
2	3/8	1/4	3/8	1/4	3/8	1/4
3	1/8	0	1/8	0	1/8	0
計	1	1	1	1	1	1

これを用いて，条件付き平均値が

$$\begin{aligned}\mathbf{E}[Y|X = 1] &= \mathbf{E}[Y|X = 3] = \mathbf{E}[Y|X = 5] \\ &= 0 \cdot \frac{1}{8} + 1 \cdot \frac{3}{8} + 2 \cdot \frac{3}{8} + 3 \cdot \frac{1}{8} = \frac{3}{2}\end{aligned}$$

のように計算できる．同様にして，

$$\mathbf{E}[Y|X = 2] = \mathbf{E}[Y|X = 4] = \mathbf{E}[Y|X = 6] = 1$$

がわかる．

■ **連続型確率ベクトルの条件付き平均値**　確率ベクトル$\boldsymbol{X} = [X\ Y]^T$が連続型で結合密度関数$f_{\boldsymbol{X}}(x, y)$をもつ場合を考えよう．このとき，$X$と$Y$も密度関数をもち，

3）　このように，結合分布$P(X = x, Y = y)$の一覧表の周囲に総和を記すことで，自然に周辺分布が得られる．これが周辺分布という言葉の由来である．

$$f_X(x) = \int_{-\infty}^{+\infty} f_{\mathbf{X}}(x,y)dy, \qquad f_Y(y) = \int_{-\infty}^{+\infty} f_{\mathbf{X}}(x,y)dx$$

が成り立つ．これらは周辺密度関数と呼ばれることも思い出しておこう．連続型確率変数の性質として，すべての x に対して $P(X = x) = 0$ であるから，離散型のように条件付き確率を考えることはできない．そのかわり，$f_X(x) > 0$ である限り，密度関数の比

$$f_{Y|X}(y|x) = \frac{f_{\mathbf{X}}(x,y)}{f_X(x)}$$

を考える．これを条件 $X = x$ の下での Y の**条件付き密度関数**という．確かに，

$$\int_{-\infty}^{\infty} f_{Y|X}(y|x)\,dy = \frac{1}{f_X(x)} \int_{-\infty}^{\infty} f_{\mathbf{X}}(x,y)\,dy = \frac{1}{f_X(x)} \times f_X(x) = 1$$

であるから $f_{Y|X}(y|x)$ は y を変数とする密度関数になっている．これによって，条件 $X = x$ の下での Y の**条件付き平均値**

$$\mathbf{E}[Y|X = x] = \int_{-\infty}^{+\infty} y f_{Y|X}(y|x)dy = \frac{1}{f_X(x)} \int_{-\infty}^{+\infty} y f_{\mathbf{X}}(x,y)dx$$

が定義される．

例 12.8 **(例 11.3 の続き)** 結合密度関数 $f_{\mathbf{X}}(x,y)$ と周辺密度関数 $f_X(x)$, $f_Y(y)$ はすでに求めた．条件 $X = x$ の下での Y の条件付き密度関数は，定義によって，

$$f_{Y|X}(y|x) = \frac{f_{XY}(x,y)}{f_X(x)} = \begin{cases} \dfrac{a}{b(a-x)}, & \begin{array}{l} 0 < x < a, \\ 0 < y < \dfrac{b}{a}(a-x), \end{array} \\ 0, & \text{その他}, \end{cases}$$

となる．これを用いて，条件 $X = x$ の下での Y の条件付き平均値は，

$$\mathbf{E}[Y|X=x] = \int_{-\infty}^{+\infty} y f_{Y|X}(y|x)dy$$
$$= \frac{a}{b(a-x)} \int_0^{\frac{b}{a}(a-x)} y dy = \frac{b(a-x)}{2a}$$

のように計算される．ただし，$0 < x < a$ である．同様にして，

$$\mathbf{E}[X|Y=y] = \frac{a(b-y)}{2b}, \qquad 0 < y < b,$$

もわかる．

注意 12.9　確率ベクトル $\boldsymbol{X} = [X\ Y]^T$ に対して，確率変数 $\mathbf{E}[Y|X]$ が

$$\mathbf{E}[Y|X] = \mathbf{E}[Y|X=x], \qquad X = x \text{ のとき}, \tag{12.20}$$

によって定義される．これは，事象 $\{X = x\}$ が起こったときに $\mathbf{E}[Y|X = x]$ を値とする確率変数である．この確率変数 $\mathbf{E}[Y|X]$ も**条件付き平均値**と呼ばれる．実際，$\mathbf{E}[Y|X]$ は X の関数になる．

■ **条件付き平均値と回帰曲線**　確率ベクトル $\boldsymbol{X} = [X\ Y]^T$ に対して定義された条件付き平均値 $\mathbf{E}[Y|X=x]$ は x の関数

$$x \mapsto \mathbf{E}[Y|X=x] \tag{12.21}$$

となる．ここで，x は条件付き分布が定義されるような範囲を動く．もし x が連続的に変化すれば点 $(x, \mathbf{E}[Y|X=x])$ は xy-座標平面に曲線を描く．これを Y の X への**回帰曲線**，または X を説明変数とする Y の回帰曲線という．確率ベクトル $\boldsymbol{X}$ が離散的な場合などでは，点 $(x, \mathbf{E}[Y|X=x])$ は文字通りの曲線を描かないが，回帰曲線の用語を流用する．確率変数 X, Y の役割を入れ替えて，

$$y \mapsto \mathbf{E}[X|Y=y] \tag{12.22}$$

の定める曲線を，X の Y への回帰曲線または Y を説明変数とする X の回帰曲線という．

例 12.10 **(例 12.8 の続き)**　すでに，条件付き平均値 $\mathbf{E}[Y|X=x]$ は求めた．

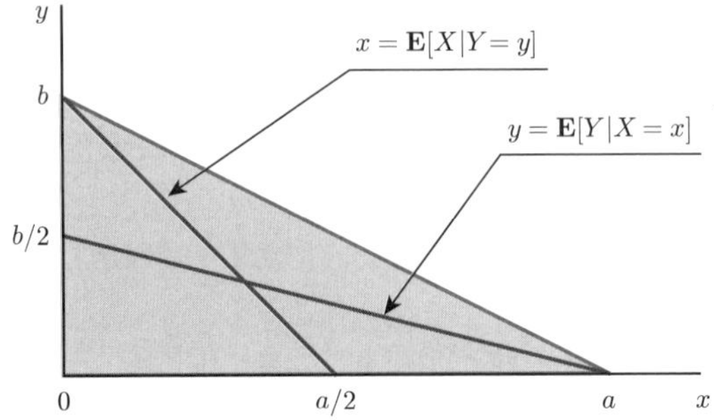

図 12.1 条件付き平均値の定める回帰直線（例 12.10）

それを関数

$$x \mapsto \mathbf{E}[Y|X = x] = \frac{b(a - x)}{2a}, \qquad 0 < x < a,$$

とみなしたものが Y の X への回帰曲線である．実際，これは直線であるから，回帰直線と呼ぶのがふつうである．同様にして，

$$y \mapsto \mathbf{E}[X|Y = y] = \frac{a(b - y)}{2b}, \qquad 0 < y < b,$$

が X の Y への回帰曲線（回帰直線）となる．これらの回帰直線は三角形 Ω の重心 $(\mathbf{E}[X], \mathbf{E}[Y]) = (a/3, b/3)$ を通ることに注意しておこう（図 12.1）．

例 12.11　$\Omega = \{(x, y)\,;\, 0 \le x \le 2,\ 0 \le y \le 6x^2\}$ とする (図 12.2)．2 次元確率ベクトル $\boldsymbol{X} = [X\ Y]^T$ は Ω 上の一様分布に従うものとする．このとき，$|\Omega| = 16$ であるから，$\boldsymbol{X}$ の結合分布は，

$$f_{\boldsymbol{X}}(x, y) = \begin{cases} \dfrac{1}{16}, & (x, y) \in \Omega, \\ 0, & \text{その他}, \end{cases}$$

で与えられ，条件付き平均値

$$\mathbf{E}[Y|X = x] = 3x^2, \qquad 0 < x < 2,$$

が得られる（意欲のある読者は試みよ）．したがって，Y の X への回帰曲線は $y = 3x^2$ となる．

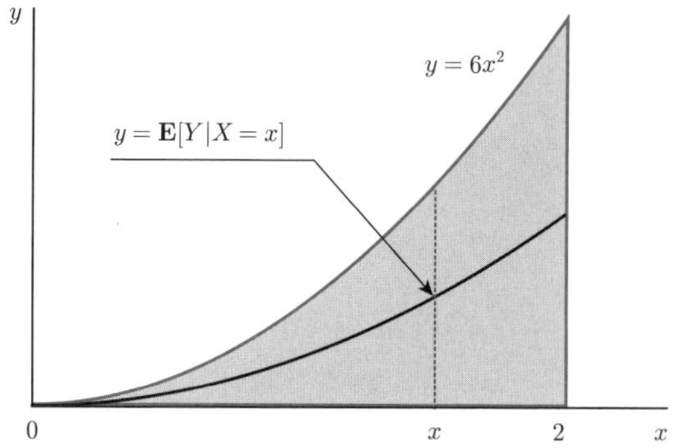

図 12.2 条件付き平均値の定める回帰曲線（例 12.11）

■ **最小二乗法と回帰直線** 条件付き平均値 $\mathbf{E}[Y|X = x]$ によって定まる回帰曲線によって，与えられた x に対して y を推定することができる．しかしながら，条件付き平均値が定める回帰曲線は必ずしも直線ではない（例 12.11）．問題によっては，直線（1 次関数）による推定も重要である．実際，第 10.3 節では，x から y を推定するための回帰直線を最小二乗法によって導出した（第 12.2 節も参照）．確率ベクトル $\boldsymbol{X} = [X\ Y]^T$ に対しても最小二乗法を適用して回帰直線を求めることができる．つまり，定数 a, b を

$$Q = Q(a, b) = \mathbf{E}[(Y - (aX + b))^2] \tag{12.23}$$

を最小にするように決めるのである．

定理 12.12 確率ベクトル $\boldsymbol{X} = [X\ Y]^T$ に対して，最小二乗法によって得られる回帰直線は次で与えられる．

$$y = \hat{a}x + \hat{b}, \qquad \hat{a} = \frac{\mathbf{Cov}(X, Y)}{\mathbf{V}[X]}, \quad \hat{b} = \mathbf{E}[Y] - \hat{a}\mathbf{E}[X]. \tag{12.24}$$

証明 式 (12.23) の $Q = Q(a, b)$ は 2 次関数であるから，その最小化は容易である．実際，式 (12.24) で与えた $(a, b) = (\hat{a}, \hat{b})$ において $Q = Q(a, b)$ が最小値をとることが容易にわかる（定理 10.10 と本質的に同じである）． □

さらに，式 (12.23) で定義した Q が，単回帰でいう残差平方和に対応することを見ておこう．確率ベクトル $\mathbf{X} = [X\ Y]^T$ が結合密度関数 $f_{\mathbf{X}}(x, y)$ をもつ場合を扱う．条件付き密度関数を用いて，

$$
\begin{aligned}
Q &= \mathbf{E}[(Y - (aX + b))^2] \\
&= \int_{-\infty}^{+\infty} \int_{-\infty}^{+\infty} (y - (ax + b))^2 f_{\mathbf{X}}(x, y) dx dy \\
&= \int_{-\infty}^{+\infty} \left\{ \int_{-\infty}^{+\infty} (y - (ax + b))^2 f_{Y|X}(y|x) dy \right\} f_X(x) dx
\end{aligned}
$$

と変形するとよい．内側の積分が x を固定したときの y の残差の平方和である．したがって，Q は単回帰で用いた残差平方和と本質的に同じものである．

■ **2次元正規分布**　2次元正規分布は第11.3節で導入した．

定理 12.13　確率変数 X, Y の平均値を μ_X, μ_Y，分散を σ_X^2, σ_Y^2，共分散を σ_{XY} とする．もし X, Y を成分とする2次元確率ベクトル $\mathbf{X}$ が2次元正規分布に従うとすれば，その条件付き密度関数 $f_{Y|X}(y|x)$ は次のように与えられる．

$$
\begin{aligned}
f_{Y|X}(y|x) &= \frac{1}{\sqrt{2\pi\sigma_Y^2(1-\rho^2)}} \\
&\quad \times \exp\left[-\frac{1}{2\sigma_Y^2(1-\rho^2)} \left\{ y - \mu_Y - \frac{\sigma_{XY}}{\sigma_X^2}(x - \mu_X) \right\}^2 \right].
\end{aligned}
\tag{12.25}
$$

ここで，$\rho = \sigma_{XY}/(\sigma_X \sigma_Y)$ は相関係数である．特に，$f_{Y|X}(y|x)$ は x を固定するごとに y を変数とする正規分布の密度関数であり，その平均値と分散は

$$
\mu_Y + \frac{\sigma_{XY}}{\sigma_X^2}(x - \mu_X), \qquad \sigma_Y^2(1 - \rho^2)
$$

で与えられる．さらに，Y の条件付き平均値は

$$
\mathbf{E}[Y|X = x] = \mu_Y + \frac{\sigma_{XY}}{\sigma_X^2}(x - \mu_X) \tag{12.26}
$$

となる．

証明　条件付き密度関数 (12.25) は，結合密度関数（定理 11.6）と周辺密度関数（定理 11.7）の比をとればよい．後半の主張は明らかである．□

定理 12.14　2 次元正規分布に従う確率ベクトル $\boldsymbol{X} = [X\ Y]^T$ に対して，条件付き平均値が定める回帰曲線と最小二乗法によって得られる回帰直線は一致する．

証明　式 (12.26) によって，条件付き平均値の定める回帰曲線は

$$y = \mu_Y + \frac{\sigma_{XY}}{\sigma_X^2}(x - \mu_X)$$

となる．定理 12.12 によって，上の式は最小二乗法によって得られる回帰直線に一致することがわかる．□

問題 12.1　例 12.7 において，条件付き平均値 $\mathbf{E}[X|Y = y]$ を求めよ．

問題 12.2　例 12.10 で求めた回帰曲線（回帰直線）$x \mapsto \mathbf{E}[Y|X = x]$ は最小二乗法によって得られる回帰直線に一致することを示せ．

問題 12.3　2 変数の関数

$$f(x, y) = \frac{1}{2\sqrt{3}\,\pi} \exp\left[-\frac{1}{3}(x^2 - xy + y^2 + x - 2y + 1) \right].$$

は 2 次元正規分布の密度関数であることを確認せよ．次に，x を説明変数とする y の回帰直線を求めよ．

問題 12.4　例 12.11 の確率ベクトルに対して，x を説明変数とする y の回帰直線を最小二乗法を用いて求めよ．

12.4 主成分分析

多変量データの特徴をつかむために，新しい変量を導入することは有効である．たとえば，5 教科の試験から得られた 5 変量データに対して，総合点（各教科の得点の和）という新しい変量を導入することで，試験の結果を 1 つの変量で代表させることができる．主成分分析とは，与えられた p 変量のデータに対して，その情報をできるだけ失わずに，より少ない q 変量のデータに変換して，元のデータの性質を際立たせる手法である．非線形変換も視野に入

れて主成分分析ということもあるが，本書では線形変換を扱う．つまり，変量 $x_1, \ldots, x_p$ に対してそれらの線形結合によって新しい変量 y を

$$y = w_1x_1 + w_2x_2 + \cdots + w_px_p \tag{12.27}$$

の形で導入する．ここで問題は，与えられた p 変量データをもとに，最適な係数 $w_1, w_2, \ldots, w_p$ を定めることにある．何をもって最適とするかには様々な考え方があるが，主成分分析では分散の最大化に着目する．

さて，データの大きさを n として $n \times p$ データ行列 $X = [x_{ij}]$ から始めよう．平均値ベクトル $\bar{\boldsymbol{x}}$ と分散共分散行列 Σ が

$$\bar{\boldsymbol{x}} = [\bar{x}_1\ \bar{x}_2\ \ldots\ \bar{x}_p], \qquad \Sigma = [s_{jk}] = \begin{bmatrix} s_{11} & \ldots & s_{1p} \\ \vdots & \ddots & \vdots \\ s_{p1} & \ldots & s_{pp} \end{bmatrix}$$

で定義される．ただし，$\bar{x}_j$ は変量 x_j に関する平均値，s_{jk} は変量 x_j, x_k に関する共分散（$j = k$ のときは分散）である．さらに，変量 $x_1, \ldots, x_p$ と式 (12.27) によって新たに導入する変量 y の係数をベクトル表示して

$$\boldsymbol{x} = [x_1\ x_2\ \ldots\ x_p], \qquad \boldsymbol{w} = \begin{bmatrix} w_1 \\ w_2 \\ \vdots \\ w_p \end{bmatrix}$$

とおくと，式 (12.27) は簡潔に表示されて

$$y = \boldsymbol{x}\boldsymbol{w} \tag{12.28}$$

となる．これを i 番目の p 変量データ $\boldsymbol{x}_i = [x_{i1}\ x_{i2}\ \ldots\ x_{ip}]$ に適用して

$$y_i = \boldsymbol{x}_i\boldsymbol{w} \tag{12.29}$$

とおく．さらに，y_i を成分とする n 次元ベクトルを $\boldsymbol{y}$ は $\boldsymbol{y} = X\boldsymbol{w}$ を満たす．

補題 12.15 式 (12.29) のように変換された 1 変量データ $y_1, \ldots, y_n$ の平均値 $\bar{y}$ と分散 s_y^2 は，それぞれ次で与えられる．

$$\bar{y} = \bar{\boldsymbol{x}}\boldsymbol{w}, \tag{12.30}$$

$$s_y^2 = \langle \boldsymbol{w}, \Sigma\boldsymbol{w} \rangle. \tag{12.31}$$

証明 平均値に関して式 (12.30) は明らかである．分散 s_y^2 は定義によって，

$$ns_y^2 = \sum_{i=1}^{n}(y_i - \bar{y})^2 = \|\boldsymbol{y} - \bar{y}\mathbf{1}\|^2 = \|X\boldsymbol{w} - \bar{y}\mathbf{1}\|^2 \tag{12.32}$$

を満たす．ただし，$\mathbf{1}$ はすべての成分が 1 となっている n 次元列ベクトルである．式 (12.32) を展開すると，

$$ns_y^2 = \langle X\boldsymbol{w} - \bar{y}\mathbf{1}, X\boldsymbol{w} - \bar{y}\mathbf{1} \rangle = \langle X^T X\boldsymbol{w}, \boldsymbol{w} \rangle - 2\bar{y}\langle X\boldsymbol{w}, \mathbf{1} \rangle + n\bar{y}^2$$

となる．さらに，$\langle X\boldsymbol{w}, \mathbf{1} \rangle = \langle y, \mathbf{1} \rangle = n\bar{y}$ に注意して，

$$ns_y^2 = \langle X^T X\boldsymbol{w}, \boldsymbol{w} \rangle - n\bar{y}^2 \tag{12.33}$$

が得られる．一方，変量 x_j, x_k の共分散 s_{jk} は，共分散の公式によって，

$$\begin{aligned} s_{jk} &= \frac{1}{n}\sum_{i=1}^{n} x_{ij}x_{ik} - \bar{x}_j\bar{x}_k \\ &= \frac{1}{n}\sum_{i=1}^{n}(X^T)_{ji}(X)_{ik} - \bar{x}_j\bar{x}_k \\ &= \frac{1}{n}(X^T X)_{jk} - \bar{x}_j\bar{x}_k \end{aligned}$$

である．したがって，$(X^T X)_{jk} = ns_{jk} + n\bar{x}_j\bar{x}_k$ がわかる．そうすると，

$$\begin{aligned} \langle X^T X\boldsymbol{w}, \boldsymbol{w} \rangle &= \sum_{j,k=1}^{p}(X^T X)_{jk}w_j w_k \\ &= n\sum_{j,k=1}^{p} s_{jk}w_j w_k + n\sum_{j,k=1}^{p}\bar{x}_j\bar{x}_k w_j w_k \\ &= n\langle \boldsymbol{w}, \Sigma\boldsymbol{w} \rangle + n\bar{y}^2. \end{aligned}$$

したがって，式 (12.33) は

$$ns_y^2 = n\langle \boldsymbol{w}, \Sigma\boldsymbol{w} \rangle + n\bar{y}^2 - n\bar{y}^2 = n\langle \boldsymbol{w}, \Sigma\boldsymbol{w} \rangle$$

となり，$s_y^2 = \langle \boldsymbol{w}, \Sigma\boldsymbol{w} \rangle$ が示された． □

主成分分析では，新しい変量 y の分散を最大化する．ただし，係数 $w_1, \ldots,$ w_p を自由に大きくとれば，y の分散はいくらでも大きくなるため，係数は条件

$$\sum_{j=1}^{p} w_j^2 = \|\boldsymbol{w}\|^2 = \langle \boldsymbol{w}, \boldsymbol{w} \rangle = 1 \tag{12.34}$$

を満たす範囲で考える．問題は，変数 y の係数 $\boldsymbol{w}$ を条件 (12.34) の下で，分散 (12.31) が最大になるように決めることである．このような条件付き極値問題では，

$$\varphi(\boldsymbol{w}, \lambda) = \langle \boldsymbol{w}, \Sigma \boldsymbol{w} \rangle - \lambda(\langle \boldsymbol{w}, \boldsymbol{w} \rangle - 1)$$

のように，変数 λ を追加した関数 $\varphi(\boldsymbol{w}, \lambda)$ を導入して，ふつうの意味で $\varphi(\boldsymbol{w}, \lambda)$ の極値を見出して，その中から求めるべきものを特定する．この手法を**ラグランジュの未定乗数法**という．実際，導関数の計算は容易であり，

$$\frac{\partial \varphi}{\partial w_j} = 2\langle \boldsymbol{\xi}_j, \Sigma \boldsymbol{w} \rangle - 2\lambda \langle \boldsymbol{\xi}_j, \boldsymbol{w} \rangle = 2\langle \boldsymbol{\xi}_j, \Sigma \boldsymbol{w} - \lambda \boldsymbol{w} \rangle$$

となる．ここで，$\boldsymbol{\xi}_j$ は第 j 成分が 1 で他の成分がすべて 0 である p 次元ベクトルを表す．そうすると，

$$\frac{\partial \varphi}{\partial w_1} = \cdots = \frac{\partial \varphi}{\partial w_p} = \frac{\partial \varphi}{\partial \lambda} = 0$$

は次と同値であることがわかる．

$$\Sigma \boldsymbol{w} = \lambda \boldsymbol{w}, \tag{12.35}$$

$$\langle \boldsymbol{w}, \boldsymbol{w} \rangle = 1. \tag{12.36}$$

行列 Σ に対して，式 (12.35) を満たす定数 λ とベクトル $\boldsymbol{w} \neq \boldsymbol{0}$ を求める問題を**固有値問題**といい，そのような λ を**固有値**，ベクトル $\boldsymbol{w}$ を**固有ベクトル**と呼ぶ．

■ **対称行列の固有値と固有ベクトル**　一般論を簡単に述べておく．実数を成分とする $p \times p$ 行列 $A = [a_{jk}]$ が**対称行列**であるとは $A^T = A$, つまり，すべて

の j,k に対して $a_{jk} = a_{kj}$ が成り立つときにいう．ベクトル $\boldsymbol{w} \neq \boldsymbol{0}$ と定数 λ が $A\boldsymbol{w} = \lambda\boldsymbol{w}$ を満たすとき，λ を**固有値**といい，$\boldsymbol{w}$ を λ に属する**固有ベクトル**という[4)]．明らかに，$\boldsymbol{w}$ が固有ベクトルであれば，$a \neq 0$ として $a\boldsymbol{w}$ も同じ固有値に属する固有ベクトルである．また，固有値 λ に対して，固有ベクトル $\boldsymbol{w}_1, \ldots, \boldsymbol{w}_s$ で $\langle \boldsymbol{w}_j, \boldsymbol{w}_k \rangle = \delta_{jk}$ を満たすものをとって[5)]，任意の固有ベクトルをそれらの線形結合で表すことができる．このとき，$s \geq 1$ を固有値 λ の**重複度**という．

さらに，異なる固有値 $\lambda \neq \lambda'$ に属する固有ベクトル $\boldsymbol{w}, \boldsymbol{w}'$ は $\langle \boldsymbol{w}, \boldsymbol{w}' \rangle = 0$ を満たす．$p \times p$ 対称行列の固有値は重複度を込めると全部で p 個あり，それらはすべて実数である．そこで固有値を大きさの順に並べて $\lambda_1 \geq \cdots \geq \lambda_j \geq \cdots \geq \lambda_p$ として，λ_j に属する固有ベクトル $\boldsymbol{w}_j$ を選んで，

$$A\boldsymbol{w}_j = \lambda_j \boldsymbol{w}_j\,, \qquad \langle \boldsymbol{w}_j, \boldsymbol{w}_k \rangle = \delta_{jk} \tag{12.37}$$

が成り立つようにできる．ここで，列ベクトル $\boldsymbol{w}_1, \ldots, \boldsymbol{w}_p$ を並べた $p \times p$ 行列と $\lambda_1, \ldots, \lambda_p$ を対角線に並べた $p \times p$ 行列を

$$W = [\boldsymbol{w}_1 \ \ldots \ \boldsymbol{w}_p], \qquad \Lambda = \begin{bmatrix} \lambda_1 & \ldots & 0 \\ \vdots & \ddots & \vdots \\ 0 & \ldots & \lambda_p \end{bmatrix}$$

とおくと，式 (12.37) から

$$AW = W\Lambda \tag{12.38}$$

が得られる．さらに，$(W^T W)_{jk} = \langle \boldsymbol{w}_j, \boldsymbol{w}_k \rangle = \delta_{jk}$ であるから，$W^T W = I$（単位行列）となる．このことから，$W^T = W^{-1}$ と $WW^T = I$ がわかる．このような行列 W を**直交行列**という．そうすると，式 (12.38) から

4) 固有値は，一般の $p \times p$ 行列に対しても定義されるが，ここでは実対称行列に限って話を進めている．

5) δ_{jk} はクロネッカーのデルタと呼ばれ，$\delta_{jj} = 1$，$j \neq k$ のとき $\delta_{jk} = 0$ によって定義される．また，$\langle \boldsymbol{w}_j, \boldsymbol{w}_k \rangle = \delta_{jk}$ を満たすベクトル $\boldsymbol{w}_1, \ldots, \boldsymbol{w}_s$ は正規直交系と呼ばれる．

$$W^T AW = W^{-1}AW = \Lambda \tag{12.39}$$

が得られる．これを対称行列 A の直交行列 W による**対角化**という．

行列 $A = [a_{jk}]$ の対角成分 a_{jj} の総和を A の**トレース**といい，$\mathrm{Tr}\,A$ で表す．このとき，

$$\mathrm{Tr}\,A = \sum_{j=1}^{p} a_{jj} = \sum_{j=1}^{p} \lambda_j \tag{12.40}$$

が成り立つ．この等式は一般の行列に対して成り立つ．その証明には固有多項式を要するが，A が対称行列の場合は対角化を用いて示すこともできる．実際，簡単な性質 $\mathrm{Tr}\,AB = \mathrm{Tr}\,BA$ に注意して，式 (12.39) を用いると，

$$\mathrm{Tr}\,A = \mathrm{Tr}\,W\Lambda W^{-1} = \mathrm{Tr}\,W^{-1}(W\Lambda) = \mathrm{Tr}\,\Lambda = \sum_{j=1}^{p} \lambda_j$$

が得られる．

定理 12.16 半正定値行列の固有値はすべて非負である．

証明 A を $p \times p$ 半正定値行列とする．A は対称行列になるので，固有値 $\lambda_1 \geq \cdots \geq \lambda_p$ と固有ベクトル $\boldsymbol{w}_1, \ldots, \boldsymbol{w}_p$ を式 (12.37) が成り立つように選ぶ．そのとき，A が半正定値であることを用いて，$\lambda_j = \lambda_j \langle \boldsymbol{w}_j, \boldsymbol{w}_j \rangle = \langle \boldsymbol{w}_j, A\boldsymbol{w}_j \rangle \geq 0$ となり，確かに固有値は非負である． □

定理 12.17 分散共分散行列 Σ は半正定値である．

証明 実は，式 (11.11) から明らかであるが，ここでは少し定義に戻って証明しておこう．すべての p 次元ベクトル $\boldsymbol{w}$ に対して $\langle \boldsymbol{w}, \Sigma\boldsymbol{w} \rangle \geq 0$ を示せばよい．分散共分散行列 $\Sigma = [s_{jk}]$ の成分は

$$s_{jk} = \frac{1}{n} \sum_{i=1}^{n} (x_{ij} - \bar{x}_j)(x_{ik} - \bar{x}_k)$$

であるから，$\boldsymbol{w} = [w_j]$ に対して，

$$
\begin{aligned}
\langle \boldsymbol{w}, \Sigma \boldsymbol{w} \rangle &= \sum_{j,k=1}^{p} s_{jk} w_j w_k \\
&= \sum_{j,k=1}^{p} \frac{1}{n} \sum_{i=1}^{n} (x_{ij} - \bar{x}_j)(x_{ik} - \bar{x}_k) w_j w_k \\
&= \frac{1}{n} \sum_{i=1}^{n} \left\{ \sum_{j=1}^{p} (x_{ij} - \bar{x}_j) w_j \right\}^2
\end{aligned}
$$

が得られる．最後の式は 2 乗和であるから，確かに $\langle \boldsymbol{w}, \Sigma \boldsymbol{w} \rangle \geq 0$ である．□

■ **主成分**　定理 12.16 と定理 12.17 から，分散共分散行列 Σ の固有値を

$$
\lambda_1 \geq \lambda_2 \geq \cdots \geq \lambda_p \geq 0
$$

と並べて，それぞれに属する固有ベクトル $\boldsymbol{w}_1, \boldsymbol{w}_2, \ldots, \boldsymbol{w}_p$ を $\langle \boldsymbol{w}_j, \boldsymbol{w}_k \rangle = \delta_{jk}$ が成り立つように選ぶことができる．これを用いて定義される新しい変量

$$
y_j = \boldsymbol{x} \boldsymbol{w}_j = \sum_{k=1}^{p} (\boldsymbol{w}_j)_k x_k \tag{12.41}
$$

を**第 j 主成分**という．ただし，$(\boldsymbol{w}_j)_k$ は固有ベクトル $\boldsymbol{w}_j$ の第 k 成分を表す．もとの p 変量データ $\boldsymbol{x}_i = [x_{i1} \ \ldots x_{ip}]$ は新しい変量 y_j に関するデータ

$$
y_{ij} = \boldsymbol{x}_i \boldsymbol{w}_j = \sum_{k=1}^{p} (\boldsymbol{w}_j)_k x_{ik} \tag{12.42}
$$

に変換される．これを**主成分得点**という．

定理 12.18　第 j 主成分 y_j について，平均値は $\bar{y}_j = \bar{\boldsymbol{x}} \boldsymbol{w}_j$，分散は $s_{y_j}^2 = \lambda_j$ となる．

証明　補題 12.15 によって，$\sigma_{y_j}^2 = \langle \boldsymbol{w}_j, \Sigma \boldsymbol{w}_j \rangle$ が成り立つ．ここで，$\boldsymbol{w}_j$ が固有値 λ_j に属する固有ベクトルで，$\langle \boldsymbol{w}_j, \boldsymbol{w}_j \rangle = 1$ となっていることから，

$$
\langle \boldsymbol{w}_j, \Sigma \boldsymbol{w}_j \rangle = \langle \boldsymbol{w}_j, \lambda_j \boldsymbol{w}_j \rangle = \lambda_j \langle \boldsymbol{w}_j, \boldsymbol{w}_j \rangle = \lambda_j
$$

がわかる．したがって，$\sigma_{y_j}^2 = \lambda_j$ が成り立つ．□

■ **寄与率**　分散共分散行列 Σ の固有値が $\lambda_1 \geq \cdots \geq \lambda_p$ であるから，行列の

トレースに関する等式 (12.40) によって,

$$\sum_{j=1}^{p} s_{jj} = \sum_{j=1}^{p} \lambda_j \tag{12.43}$$

が成り立つ．左辺は各変量 x_j の分散 $s_{x_j}^2 = s_{jj}$ の総和である．一方，定理 12.18 によって，$s_{y_j}^2 = \lambda_j$ であるから，右辺は新しい変量 y_j の分散 $s_{y_j}^2$ の総和である．つまり，変量 $x_1, \ldots, x_p$ に関する分散の総和を新しい変量 $y_1, \ldots, y_p$ の分散として配分し直したものになっている．そこで，第 j 主成分 y_j の**寄与率**を

$$\frac{\lambda_j}{\lambda_1 + \cdots + \lambda_j + \cdots + \lambda_p}$$

によって定義する．これは，もとのデータのもっていた分散が第 j 主成分によってどの程度説明できるかの指標になる．また，第 1 主成分から第 q 主成分までの寄与率の和

$$\frac{\lambda_1 + \cdots + \lambda_q}{\lambda_1 + \cdots + \lambda_q + \cdots + \lambda_p}$$

を**累積寄与率**という．分散 $s_{y_j}^2 = \lambda_j$ は大きいものから順に並んでいるので，累積寄与率は元の p 変量データを q 変量に縮約するときの q の選び方の指標として使われる．

■ **幾何学的説明**　$x_1, \ldots, x_p$ を座標軸とする p 次元座標空間を考えて，与えられた p 変量データ $\boldsymbol{x}_i$ を空間内の点とみなす．主成分の定義に用いた固有ベクトル $\boldsymbol{w}_1, \ldots, \boldsymbol{w}_p$ は $\langle \boldsymbol{w}_j, \boldsymbol{w}_k \rangle = \delta_{jk}$ を満たすので，これらは新しい直交座標系を定義する．つまり，原点から各固有ベクトル $\boldsymbol{w}_j$ の方向に y_j 座標をとれば，新しい直交座標 $y_1, \ldots, y_p$ が定まる．そうすると，データ $\boldsymbol{x}_i = [x_{i1} \ \ldots \ x_{ip}]$ の第 j 主成分 y_{ij} は，その定義式 (12.42) からわかるように，$\boldsymbol{x}_i$ を y_j 軸へ射影した点の座標を与える（図 12.3）．

特に，第 1 主成分 y_1 は分散の最大化によって定められたことを思い出そう．多数のデータ点が分布している p 次元座標空間に原点を通る 1 本の直線を考え，その直線上にデータ点を射影すれば 1 変量データが得られる．この

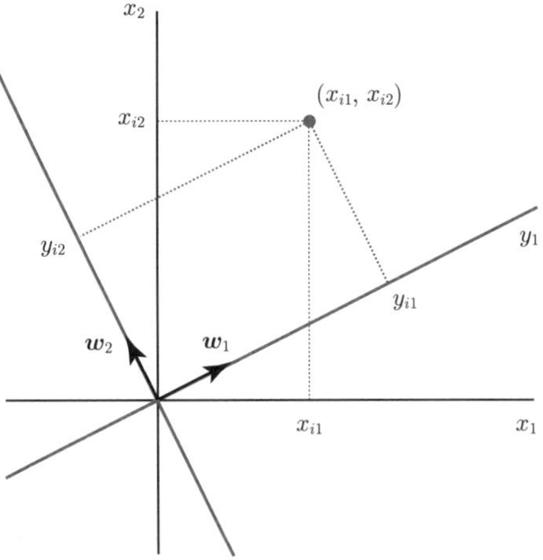

図 12.3 第 1 主成分と第 2 主成分

1 変量データの分散が最大になるように直線を定めると，その直線は $\boldsymbol{w}_1$ と平行になり，第 1 主成分を与える座標軸になる．第 2 主成分 y_2 は，データ点を第 2 固有値に属する固有ベクトル方向に射影したもので，第 1 主成分と直交する．実際，y_2 は第 1 主成分に含まれないデータの揺らぎを最大化する変量になっている．以下同様に，第 j 主成分の意味付けができる．

例 12.19 スポーツチーム A の選手の身長 $(x = x_1)$，体重 $(y = x_2)$，年齢 $(z = x_3)$ に対して，分散共分散行列は

$$\Sigma = \begin{bmatrix} 28.82 & 28.27 & -3.46 \\ 28.27 & 70.32 & -1.33 \\ -3.46 & -1.33 & 24.48 \end{bmatrix}$$

となる．固有値と固有ベクトルが

$$\begin{aligned} \lambda_1 &= 84.76, \\ \lambda_2 &= 24.95, \\ \lambda_3 &= 13.91, \end{aligned} \qquad \boldsymbol{w}_1 = \begin{bmatrix} 0.453 \\ 0.890 \\ -0.046 \end{bmatrix}, \quad \boldsymbol{w}_2 = \begin{bmatrix} -0.186 \\ 0.144 \\ 0.972 \end{bmatrix}, \quad \boldsymbol{w}_3 = \begin{bmatrix} 0.872 \\ -0.432 \\ 0.231 \end{bmatrix}$$

のように求められる．第 j 主成分は式 (12.41) のように，第 j 固有ベクトル $\boldsymbol{w}_j$ の成分を係数として与えられる．そうすると，第 1 主成分は身長と体重によるデータの揺らぎを表し，第 2 主成分は年齢による揺らぎを表していることがわかる．また，第 1 主成分の寄与率は $84.76/123.62 = 0.686$, 第 2 主成分の寄与率は $24.95/123.62 = 0.202$ であり，合わせて 0.888 となる．つまり，この 2 つの主成分でデータの揺らぎの 88.8% を説明できる．

注意 12.20 標準化された変量を用いて定義される主成分を扱うことも多い．そのときは，分散共分散行列 Σ ではなく相関行列 R の固有値問題を扱うことになるが，議論は同様である．しかしながら，分散共分散行列 Σ から得られる主成分と相関行列 R から得られる主成分は一般には異なるので注意しよう．

注意 12.21 2 変量データ $(x_1, y_1), \ldots, (x_n, y_n)$ を xy-座標平面の点として表した散布図を 1 本の直線で近似するとき，近似の観点はいくつかある．x_i ごとに y 方向の残差 ϵ_i をとらえて，残差平方和を最小にする直線が，y の x への回帰直線であった．x と y の役割を入れ替えたものが x の y への回帰直線であり，y_i ごとに x 方向の残差平方和を最小化したものである．さらに，別の観点として，各データ点 (x_i, y_i) と直線との距離 δ_i を考えて，距離の二乗和を最小にする直線を考えることができる．一般に，直線 $ax + by = c$ と (x_i, y_i) との距離は

$$\delta_i = \frac{|ax_i + by_i - c|}{\sqrt{a^2 + b^2}}$$

となる（図 12.4）．直線を定めるにあたり $a^2 + b^2 = 1$ の条件下で考えれば十分であることに注意して，$\sum \delta_i^2$ を最小にする a, b, c を求める問題に帰着する．実際，求めるべき直線は平均値の定める点 $(\bar{x}, \bar{y})$ を通り，第 1 主成分に対応するベクトル $\boldsymbol{w}_1$ に平行なものとして定まる．

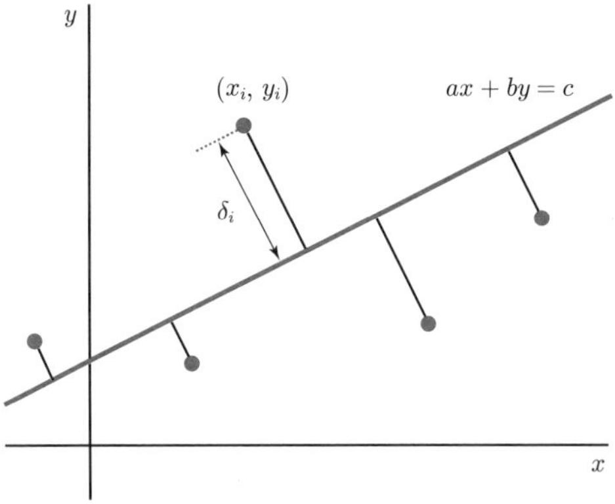

図 12.4 直線 $ax + by = c$ とデータ点 (x_i, y_i) との距離 δ_i

付　表

A.1　標準正規分布

数表 1：$Z \sim N(0,1)$ に対する確率 $I(z) = P(0 \leq Z \leq z)$, ただし $z > 0$

エクセル関数：NORM.S.DIST(z,TRUE) によって $P(Z \leq z)$ がわかる.

したがって，$I(z)$ は NORM.S.DIST(z,TRUE)-0.5

数表 2：上側 α 点

エクセル関数：NORM.S.INV($1-\alpha$)

A.2　カイ 2 乗分布

数表：自由度 n のカイ 2 乗分布の上側 α 点 $\chi_n^2(\alpha)$

エクセル関数：CHISQ.INV.RT(α, n) または CHISQ.INV($1-\alpha$, n)

A.3　t 分布

数表：自由度 n の t 分布の上側 α 点 $t_n(\alpha)$

エクセル関数：$-$T.INV(α, n)

A.4　F 分布

数表：自由度 (n_1, n_2) の F 分布の上側 α 点 $F_{n_2}^{n_1}(\alpha)$

エクセル関数：F.INV.RT(α, n_1, n_2) または F.INV($1-\alpha, n_1, n_2$)

注意：数表の数値は表示桁未満を四捨五入したものである.

A.1　標準正規分布

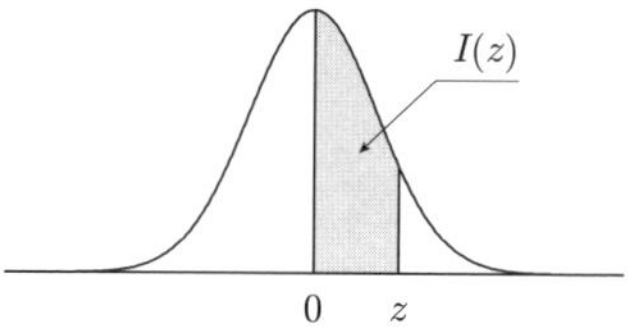

$$I(z) = \frac{1}{\sqrt{2\pi}} \int_0^z e^{-x^2/2} dx$$

z	0.00	0.01	0.02	0.03	0.04	0.05	0.06	0.07	0.08	0.09
0.0	0.00000	0.00399	0.00798	0.01197	0.01595	0.01994	0.02392	0.02790	0.03188	0.03586
0.1	0.03983	0.04380	0.04776	0.05172	0.05567	0.05962	0.06356	0.06749	0.07142	0.07535
0.2	0.07926	0.08317	0.08706	0.09095	0.09483	0.09871	0.10257	0.10642	0.11026	0.11409
0.3	0.11791	0.12172	0.12552	0.12930	0.13307	0.13683	0.14058	0.14431	0.14803	0.15173
0.4	0.15542	0.15910	0.16276	0.16640	0.17003	0.17364	0.17724	0.18082	0.18439	0.18793
0.5	0.19146	0.19497	0.19847	0.20194	0.20540	0.20884	0.21226	0.21566	0.21904	0.22240
0.6	0.22575	0.22907	0.23237	0.23565	0.23891	0.24215	0.24537	0.24857	0.25175	0.25490
0.7	0.25804	0.26115	0.26424	0.26730	0.27035	0.27337	0.27637	0.27935	0.28230	0.28524
0.8	0.28814	0.29103	0.29389	0.29673	0.29955	0.30234	0.30511	0.30785	0.31057	0.31327
0.9	0.31594	0.31859	0.32121	0.32381	0.32639	0.32894	0.33147	0.33398	0.33646	0.33891
1.0	0.34134	0.34375	0.34614	0.34849	0.35083	0.35314	0.35543	0.35769	0.35993	0.36214
1.1	0.36433	0.36650	0.36864	0.37076	0.37286	0.37493	0.37698	0.37900	0.38100	0.38298
1.2	0.38493	0.38686	0.38877	0.39065	0.39251	0.39435	0.39617	0.39796	0.39973	0.40147
1.3	0.40320	0.40490	0.40658	0.40824	0.40988	0.41149	0.41309	0.41466	0.41621	0.41774
1.4	0.41924	0.42073	0.42220	0.42364	0.42507	0.42647	0.42785	0.42922	0.43056	0.43189
1.5	0.43319	0.43448	0.43574	0.43699	0.43822	0.43943	0.44062	0.44179	0.44295	0.44408
1.6	0.44520	0.44630	0.44738	0.44845	0.44950	0.45053	0.45154	0.45254	0.45352	0.45449
1.7	0.45543	0.45637	0.45728	0.45818	0.45907	0.45994	0.46080	0.46164	0.46246	0.46327
1.8	0.46407	0.46485	0.46562	0.46638	0.46712	0.46784	0.46856	0.46926	0.46995	0.47062
1.9	0.47128	0.47193	0.47257	0.47320	0.47381	0.47441	0.47500	0.47558	0.47615	0.47670
2.0	0.47725	0.47778	0.47831	0.47882	0.47932	0.47982	0.48030	0.48077	0.48124	0.48169
2.1	0.48214	0.48257	0.48300	0.48341	0.48382	0.48422	0.48461	0.48500	0.48537	0.48574
2.2	0.48610	0.48645	0.48679	0.48713	0.48745	0.48778	0.48809	0.48840	0.48870	0.48899
2.3	0.48928	0.48956	0.48983	0.49010	0.49036	0.49061	0.49086	0.49111	0.49134	0.49158
2.4	0.49180	0.49202	0.49224	0.49245	0.49266	0.49286	0.49305	0.49324	0.49343	0.49361
2.5	0.49379	0.49396	0.49413	0.49430	0.49446	0.49461	0.49477	0.49492	0.49506	0.49520
2.6	0.49534	0.49547	0.49560	0.49573	0.49585	0.49598	0.49609	0.49621	0.49632	0.49643
2.7	0.49653	0.49664	0.49674	0.49683	0.49693	0.49702	0.49711	0.49720	0.49728	0.49736
2.8	0.49744	0.49752	0.49760	0.49767	0.49774	0.49781	0.49788	0.49795	0.49801	0.49807
2.9	0.49813	0.49819	0.49825	0.49831	0.49836	0.49841	0.49846	0.49851	0.49856	0.49861
3.0	0.49865	0.49869	0.49874	0.49878	0.49882	0.49886	0.49889	0.49893	0.49896	0.49900
3.1	0.49903	0.49906	0.49910	0.49913	0.49916	0.49918	0.49921	0.49924	0.49926	0.49929
3.2	0.49931	0.49934	0.49936	0.49938	0.49940	0.49942	0.49944	0.49946	0.49948	0.49950
3.3	0.49952	0.49953	0.49955	0.49957	0.49958	0.49960	0.49961	0.49962	0.49964	0.49965
3.4	0.49966	0.49968	0.49969	0.49970	0.49971	0.49972	0.49973	0.49974	0.49975	0.49976
3.5	0.49977	0.49978	0.49978	0.49979	0.49980	0.49981	0.49981	0.49982	0.49983	0.49983

上側 α 点

α	0.500	0.400	0.300	0.200	0.100	0.050	0.025	0.010	0.005	0.001
$z(\alpha)$	0.000	0.253	0.524	0.842	1.282	1.645	1.960	2.326	2.576	3.090

A.2 カイ 2 乗分布

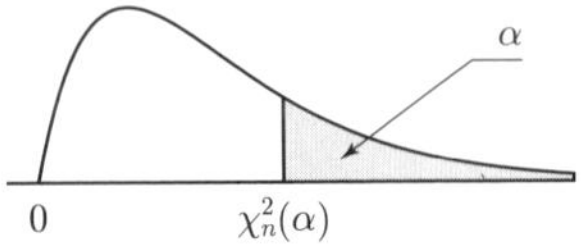

自由度 n のカイ 2 乗分布の上側 α 点

$$P(\chi^2 \geq \chi_n^2(\alpha)) = \alpha$$

n \ α	0.995	0.990	0.975	0.950	0.050	0.025	0.010	0.005
1	0.0^4393	0.0^3157	0.0^3982	0.0^2393	3.8415	5.0239	6.6349	7.8794
2	0.0100	0.0201	0.0506	0.1026	5.9915	7.3778	9.2103	10.5966
3	0.0717	0.1148	0.2158	0.3518	7.8147	9.3484	11.3449	12.8382
4	0.2070	0.2971	0.4844	0.7107	9.4877	11.1433	13.2767	14.8603
5	0.4117	0.5543	0.8312	1.1455	11.0705	12.8325	15.0863	16.7496
6	0.6757	0.8721	1.2373	1.6354	12.5916	14.4494	16.8119	18.5476
7	0.9893	1.2390	1.6899	2.1673	14.0671	16.0128	18.4753	20.2777
8	1.3444	1.6465	2.1797	2.7326	15.5073	17.5345	20.0902	21.9550
9	1.7349	2.0879	2.7004	3.3251	16.9190	19.0228	21.6660	23.5894
10	2.1559	2.5582	3.2470	3.9403	18.3070	20.4832	23.2093	25.1882
11	2.6032	3.0535	3.8157	4.5748	19.6751	21.9200	24.7250	26.7568
12	3.0738	3.5706	4.4038	5.2260	21.0261	23.3367	26.2170	28.2995
13	3.5650	4.1069	5.0088	5.8919	22.3620	24.7356	27.6882	29.8195
14	4.0747	4.6604	5.6287	6.5706	23.6848	26.1189	29.1412	31.3193
15	4.6009	5.2293	6.2621	7.2609	24.9958	27.4884	30.5779	32.8013
16	5.1422	5.8122	6.9077	7.9616	26.2962	28.8454	31.9999	34.2672
17	5.6972	6.4078	7.5642	8.6718	27.5871	30.1910	33.4087	35.7185
18	6.2648	7.0149	8.2307	9.3905	28.8693	31.5264	34.8053	37.1565
19	6.8440	7.6327	8.9065	10.1170	30.1435	32.8523	36.1909	38.5823
20	7.4338	8.2604	9.5908	10.8508	31.4104	34.1696	37.5662	39.9968
21	8.0337	8.8972	10.2829	11.5913	32.6706	35.4789	38.9322	41.4011
22	8.6427	9.5425	10.9823	12.3380	33.9244	36.7807	40.2894	42.7957
23	9.2604	10.1957	11.6886	13.0905	35.1725	38.0756	41.6384	44.1813
24	9.8862	10.8564	12.4012	13.8484	36.4150	39.3641	42.9798	45.5585
25	10.5197	11.5240	13.1197	14.6114	37.6525	40.6465	44.3141	46.9279
26	11.1602	12.1981	13.8439	15.3792	38.8851	41.9232	45.6417	48.2899
27	11.8076	12.8785	14.5734	16.1514	40.1133	43.1945	46.9629	49.6449
28	12.4613	13.5647	15.3079	16.9279	41.3371	44.4608	48.2782	50.9934
29	13.1211	14.2565	16.0471	17.7084	42.5570	45.7223	49.5879	52.3356
30	13.7867	14.9535	16.7908	18.4927	43.7730	46.9792	50.8922	53.6720
40	20.7065	22.1643	24.4330	26.5093	55.7585	59.3417	63.6907	66.7660
50	27.9907	29.7067	32.3574	34.7643	67.5048	71.4202	76.1539	79.4900
60	35.5345	37.4849	40.4817	43.1880	79.0819	83.2977	88.3794	91.9517
70	43.2752	45.4417	48.7576	51.7393	90.5312	95.0232	100.4252	104.2149
80	51.1719	53.5401	57.1532	60.3915	101.8795	106.6286	112.3288	116.3211
90	59.1963	61.7541	65.6466	69.1260	113.1453	118.1359	124.1163	128.2989
100	67.3276	70.0649	74.2219	77.9295	124.3421	129.5612	135.8067	140.1695

A.3　t 分布

自由度 n の t 分布の上側 α 点

$$P(t \geq t_n(\alpha)) = \alpha$$

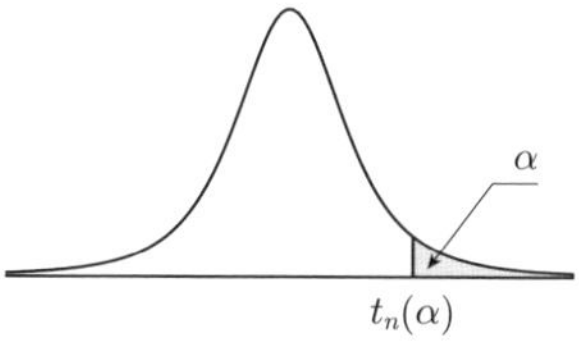

n \ α	0.250	0.200	0.150	0.100	0.050	0.025	0.010	0.005	0.001
1	1.00000	1.37638	1.96261	3.07768	6.31375	12.70620	31.82052	63.65674	318.30884
2	0.81650	1.06066	1.38621	1.88562	2.91999	4.30265	6.96456	9.92484	22.32712
3	0.76489	0.97847	1.24978	1.63774	2.35336	3.18245	4.54070	5.84091	10.21453
4	0.74070	0.94096	1.18957	1.53321	2.13185	2.77645	3.74695	4.60409	7.17318
5	0.72669	0.91954	1.15577	1.47588	2.01505	2.57058	3.36493	4.03214	5.89343
6	0.71756	0.90570	1.13416	1.43976	1.94318	2.44691	3.14267	3.70743	5.20763
7	0.71114	0.89603	1.11916	1.41492	1.89458	2.36462	2.99795	3.49948	4.78529
8	0.70639	0.88889	1.10815	1.39682	1.85955	2.30600	2.89646	3.35539	4.50079
9	0.70272	0.88340	1.09972	1.38303	1.83311	2.26216	2.82144	3.24984	4.29681
10	0.69981	0.87906	1.09306	1.37218	1.81246	2.22814	2.76377	3.16927	4.14370
11	0.69745	0.87553	1.08767	1.36343	1.79588	2.20099	2.71808	3.10581	4.02470
12	0.69548	0.87261	1.08321	1.35622	1.78229	2.17881	2.68100	3.05454	3.92963
13	0.69383	0.87015	1.07947	1.35017	1.77093	2.16037	2.65031	3.01228	3.85198
14	0.69242	0.86805	1.07628	1.34503	1.76131	2.14479	2.62449	2.97684	3.78739
15	0.69120	0.86624	1.07353	1.34061	1.75305	2.13145	2.60248	2.94671	3.73283
16	0.69013	0.86467	1.07114	1.33676	1.74588	2.11991	2.58349	2.92078	3.68615
17	0.68920	0.86328	1.06903	1.33338	1.73961	2.10982	2.56693	2.89823	3.64577
18	0.68836	0.86205	1.06717	1.33039	1.73406	2.10092	2.55238	2.87844	3.61048
19	0.68762	0.86095	1.06551	1.32773	1.72913	2.09302	2.53948	2.86093	3.57940
20	0.68695	0.85996	1.06402	1.32534	1.72472	2.08596	2.52798	2.84534	3.55181
21	0.68635	0.85907	1.06267	1.32319	1.72074	2.07961	2.51765	2.83136	3.52715
22	0.68581	0.85827	1.06145	1.32124	1.71714	2.07387	2.50832	2.81876	3.50499
23	0.68531	0.85753	1.06034	1.31946	1.71387	2.06866	2.49987	2.80734	3.48496
24	0.68485	0.85686	1.05932	1.31784	1.71088	2.06390	2.49216	2.79694	3.46678
25	0.68443	0.85624	1.05838	1.31635	1.70814	2.05954	2.48511	2.78744	3.45019
26	0.68404	0.85567	1.05752	1.31497	1.70562	2.05553	2.47863	2.77871	3.43500
27	0.68368	0.85514	1.05673	1.31370	1.70329	2.05183	2.47266	2.77068	3.42103
28	0.68335	0.85465	1.05599	1.31253	1.70113	2.04841	2.46714	2.76326	3.40816
29	0.68304	0.85419	1.05530	1.31143	1.69913	2.04523	2.46202	2.75639	3.39624
30	0.68276	0.85377	1.05466	1.31042	1.69726	2.04227	2.45726	2.75000	3.38518
35	0.68156	0.85201	1.05202	1.30621	1.68957	2.03011	2.43772	2.72381	3.34005
40	0.68067	0.85070	1.05005	1.30308	1.68385	2.02108	2.42326	2.70446	3.30688
45	0.67998	0.84968	1.04852	1.30065	1.67943	2.01410	2.41212	2.68959	3.28148
50	0.67943	0.84887	1.04729	1.29871	1.67591	2.00856	2.40327	2.67779	3.26141
∞	0.67449	0.84162	1.03643	1.28155	1.64485	1.95996	2.32635	2.57583	3.09023

$n = \infty$ は標準正規分布である.

A.4 F 分布

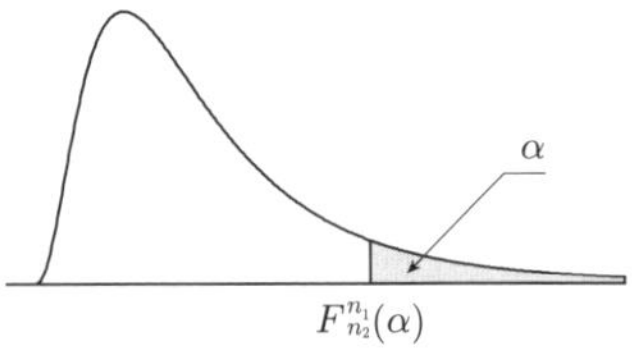

自由度 (n_1, n_2) の F 分布の上側 α 点

$$P(F \geq F^{n_1}_{n_2}(\alpha)) = \alpha$$

$\alpha = 0.01$

$n_2 \backslash n_1$	1	2	3	4	5	6	7	8	9
1	4052.18	4999.50	5403.35	5624.58	5763.65	5858.99	5928.36	5981.07	6022.47
2	98.5025	99.0000	99.1662	99.2494	99.2993	99.3326	99.3564	99.3742	99.3881
3	34.1162	30.8165	29.4567	28.7099	28.2371	27.9107	27.6717	27.4892	27.3452
4	21.1977	18.0000	16.6944	15.9770	15.5219	15.2069	14.9758	14.7989	14.6591
5	16.2582	13.2739	12.0600	11.3919	10.9670	10.6723	10.4555	10.2893	10.1578
6	13.7450	10.9248	9.7795	9.1483	8.7459	8.4661	8.2600	8.1017	7.9761
7	12.2464	9.5466	8.4513	7.8466	7.4604	7.1914	6.9928	6.8400	6.7188
8	11.2586	8.6491	7.5910	7.0061	6.6318	6.3707	6.1776	6.0289	5.9106
9	10.5614	8.0215	6.9919	6.4221	6.0569	5.8018	5.6129	5.4671	5.3511
10	10.0443	7.5594	6.5523	5.9943	5.6363	5.3858	5.2001	5.0567	4.9424
11	9.6460	7.2057	6.2167	5.6683	5.3160	5.0692	4.8861	4.7445	4.6315
12	9.3302	6.9266	5.9525	5.4120	5.0643	4.8206	4.6395	4.4994	4.3875
13	9.0738	6.7010	5.7394	5.2053	4.8616	4.6204	4.4410	4.3021	4.1911
14	8.8616	6.5149	5.5639	5.0354	4.6950	4.4558	4.2779	4.1399	4.0297
15	8.6831	6.3589	5.4170	4.8932	4.5556	4.3183	4.1415	4.0045	3.8948
16	8.5310	6.2262	5.2922	4.7726	4.4374	4.2016	4.0259	3.8896	3.7804
17	8.3997	6.1121	5.1850	4.6690	4.3359	4.1015	3.9267	3.7910	3.6822
18	8.2854	6.0129	5.0919	4.5790	4.2479	4.0146	3.8406	3.7054	3.5971
19	8.1849	5.9259	5.0103	4.5003	4.1708	3.9386	3.7653	3.6305	3.5225
20	8.0960	5.8489	4.9382	4.4307	4.1027	3.8714	3.6987	3.5644	3.4567
22	7.9454	5.7190	4.8166	4.3134	3.9880	3.7583	3.5867	3.4530	3.3458
24	7.8229	5.6136	4.7181	4.2184	3.8951	3.6667	3.4959	3.3629	3.2560
26	7.7213	5.5263	4.6366	4.1400	3.8183	3.5911	3.4210	3.2884	3.1818
28	7.6356	5.4529	4.5681	4.0740	3.7539	3.5276	3.3581	3.2259	3.1195
30	7.5625	5.3903	4.5097	4.0179	3.6990	3.4735	3.3045	3.1726	3.0665
32	7.4993	5.3363	4.4594	3.9695	3.6517	3.4269	3.2583	3.1267	3.0208
34	7.4441	5.2893	4.4156	3.9273	3.6106	3.3863	3.2182	3.0868	2.9810
36	7.3956	5.2479	4.3771	3.8903	3.5744	3.3507	3.1829	3.0517	2.9461
38	7.3525	5.2112	4.3430	3.8575	3.5424	3.3191	3.1516	3.0207	2.9151
40	7.3141	5.1785	4.3126	3.8283	3.5138	3.2910	3.1238	2.9930	2.8876
45	7.2339	5.1103	4.2492	3.7674	3.4544	3.2325	3.0658	2.9353	2.8301
50	7.1706	5.0566	4.1993	3.7195	3.4077	3.1864	3.0202	2.8900	2.7850
60	7.0771	4.9774	4.1259	3.6490	3.3389	3.1187	2.9530	2.8233	2.7185
70	7.0114	4.9219	4.0744	3.5996	3.2907	3.0712	2.9060	2.7765	2.6719
80	6.9627	4.8807	4.0363	3.5631	3.2550	3.0361	2.8713	2.7420	2.6374
90	6.9251	4.8491	4.0070	3.5350	3.2276	3.0091	2.8445	2.7154	2.6109
100	6.8953	4.8239	3.9837	3.5127	3.2059	2.9877	2.8233	2.6943	2.5898
∞	6.6349	4.6052	3.7816	3.3192	3.0173	2.8020	2.6393	2.5113	2.4073

$\alpha = 0.01$

10	15	20	25	30	35	40	50	100	∞
6055.85	6157.28	6208.73	6239.83	6260.65	6275.57	6286.78	6302.52	6334.11	6365.86
99.3992	99.4325	99.4492	99.4592	99.4658	99.4706	99.4742	99.4792	99.4892	99.4992
27.2287	26.8722	26.6898	26.5790	26.5045	26.4511	26.4108	26.3542	26.2402	26.1252
14.5459	14.1982	14.0196	13.9109	13.8377	13.7850	13.7454	13.6896	13.5770	13.4631
10.0510	9.7222	9.5526	9.4491	9.3793	9.3291	9.2912	9.2378	9.1299	9.0204
7.8741	7.5590	7.3958	7.2960	7.2285	7.1799	7.1432	7.0915	6.9867	6.8800
6.6201	6.3143	6.1554	6.0580	5.9920	5.9444	5.9084	5.8577	5.7547	5.6495
5.8143	5.5151	5.3591	5.2631	5.1981	5.1512	5.1156	5.0654	4.9633	4.8588
5.2565	4.9621	4.8080	4.7130	4.6486	4.6020	4.5666	4.5167	4.4150	4.3105
4.8491	4.5581	4.4054	4.3111	4.2469	4.2005	4.1653	4.1155	4.0137	3.9090
4.5393	4.2509	4.0990	4.0051	3.9411	3.8948	3.8596	3.8097	3.7077	3.6024
4.2961	4.0096	3.8584	3.7647	3.7008	3.6544	3.6192	3.5692	3.4668	3.3608
4.1003	3.8154	3.6646	3.5710	3.5070	3.4606	3.4253	3.3752	3.2723	3.1654
3.9394	3.6557	3.5052	3.4116	3.3476	3.3010	3.2656	3.2153	3.1118	3.0040
3.8049	3.5222	3.3719	3.2782	3.2141	3.1674	3.1319	3.0814	2.9772	2.8684
3.6909	3.4089	3.2587	3.1650	3.1007	3.0539	3.0182	2.9675	2.8627	2.7528
3.5931	3.3117	3.1615	3.0676	3.0032	2.9563	2.9205	2.8694	2.7639	2.6530
3.5082	3.2273	3.0771	2.9831	2.9185	2.8714	2.8354	2.7841	2.6779	2.5660
3.4338	3.1533	3.0031	2.9089	2.8442	2.7969	2.7608	2.7093	2.6023	2.4893
3.3682	3.0880	2.9377	2.8434	2.7785	2.7310	2.6947	2.6430	2.5353	2.4212
3.2576	2.9779	2.8274	2.7328	2.6675	2.6197	2.5831	2.5308	2.4217	2.3055
3.1681	2.8887	2.7380	2.6430	2.5773	2.5292	2.4923	2.4395	2.3291	2.2107
3.0941	2.8150	2.6640	2.5686	2.5026	2.4542	2.4170	2.3637	2.2519	2.1315
3.0320	2.7530	2.6017	2.5060	2.4397	2.3909	2.3535	2.2997	2.1867	2.0642
2.9791	2.7002	2.5487	2.4526	2.3860	2.3369	2.2992	2.2450	2.1307	2.0062
2.9335	2.6546	2.5029	2.4065	2.3395	2.2902	2.2523	2.1976	2.0821	1.9557
2.8938	2.6150	2.4629	2.3662	2.2990	2.2494	2.2112	2.1562	2.0396	1.9113
2.8589	2.5801	2.4278	2.3308	2.2633	2.2135	2.1751	2.1197	2.0019	1.8718
2.8281	2.5492	2.3967	2.2994	2.2317	2.1816	2.1430	2.0872	1.9684	1.8365
2.8005	2.5216	2.3689	2.2714	2.2034	2.1531	2.1142	2.0581	1.9383	1.8047
2.7432	2.4642	2.3109	2.2129	2.1443	2.0934	2.0542	1.9972	1.8751	1.7374
2.6981	2.4190	2.2652	2.1667	2.0976	2.0463	2.0066	1.9490	1.8248	1.6831
2.6318	2.3523	2.1978	2.0984	2.0285	1.9764	1.9360	1.8772	1.7493	1.6006
2.5852	2.3055	2.1504	2.0503	1.9797	1.9271	1.8861	1.8263	1.6954	1.5404
2.5508	2.2709	2.1153	2.0146	1.9435	1.8904	1.8489	1.7883	1.6548	1.4942
2.5243	2.2442	2.0882	1.9871	1.9155	1.8619	1.8201	1.7588	1.6231	1.4574
2.5033	2.2230	2.0666	1.9652	1.8933	1.8393	1.7972	1.7353	1.5977	1.4272
2.3209	2.0385	1.8783	1.7726	1.6964	1.6383	1.5923	1.5231	1.3581	1.0000

自由度 (n_1, n_2) の F 分布の上側 α 点

$$P(F \geq F_{n_2}^{n_1}(\alpha)) = \alpha$$

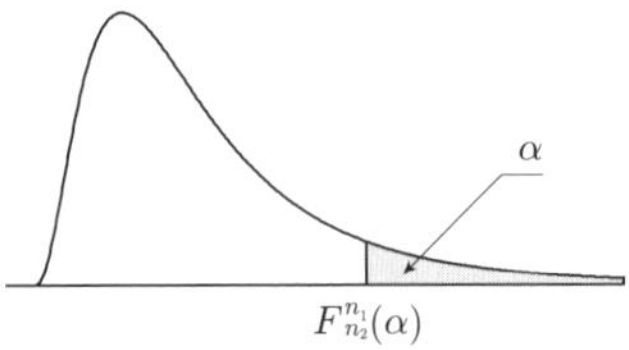

$\alpha = 0.025$

n_2 \ n_1	1	2	3	4	5	6	7	8	9
1	647.789	799.500	864.163	899.583	921.848	937.111	948.217	956.656	963.285
2	38.5063	39.0000	39.1655	39.2484	39.2982	39.3315	39.3552	39.3730	39.3869
3	17.4434	16.0441	15.4392	15.1010	14.8848	14.7347	14.6244	14.5399	14.4731
4	12.2179	10.6491	9.9792	9.6045	9.3645	9.1973	9.0741	8.9796	8.9047
5	10.0070	8.4336	7.7636	7.3879	7.1464	6.9777	6.8531	6.7572	6.6811
6	8.8131	7.2599	6.5988	6.2272	5.9876	5.8198	5.6955	5.5996	5.5234
7	8.0727	6.5415	5.8898	5.5226	5.2852	5.1186	4.9949	4.8993	4.8232
8	7.5709	6.0595	5.4160	5.0526	4.8173	4.6517	4.5286	4.4333	4.3572
9	7.2093	5.7147	5.0781	4.7181	4.4844	4.3197	4.1970	4.1020	4.0260
10	6.9367	5.4564	4.8256	4.4683	4.2361	4.0721	3.9498	3.8549	3.7790
11	6.7241	5.2559	4.6300	4.2751	4.0440	3.8807	3.7586	3.6638	3.5879
12	6.5538	5.0959	4.4742	4.1212	3.8911	3.7283	3.6065	3.5118	3.4358
13	6.4143	4.9653	4.3472	3.9959	3.7667	3.6043	3.4827	3.3880	3.3120
14	6.2979	4.8567	4.2417	3.8919	3.6634	3.5014	3.3799	3.2853	3.2093
15	6.1995	4.7650	4.1528	3.8043	3.5764	3.4147	3.2934	3.1987	3.1227
16	6.1151	4.6867	4.0768	3.7294	3.5021	3.3406	3.2194	3.1248	3.0488
17	6.0420	4.6189	4.0112	3.6648	3.4379	3.2767	3.1556	3.0610	2.9849
18	5.9781	4.5597	3.9539	3.6083	3.3820	3.2209	3.0999	3.0053	2.9291
19	5.9216	4.5075	3.9034	3.5587	3.3327	3.1718	3.0509	2.9563	2.8801
20	5.8715	4.4613	3.8587	3.5147	3.2891	3.1283	3.0074	2.9128	2.8365
22	5.7863	4.3828	3.7829	3.4401	3.2151	3.0546	2.9338	2.8392	2.7628
24	5.7166	4.3187	3.7211	3.3794	3.1548	2.9946	2.8738	2.7791	2.7027
26	5.6586	4.2655	3.6697	3.3289	3.1048	2.9447	2.8240	2.7293	2.6528
28	5.6096	4.2205	3.6264	3.2863	3.0626	2.9027	2.7820	2.6872	2.6106
30	5.5675	4.1821	3.5894	3.2499	3.0265	2.8667	2.7460	2.6513	2.5746
32	5.5311	4.1488	3.5573	3.2185	2.9953	2.8356	2.7150	2.6202	2.5434
34	5.4993	4.1197	3.5293	3.1910	2.9680	2.8085	2.6878	2.5930	2.5162
36	5.4712	4.0941	3.5047	3.1668	2.9440	2.7846	2.6639	2.5691	2.4922
38	5.4463	4.0713	3.4828	3.1453	2.9227	2.7633	2.6427	2.5478	2.4710
40	5.4239	4.0510	3.4633	3.1261	2.9037	2.7444	2.6238	2.5289	2.4519
45	5.3773	4.0085	3.4224	3.0860	2.8640	2.7048	2.5842	2.4892	2.4122
50	5.3403	3.9749	3.3902	3.0544	2.8327	2.6736	2.5530	2.4579	2.3808
60	5.2856	3.9253	3.3425	3.0077	2.7863	2.6274	2.5068	2.4117	2.3344
70	5.2470	3.8903	3.3090	2.9748	2.7537	2.5949	2.4743	2.3791	2.3017
80	5.2184	3.8643	3.2841	2.9504	2.7295	2.5708	2.4502	2.3549	2.2775
90	5.1962	3.8443	3.2649	2.9315	2.7109	2.5522	2.4316	2.3363	2.2588
100	5.1786	3.8284	3.2496	2.9166	2.6961	2.5374	2.4168	2.3215	2.2439
∞	5.0239	3.6889	3.1161	2.7858	2.5665	2.4082	2.2875	2.1918	2.1136

$\alpha = 0.025$

10	15	20	25	30	35	40	50	100	∞
968.627	984.867	993.103	998.081	1001.41	1003.80	1005.60	1008.12	1013.17	1018.26
39.3980	39.4313	39.4479	39.4579	39.4646	39.4693	39.4729	39.4779	39.4879	39.4979
14.4189	14.2527	14.1674	14.1155	14.0805	14.0554	14.0365	14.0099	13.9563	13.9021
8.8439	8.6565	8.5599	8.5010	8.4613	8.4327	8.4111	8.3808	8.3195	8.2573
6.6192	6.4277	6.3286	6.2679	6.2269	6.1973	6.1750	6.1436	6.0800	6.0153
5.4613	5.2687	5.1684	5.1069	5.0652	5.0352	5.0125	4.9804	4.9154	4.8491
4.7611	4.5678	4.4667	4.4045	4.3624	4.3319	4.3089	4.2763	4.2101	4.1423
4.2951	4.1012	3.9995	3.9367	3.8940	3.8632	3.8398	3.8067	3.7393	3.6702
3.9639	3.7694	3.6669	3.6035	3.5604	3.5292	3.5055	3.4719	3.4034	3.3329
3.7168	3.5217	3.4185	3.3546	3.3110	3.2794	3.2554	3.2214	3.1517	3.0798
3.5257	3.3299	3.2261	3.1616	3.1176	3.0856	3.0613	3.0268	2.9561	2.8828
3.3736	3.1772	3.0728	3.0077	2.9633	2.9309	2.9063	2.8714	2.7996	2.7249
3.2497	3.0527	2.9477	2.8821	2.8372	2.8046	2.7797	2.7443	2.6715	2.5955
3.1469	2.9493	2.8437	2.7777	2.7324	2.6994	2.6742	2.6384	2.5646	2.4872
3.0602	2.8621	2.7559	2.6894	2.6437	2.6104	2.5850	2.5488	2.4739	2.3953
2.9862	2.7875	2.6808	2.6138	2.5678	2.5342	2.5085	2.4719	2.3961	2.3163
2.9222	2.7230	2.6158	2.5484	2.5020	2.4681	2.4422	2.4053	2.3285	2.2474
2.8664	2.6667	2.5590	2.4912	2.4445	2.4103	2.3842	2.3468	2.2692	2.1869
2.8172	2.6171	2.5089	2.4408	2.3937	2.3593	2.3329	2.2952	2.2167	2.1333
2.7737	2.5731	2.4645	2.3959	2.3486	2.3139	2.2873	2.2493	2.1699	2.0853
2.6998	2.4984	2.3890	2.3198	2.2718	2.2366	2.2097	2.1710	2.0901	2.0032
2.6396	2.4374	2.3273	2.2574	2.2090	2.1733	2.1460	2.1067	2.0243	1.9353
2.5896	2.3867	2.2759	2.2054	2.1565	2.1205	2.0928	2.0530	1.9691	1.8781
2.5473	2.3438	2.2324	2.1615	2.1121	2.0757	2.0477	2.0073	1.9221	1.8291
2.5112	2.3072	2.1952	2.1237	2.0739	2.0372	2.0089	1.9681	1.8816	1.7867
2.4799	2.2754	2.1629	2.0910	2.0408	2.0037	1.9752	1.9339	1.8462	1.7495
2.4526	2.2476	2.1346	2.0623	2.0118	1.9744	1.9456	1.9039	1.8151	1.7166
2.4286	2.2231	2.1097	2.0370	1.9862	1.9485	1.9194	1.8773	1.7874	1.6873
2.4072	2.2014	2.0875	2.0145	1.9634	1.9254	1.8961	1.8536	1.7627	1.6609
2.3882	2.1819	2.0677	1.9943	1.9429	1.9047	1.8752	1.8324	1.7405	1.6371
2.3483	2.1412	2.0262	1.9521	1.9000	1.8613	1.8313	1.7876	1.6935	1.5864
2.3168	2.1090	1.9933	1.9186	1.8659	1.8267	1.7963	1.7520	1.6558	1.5452
2.2702	2.0613	1.9445	1.8687	1.8152	1.7752	1.7440	1.6985	1.5990	1.4821
2.2374	2.0277	1.9100	1.8334	1.7792	1.7386	1.7069	1.6604	1.5581	1.4357
2.2130	2.0026	1.8843	1.8071	1.7523	1.7112	1.6790	1.6318	1.5271	1.3997
2.1942	1.9833	1.8644	1.7867	1.7315	1.6899	1.6574	1.6095	1.5028	1.3710
2.1793	1.9679	1.8486	1.7705	1.7148	1.6729	1.6401	1.5917	1.4833	1.3473
2.0483	1.8326	1.7085	1.6259	1.5660	1.5201	1.4835	1.4284	1.2956	1.0000

自由度 (n_1, n_2) の F 分布の上側 α 点

$$P(F \geq F^{n_1}_{n_2}(\alpha)) = \alpha$$

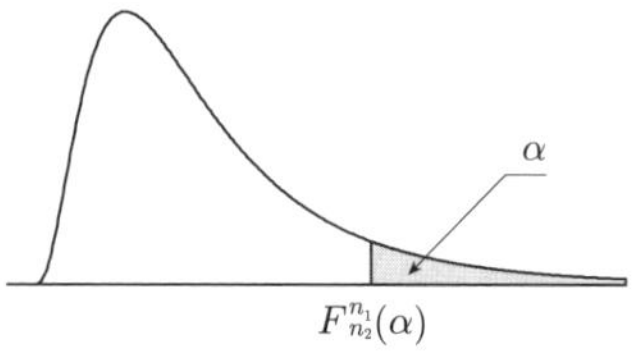

$\alpha = 0.05$

n_2 \ n_1	1	2	3	4	5	6	7	8	9
1	161.448	199.500	215.707	224.583	230.162	233.986	236.768	238.883	240.543
2	18.5128	19.0000	19.1643	19.2468	19.2964	19.3295	19.3532	19.3710	19.3848
3	10.1280	9.5521	9.2766	9.1172	9.0135	8.9406	8.8867	8.8452	8.8123
4	7.7086	6.9443	6.5914	6.3882	6.2561	6.1631	6.0942	6.0410	5.9988
5	6.6079	5.7861	5.4095	5.1922	5.0503	4.9503	4.8759	4.8183	4.7725
6	5.9874	5.1433	4.7571	4.5337	4.3874	4.2839	4.2067	4.1468	4.0990
7	5.5914	4.7374	4.3468	4.1203	3.9715	3.8660	3.7870	3.7257	3.6767
8	5.3177	4.4590	4.0662	3.8379	3.6875	3.5806	3.5005	3.4381	3.3881
9	5.1174	4.2565	3.8625	3.6331	3.4817	3.3738	3.2927	3.2296	3.1789
10	4.9646	4.1028	3.7083	3.4780	3.3258	3.2172	3.1355	3.0717	3.0204
11	4.8443	3.9823	3.5874	3.3567	3.2039	3.0946	3.0123	2.9480	2.8962
12	4.7472	3.8853	3.4903	3.2592	3.1059	2.9961	2.9134	2.8486	2.7964
13	4.6672	3.8056	3.4105	3.1791	3.0254	2.9153	2.8321	2.7669	2.7144
14	4.6001	3.7389	3.3439	3.1122	2.9582	2.8477	2.7642	2.6987	2.6458
15	4.5431	3.6823	3.2874	3.0556	2.9013	2.7905	2.7066	2.6408	2.5876
16	4.4940	3.6337	3.2389	3.0069	2.8524	2.7413	2.6572	2.5911	2.5377
17	4.4513	3.5915	3.1968	2.9647	2.8100	2.6987	2.6143	2.5480	2.4943
18	4.4139	3.5546	3.1599	2.9277	2.7729	2.6613	2.5767	2.5102	2.4563
19	4.3807	3.5219	3.1274	2.8951	2.7401	2.6283	2.5435	2.4768	2.4227
20	4.3512	3.4928	3.0984	2.8661	2.7109	2.5990	2.5140	2.4471	2.3928
22	4.3009	3.4434	3.0491	2.8167	2.6613	2.5491	2.4638	2.3965	2.3419
24	4.2597	3.4028	3.0088	2.7763	2.6207	2.5082	2.4226	2.3551	2.3002
26	4.2252	3.3690	2.9752	2.7426	2.5868	2.4741	2.3883	2.3205	2.2655
28	4.1960	3.3404	2.9467	2.7141	2.5581	2.4453	2.3593	2.2913	2.2360
30	4.1709	3.3158	2.9223	2.6896	2.5336	2.4205	2.3343	2.2662	2.2107
32	4.1491	3.2945	2.9011	2.6684	2.5123	2.3991	2.3127	2.2444	2.1888
34	4.1300	3.2759	2.8826	2.6499	2.4936	2.3803	2.2938	2.2253	2.1696
36	4.1132	3.2594	2.8663	2.6335	2.4772	2.3638	2.2771	2.2085	2.1526
38	4.0982	3.2448	2.8517	2.6190	2.4625	2.3490	2.2623	2.1936	2.1375
40	4.0847	3.2317	2.8387	2.6060	2.4495	2.3359	2.2490	2.1802	2.1240
45	4.0566	3.2043	2.8115	2.5787	2.4221	2.3083	2.2212	2.1521	2.0958
50	4.0343	3.1826	2.7900	2.5572	2.4004	2.2864	2.1992	2.1299	2.0734
60	4.0012	3.1504	2.7581	2.5252	2.3683	2.2541	2.1665	2.0970	2.0401
70	3.9778	3.1277	2.7355	2.5027	2.3456	2.2312	2.1435	2.0737	2.0166
80	3.9604	3.1108	2.7188	2.4859	2.3287	2.2142	2.1263	2.0564	1.9991
90	3.9469	3.0977	2.7058	2.4729	2.3157	2.2011	2.1131	2.0430	1.9856
100	3.9361	3.0873	2.6955	2.4626	2.3053	2.1906	2.1025	2.0323	1.9748
∞	3.8415	2.9957	2.6049	2.3719	2.2141	2.0986	2.0096	1.9384	1.8799

$\alpha = 0.05$

10	15	20	25	30	35	40	50	100	∞
241.882	245.950	248.013	249.260	250.095	250.693	251.143	251.774	253.041	254.314
19.3959	19.4291	19.4458	19.4558	19.4624	19.4672	19.4707	19.4757	19.4857	19.4957
8.7855	8.7029	8.6602	8.6341	8.6166	8.6039	8.5944	8.5810	8.5539	8.5264
5.9644	5.8578	5.8025	5.7687	5.7459	5.7294	5.7170	5.6995	5.6641	5.6281
4.7351	4.6188	4.5581	4.5209	4.4957	4.4775	4.4638	4.4444	4.4051	4.3650
4.0600	3.9381	3.8742	3.8348	3.8082	3.7889	3.7743	3.7537	3.7117	3.6689
3.6365	3.5107	3.4445	3.4036	3.3758	3.3557	3.3404	3.3189	3.2749	3.2298
3.3472	3.2184	3.1503	3.1081	3.0794	3.0586	3.0428	3.0204	2.9747	2.9276
3.1373	3.0061	2.9365	2.8932	2.8637	2.8422	2.8259	2.8028	2.7556	2.7067
2.9782	2.8450	2.7740	2.7298	2.6996	2.6776	2.6609	2.6371	2.5884	2.5379
2.8536	2.7186	2.6464	2.6014	2.5705	2.5480	2.5309	2.5066	2.4566	2.4045
2.7534	2.6169	2.5436	2.4977	2.4663	2.4433	2.4259	2.4010	2.3498	2.2962
2.6710	2.5331	2.4589	2.4123	2.3803	2.3570	2.3392	2.3138	2.2614	2.2064
2.6022	2.4630	2.3879	2.3407	2.3082	2.2845	2.2664	2.2405	2.1870	2.1307
2.5437	2.4034	2.3275	2.2797	2.2468	2.2227	2.2043	2.1780	2.1234	2.0658
2.4935	2.3522	2.2756	2.2272	2.1938	2.1694	2.1507	2.1240	2.0685	2.0096
2.4499	2.3077	2.2304	2.1815	2.1477	2.1229	2.1040	2.0769	2.0204	1.9604
2.4117	2.2686	2.1906	2.1413	2.1071	2.0821	2.0629	2.0354	1.9780	1.9168
2.3779	2.2341	2.1555	2.1057	2.0712	2.0458	2.0264	1.9986	1.9403	1.8780
2.3479	2.2033	2.1242	2.0739	2.0391	2.0135	1.9938	1.9656	1.9066	1.8432
2.2967	2.1508	2.0707	2.0196	1.9842	1.9581	1.9380	1.9092	1.8486	1.7831
2.2547	2.1077	2.0267	1.9750	1.9390	1.9124	1.8920	1.8625	1.8005	1.7330
2.2197	2.0716	1.9898	1.9375	1.9010	1.8740	1.8533	1.8233	1.7599	1.6906
2.1900	2.0411	1.9586	1.9057	1.8687	1.8414	1.8203	1.7898	1.7251	1.6541
2.1646	2.0148	1.9317	1.8782	1.8409	1.8132	1.7918	1.7609	1.6950	1.6223
2.1425	1.9920	1.9083	1.8544	1.8166	1.7886	1.7670	1.7356	1.6687	1.5943
2.1231	1.9720	1.8877	1.8334	1.7953	1.7670	1.7451	1.7134	1.6454	1.5694
2.1061	1.9543	1.8696	1.8149	1.7764	1.7478	1.7257	1.6936	1.6246	1.5471
2.0909	1.9386	1.8534	1.7983	1.7596	1.7307	1.7084	1.6759	1.6060	1.5271
2.0772	1.9245	1.8389	1.7835	1.7444	1.7154	1.6928	1.6600	1.5892	1.5089
2.0487	1.8949	1.8084	1.7522	1.7126	1.6830	1.6599	1.6264	1.5536	1.4700
2.0261	1.8714	1.7841	1.7273	1.6872	1.6571	1.6337	1.5995	1.5249	1.4383
1.9926	1.8364	1.7480	1.6902	1.6491	1.6183	1.5943	1.5590	1.4814	1.3893
1.9689	1.8117	1.7223	1.6638	1.6220	1.5906	1.5661	1.5300	1.4498	1.3529
1.9512	1.7932	1.7032	1.6440	1.6017	1.5699	1.5449	1.5081	1.4259	1.3247
1.9376	1.7789	1.6883	1.6286	1.5859	1.5537	1.5284	1.4910	1.4070	1.3020
1.9267	1.7675	1.6764	1.6163	1.5733	1.5407	1.5151	1.4772	1.3917	1.2832
1.8307	1.6664	1.5705	1.5061	1.4591	1.4229	1.3940	1.3501	1.2434	1.0000

参考文献

本書の執筆にあたり参考にした関連書籍は多数あり，そのすべての著者と出版社に感謝申し上げるとともに，読者の便宜を念頭に少数を紹介するにとどめざるを得ないことをご容赦願いたい．また，データ解析の急速な広まりとともに，その基礎付けを与える統計学に関する良書も次々に出版されているので，自分にあった書物を見つけてさらに学習を進めて欲しい．

[1] P. G. ホーエル（浅井 晃・村上正康 訳）：初等統計学（第 4 版），培風館，1981，325p.

[2] 稲垣宣生・吉田光雄・山根芳知：統計学講義—データ科学の数理，裳華房，2007，176p.

[3] E. クライツィグ（田栗正章 訳）：確率と統計（原著第 8 版），培風館，2004，170p.

[4] 根岸龍雄・階堂武郎：医系の統計入門（第 2 版），森北出版，2013，192p.

[5] 東京大学教養学部統計学教室（編集）：統計学入門（基礎統計学 I），東京大学出版会，1991，307p.

[6] P. G. ホーエル（浅井晃・村上正康 訳）：入門数理統計学，培風館，1978，404p.

[7] 蓑谷千凰彦：統計学入門，東京図書，2004，425p.

[8] 山田 秀・松浦 峻：統計的データ解析の基本，サイエンス社，2019，315p.

[9] 尾畑伸明：数理統計学の基礎，共立出版，2014，290p.

[10] 尾畑伸明：確率統計要論—確率モデルを中心にして，牧野書店，2007，245p.

[1-4] は標準的な内容をコンパクトにまとめた統計学の入門書．[3] は工学系，[4] は医学系を意識した題材を選んであり，高度過ぎない記述で読みやすい．[5-8] は幅広くかなり高度なことまで丁寧に書かれている．本書で省いたやや高度な議論については [9] を，確率の基本的なアイデアについては [10] も参照されたい．

[11] 大平 徹：確率論講義ノート，森北出版，2017，194p.

[12] G. ブロム・L. ホルスト・D. サンデル（森 真 訳）：確率論へようこそ，丸善出版，2018，288p.

[13] 国沢清典（編）：確率統計演習 2 統計，培風館，1996，291p.

[14] 前園宜彦：詳解演習 確率統計，サイエンス社，2010，215p.

統計学の数理的基礎にとどまらず，確率論の広がりを知るための入門書として

[11, 12] をあげておこう．[13, 14] は演習書であり，親切な説明ともあいまって役に立つ．

[15] 栗原伸一：入門統計学—検定から多変量解析・実験計画法まで，オーム社，2011，336p.
[16] 田中 豊・脇本和昌：多変量統計解析法，現代数学社，1983，296p.
[17] 小西貞則：多変量解析入門—線形から非線形へ，岩波書店，2010，320p.
[18] 東京大学教養学部統計学教室（編集）：人文・社会科学の統計学（基礎統計学II），東京大学出版会，1994，404p.

[15-17] は多変量解析の基本的な手法と理論を学ぶのに便利である．[18] は人文・社会科学からの本格的な題材が取り入れられており，やや高度である．

[19] C. R. ラオ（藤越康祝・柳井晴夫・田栗正章 訳）：統計学とは何か—偶然を生かす，ちくま学芸文庫，筑摩書房，2010，321p.
[20] I. ハッキング（石原英樹・重田園江 訳）：偶然を飼いならす—統計学と第二次科学革命，木鐸社，1999，353p.
[21] 小杉 肇：統計学史，恒星社厚生閣，1974，338p.

[19] は現代統計学の第一人者による統計学の啓蒙書であり，豊富な具体例が様々なエピソードとともに描かれている．[20, 21] は歴史的な視点から興味深いことがたくさん書かれている．

略　解

第 2 章

問題 2.1　略.

問題 2.2　階級値を a_i とすれば，この階級に落ちるデータ x は $a_i - d/2 \le x \le a_i + d/2$ を満たす．この階級に落ちるデータの個数を k_i, そのデータの総和を S_i とすれば，$|S_i - k_i a_i| \le (d/2)k_i$ がわかる．そうすると，

$$|\bar{x} - a| = \left| \frac{1}{n} \sum_i S_i - \frac{1}{n} \sum_i k_i a_i \right| \le \frac{1}{n} \sum_i |S_i - k_i a_i| \le \frac{1}{n} \sum_i \frac{d}{2} k_i = \frac{d}{2}.$$

問題 2.3　$\bar{x} = 179.78$, $s_x^2 = 28.82$, $s_x = 5.37$. 他は略.

問題 2.4　与式を展開して，a の 2 次関数として最小値を求めればよい．実際，

$$\sum_{i=1}^{n} (x_i - a)^2 = na^2 - 2a \sum_{i=1}^{n} x_i + \sum_{i=1}^{n} x_i^2 = n(a - \bar{x})^2 + n\sigma^2$$

から $a = \bar{x}$ のとき最小値をとる.

問題 2.5　$x_1 \le x_2 \le \cdots \le x_n$ としてよい．$x_k \le a \le x_{k+1}$ として，

$$D_k(a) = \sum_{i=1}^{n} |x_i - a| = (2k - n)a - \sum_{i=1}^{k} x_i + \sum_{i=k+1}^{n} x_i$$

とおく．ただし，$D_0(a) = -na + \sum_{i=1}^{n} x_i$, $D_n(a) = na - \sum_{i=1}^{n} x_i$ とする．k とともに $D_k(a)$ がどのように増減するかを調べればよい．実際，$x_{k-1} \le a \le x_k \le b \le x_{k+1}$ に対して，

$$D_k(b) - D_{k-1}(a) = (2k - n)(b - a) - 2(x_k - a)$$

となるから，$D_k(a)$ は k とともに減少し，ある k で最小値に達すると増加に転じることがわかる．これをもとに，$\sum |x_i - a|$ が最小になる a が求められる．$n = 2m - 1$ が奇数ならば $a = x_m$ が求めるものになる．$n = 2m$ が偶数ならば $x_m \le a \le x_{m+1}$ を満たす任意の a が求めるものになる．特に，$a = \mathrm{med}\{x_1, x_2, \ldots, x_n\}$ のときに，$\sum |x_i - a|$ が最小となる.

問題 2.6　試験 A の偏差値は 54.2, 試験 B の偏差値は 63.3 となり，試験 B の結果の方

が高順位にある.

第3章

問題 3.1　和が 10 になる 3 つの数は $(1,2,7),(1,3,6),(1,4,5),(2,3,5)$ の 4 通り. その確率は 10 枚のカードから 3 枚を抜き取る組合せ数との比をとって, $4/\binom{10}{3} = 4/120 = 1/30$.

問題 3.2　52 枚から 5 枚を抜き取る組合せ数とそれぞれの組合せ数の比をとる.

(1) $48\Big/\binom{52}{5} = \dfrac{48}{2598960} = \dfrac{1}{54145} = 0.0000185.$

(2) $4\binom{15}{5}\Big/\binom{52}{5} = \dfrac{5148}{2598960} = \dfrac{429}{216580} = 0.00198.$

問題 3.3　棒を線分 $[0,L]$ で表す. 問題の事象は $[L/4, 3L/4]$, その確率は $1/2$.

問題 3.4　周辺部分の面積と全面積の比をとって, $(30 \times 40 - 22 \times 32)/(30 \times 40) = 496/1200 = 31/75 = 0.413$.

問題 3.5　扇形 A の面積と全面積の比をとって, $P(A) = (\pi R^2/12)/(\pi R^2) = 1/12$.

問題 3.6-3.8　ベン図を用いよ.

問題 3.9　$A \cup B \cup B = A \cup (B \cup C)$ として, 2 つの集合に対する包除原理を繰り返し適用すれば導出できる. あるいは, 問題 3.8 の結果を用いてもよい.

問題 3.10　まず, $A = (A \cap E) \cup (A \cap E^c)$ が排反事象の和になることに注意して, $P(A) = P(A \cap E) + P(A \cap E^c)$. ここで, $P(A \cap E^c) \le P(E^c) = 1 - P(E) = 0$ から $P(A \cap E^c) = 0$. よって, $P(A) = P(A \cap E)$. 後半は, $A \cup F = A \cup (F \backslash A)$ のように排反事象の和に分解して前半と同様の考察を行うか, あるいは余事象を用いて前半に帰着すればよい.

第4章

問題 4.1　$P(A \cap B) = 1/6$, $P(A|B) = 1/3$, $P(B|A^c) = 1/2$, $P(A \cap B|A \cup B) = 1/4$.

問題 4.2　乗法定理によって, $P(B|A)P(A) - P(B \cap A)$, $P(B|A^c)P(A^c) = P(B \cap A^c)$ が成り立つ. さらに, $B = (B \cap A) \cup (B \cap A^c)$ は互いに排反な事象の和集合であるから, $P(B) = P(B \cap A) + P(B \cap A^c) = P(B|A)P(A) + P(B|A^c)P(A^c)$.

問題 4.3　乗法定理を繰り返し用いて, $P((A \cap B) \cap C) = P(A \cap B)P(C|A \cap B) = P(A)P(B|A)P(C|A \cap B)$.

問題 4.4　$P(C|A \cap B) = P(C|B)$ を書き直して $P(A \cap B \cap C)/P(A \cap B) = P(B \cap C)/P(B)$. $P(A \cap B \cap C) \neq 0$ なので, ここに現れた 4 つの集合はいずれ

も $\neq 0$. 比を取り直して，$P(A\cap B\cap C)/P(B\cap C) = P(A\cap B)/P(B)$ となり，$P(A|B\cap C)=P(A|B)$.

問題 4.5

$$
\begin{aligned}
P(Y \le 2|X=5) &= \frac{P(X=5, Y\le 2)}{P(X=5)} = \frac{4/36}{9/36} = \frac{4}{9},\\
P(X+Y \le 6|X\ge 5) &= \frac{P(X+Y\le 6, X\ge 5)}{P(X\ge 5)} = \frac{2/36}{20/36} = \frac{1}{10},\\
P(XY \le 12|Y\le 3) &= \frac{P(XY\le 12, Y\le 3)}{P(Y\le 3)} = \frac{23/36}{27/36} = \frac{23}{27}.
\end{aligned}
$$

問題 4.6　1 回目の取り出しで白玉を取り出す事象を W_1, 黒玉を取り出す事象を B_1, 2 回目の取り出しで白玉を取り出す事象を W_2 とする．全確率の公式から

$$
\begin{aligned}
P(W_2) &= P(W_1)P(W_2|W_1) + P(B_1)P(W_2|B_1)\\
&= \frac{a}{a+b}\,\frac{a+c}{a+b+c} + \frac{b}{a+b}\,\frac{a}{a+b+c} = \frac{a}{a+b}\,.
\end{aligned}
$$

$P(W_1)=P(W_2)$ が成り立つところが面白い.

問題 4.7　その人が 1 番をもつ事象を A_1, 2 番をもつ事象を A_2, 残りの 6 枚に景品付きのチケットが残っている事象を B とする．まず,

$$
P(A_1)=P(A_2)=\binom{9}{3}\Big/\binom{10}{4}=\frac{2}{5},\quad P(A_1\cap A_2)=\binom{8}{2}\Big/\binom{10}{4}=\frac{2}{15},
$$

$$
P(A_1\cap B)=P(A_2\cap B)=\binom{8}{3}\Big/\binom{10}{4}=\frac{4}{15},\quad A_1\cap A_2\cap B=\emptyset
$$

に注意しておく.

(1) $P(B|A_1)=P(A_1\cap B)/P(A_1)=(4/15)/(2/5)=2/3$.

(2) 求めるべき確率は $P(B|A_1\cup A_2)$ である．$B\cap(A_1\cup A_2)=(B\cap A_1)\cup(B\cap A_2)$ なので,

$$
P(B\cap(A_1\cup A_2)) = P(B\cap A_1)+P(B\cap A_2)-P(A_1\cap A_2\cap B)=\frac{8}{15}\,.
$$

また，$P(A_1\cup A_2)=P(A_1)+P(A_2)-P(A_1\cap A_2)=2/5+2/5-2/15=2/3$. したがって，$P(B|A_1\cup A_2)=(8/15)/(2/3)=4/5$.

問題 4.8　$P(D)=d$ とする.

$$
P(D^c|T^-) = \frac{P(T^-|D^c)P(D^c)}{P(T^-|D^c)P(D^c)+P(T^-|D)P(D)} = \frac{0.99(1-d)}{0.99(1-d)+0.3d}\,.
$$

問題 4.9　感染している事象を A_1, 感染していない事象を A_2, 陽性反応が出る事象を T^+, 陰性反応が出る事象を T^- とする．$P(A_1)=2/1000$, $P(A_2)=998/1000$,

$P(T^+|A_1) = 0.8$, $P(T^+|A_2) = 0.02$ となる．

(1) $P(A_1|T^+) = \dfrac{P(T^+|A_1)P(A_1)}{P(T^+|A_1)P(A_1) + P(T^+|A_2)P(A_2)} = \dfrac{40}{539} = 0.074.$

(2) $P(A_2|T^-) = \dfrac{P(T^-|A_2)P(A_2)}{P(T^-|A_1)P(A_1) + P(T^-|A_2)P(A_2)} = \dfrac{24451}{24461} = 0.9996.$

問題 4.10　U_1 から取り出された玉が赤玉である事象を R_1, 白玉である事象を W_1, 黒玉である事象を B_1, U_2 から取り出された玉が黒玉である事象を B_2 とする．$P(R_1) = P(B_1) = 4/10$, $P(W_1) = 2/10$, $P(B_2|R_1) = P(B_2|W_1) = 2/11$, $P(B_2|B_1) = 3/11$ となる．ベイズの公式で，

$$P(R_1|B_2) = \frac{P(B_2|R_1)P(R_1)}{P(B_2|R_1)P(R_1) + P(B_2|W_1)P(W_1) + P(B_2|B_1)P(B_1)} = \frac{1}{3}\,.$$

同様に，$P(W_1|B_2) = 1/6$, $P(B_1|B_2) = 1/2$.

問題 4.11　A と B が独立なので $P(A \cap B) = P(A)P(B)$. したがって，$P(A \cap B^c) = P(A) - P(A \cap B) = P(A) - P(A)P(B) = P(A)(1 - P(B)) = P(A)P(B^c)$.

問題 4.12　$P(A \cap B^c) = P(A) - P(A \cap B) = P(A) - P(A)P(B) = a - ab$. 同様に，$P(A \cup B \cup C) = a + b + c - ab - bc - ca + abc$, $P(A \cup (B \cap C)) = a + bc - abc$, $P(A|B \cup C) = a$.

問題 4.13　$P(A|B) = P(A|B^c)$ から $P(A \cap B)/P(B) = P(A \cap B^c)/P(B^c)$. したがって，$P(A \cap B)P(B^c) = P(A \cap B^c)P(B)$. さらに，$P(A \cap B)(1 - P(B)) = (P(A) - P(A \cap B))P(B)$ として，式を整理すれば，$P(A \cap B) = P(A)P(B)$. つまり，A と B は独立である．

問題 4.14　$P(A|B \cap C) = P(A \cap B \cap C)/P(B \cap C) = P(A)P(B)P(C)/(P(B)P(C)) = P(A)$. 次に，$P(A|B \cup C) = P(A \cap (B \cup C))/P(B \cup C)$ において，$P(A \cap (B \cup C)) = P(A \cap B) + P(A \cap C) - P(A \cap B \cap C) = P(A)(P(B) + P(C) - P(B \cap C)) = P(A)P(B \cup C)$. したがって，$P(A|B \cup C) = P(A)$.

第 5 章

問題 5.1　$F_X(x) = 0\ (x < 0)$, $= 1/6\ (0 \le x < 1)$, $= 2/6\ (1 \le x < 2)$, 途中省略, $= 5/6\ (5 \le x < 6)$, $= 1\ (x \ge 6)$. 階段関数である．

問題 5.2

$$F_X(x) = \begin{cases} 0, & x < L/2, \\ (2x - L)/L, & L/2 \le x \le L, \\ 1, & x > L, \end{cases} \quad f_X(x) = \begin{cases} 2/L, & L/2 \le x \le L, \\ 0, & \text{その他}, \end{cases}$$

$$F_Y(x) = \begin{cases} 0, & x < 0, \\ 2x/L, & 0 \le x \le L/2, \\ 1, & x > L/2, \end{cases} \quad f_Y(x) = \begin{cases} 2/L, & 0 \le x \le L/2, \\ 0, & \text{その他}. \end{cases}$$

問題 5.3

(1) $F_Y(x) = P(Y \le x) = P(aX + b \le x) = P(X \le (x - b)/a) = F_X((x - b)/a)$. 微分して，$f_Y(x) = (1/a)f_X((x - b)/a)$.

(2) $x \le 0$ ならば，$F_Z(x) = P(Z \le x) = 0$.　$x \ge 0$ のとき，$F_Z(x) = P(Z \le x) = P(X^2 \le x) = P(-\sqrt{x} \le X \le \sqrt{x}) = F_X(\sqrt{x}) - F_X(-\sqrt{x})$. $F_Z(x)$ を微分して，

$$f_Z(x) = \begin{cases} \{f_X(\sqrt{x}) + f_X(-\sqrt{x})\}/2\sqrt{x}\,, & x > 0, \\ 0, & x \le 0. \end{cases}$$

問題 5.4　$P(X \ge n) = P(X = n) + P(X = n + 1) + \cdots$ であるから，これを $n \ge 1$ について総和するとき，$P(X = 1)$ は 1 回，$P(X = 2)$ は 2 回，一般に $P(X = k)$ は k 回現れる．したがって，$\sum_{n=1}^{\infty} P(X \ge n) = \sum_{k=1}^{\infty} kP(X = k)$ となる．右辺の和は $k \ge 0$ でとっても同じであり，$\mathbf{E}[X]$ に一致する．

問題 5.5　密度関数の条件

$$\int_0^3 f(x)dx = 1, \qquad f(x) \ge 0$$

を満たすように k を定めればよい．$k = -1/9$.

問題 5.6　分布関数の定義から，$P(X \le 1/2) = F(1/2) = 1/6$, $P(X \le 1) = F(1) = 2/3$ はすぐわかる．次に，$P(X < 1) = P(X \le 1) - P(X = 1)$ を計算する．$F(x)$ は $x = 1$ で不連続であり，1/3 だけジャンプしているから $P(X = 1) = 1/3$. したがって，$P(X < 1) = 2/3 - 1/3 = 1/3$. 最後に，$P(1/2 < X < 3/2) = P(X \le 3/2) - P(X = 3/2) - P(X \le 12) = F(3/2) - 0 - F(1/2) = 2/3$.

問題 5.7　X と Y の分布は次の表にまとめられる．

k	1	2	3	4	5	6
$P(X=k)$	$1/36$	$3/36$	$5/36$	$7/36$	$9/36$	$11/36$
$P(Y=k)$	$11/36$	$9/36$	$7/36$	$5/36$	$3/36$	$1/36$

平均値は定義によって，

$$\mathbf{E}[X]=\sum_{k=1}^{6}kP(X=k)=\frac{161}{36}, \quad \mathbf{E}[X^2]=\sum_{k=1}^{6}k^2P(X=k)=\frac{791}{36}.$$

分散は，分散公式によって，

$$\mathbf{V}[X]=\mathbf{E}[X^2]-\mathbf{E}[X]^2=\frac{2555}{36^2}$$

となる．同様に，

$$\mathbf{E}[Y]=\frac{91}{36}, \qquad \mathbf{E}[Y^2]=\frac{301}{36}, \qquad \mathbf{V}[Y]=\frac{2555}{36^2},$$

問題 5.8　X, Y の密度関数は

$$f_X(x)=\begin{cases}\dfrac{2}{L}, & \dfrac{L}{2}\le x\le L,\\ 0, & \text{その他},\end{cases} \qquad f_Y(x)=\begin{cases}\dfrac{2}{L}, & 0\le x\le \dfrac{L}{2},\\ 0, & \text{その他}.\end{cases}$$

したがって，

$$\mathbf{E}[X]=\int_{-\infty}^{+\infty}xf_X(x)dx=\frac{2}{L}\int_{L/2}^{L}xdx=\frac{3}{4}L,$$
$$\mathbf{E}[X^2]=\int_{-\infty}^{+\infty}x^2f_X(x)dx=\frac{2}{L}\int_{L/2}^{L}x^2dx=\frac{7}{12}L^2,$$
$$\mathbf{V}[X]=\mathbf{E}[X^2]-\mathbf{E}[X]^2=\frac{7}{12}L^2-\left(\frac{3}{4}L\right)^2=\frac{L^2}{48}.$$

同様にして，Y については，

$$\mathbf{E}[Y]=\frac{L}{4}, \qquad \mathbf{E}[Y^2]=\frac{L^2}{12}, \qquad \mathbf{V}[Y]=\frac{L^2}{48}.$$

問題 5.9　X の分布関数 $F_X(x)$ と密度関数 $f_X(x)$ は例 5.4 で求めた．

$$\mathbf{E}[X]=\int_0^R x\,\frac{2}{R^2}\,x\,dx=\frac{2}{3}R, \quad \mathbf{E}[X^2]=\int_0^R x^2\,\frac{2}{R^2}\,x\,dx=\frac{R^2}{2}$$

であり，分散は $\mathbf{V}[X]=\mathbf{E}[X^2]-\mathbf{E}[X]^2=R^2/18$.

問題 5.10　$\mathbf{E}[(X-a)^2]=\mathbf{E}[X^2]-2\mathbf{E}[X]a+a^2=(a-\mathbf{E}[X])^2+\mathbf{E}[X^2]-\mathbf{E}[X]^2$ から，$a=\mathbf{E}[X]$ のとき最小値をとる．ちなみに，最小値は $\mathbf{E}[X^2]-\mathbf{E}[X]^2=\mathbf{V}[X]$.

問題 5.11　$f(t)=\mathbf{E}[(tX+Y)^2]=t^2\mathbf{E}[X^2]+2t\mathbf{E}[XY]+\mathbf{E}[Y^2]\ge 0$ がすべての

実数 t について成り立つ．$\mathbf{E}[X^2]=0$ ならば $f(t)$ は 1 次関数になり，すべての t に対して $f(t)\geq 0$ となることから $\mathbf{E}[XY]=0$ がわかる．このとき，示すべき不等式の両辺は 0 となって成立する．$\mathbf{E}[X^2]\neq 0$ ならば，2 次関数 $f(t)$ の判別式 $4\mathbf{E}[XY]^2-4\mathbf{E}[X^2]\mathbf{E}[Y^2]\leq 0$ から示すべき不等式が導かれる．

問題 5.12　問題 5.11 の不等式は任意の確率変数 X,Y で成り立つので，X,Y をそれぞれ $X-\mathbf{E}[X]$, $Y-\mathbf{E}[Y]$ で置き換えた

$$\mathbf{E}[(X-\mathbf{E}[X])(Y-\mathbf{E}[Y])]^2\leq \mathbf{E}[(X-\mathbf{E}[X])^2]\mathbf{E}[(Y-\mathbf{E}[Y])^2]$$

も成り立つ．これより，$|\mathbf{Cov}(X,Y)|\leq\sqrt{\mathbf{V}[X]}\sqrt{\mathbf{V}[Y]}$ が直ちに従う．

問題 5.13　まず，$\mathbf{E}[X]=\mathbf{E}[Y]=0$, $\mathbf{E}[X^2]=\mathbf{E}[Y^2]=1$ に注意する．そうすれば，$\mathbf{Cov}(U,V)=\mathbf{E}[UV]-\mathbf{E}[U]\mathbf{E}[V]=\mathbf{E}[(X+Y)(X-Y)]-\mathbf{E}[X+Y]\mathbf{E}[X-Y]=\mathbf{E}[X^2]-\mathbf{E}[Y^2]-(\mathbf{E}[X]+\mathbf{E}[Y])(\mathbf{E}[X]-\mathbf{E}[Y])=0$ となる．一方，

$$P(U=2,V=0)=P(X=Y=1)=P(X=1)P(Y=1)=\frac{1}{4}$$

$$P(U=2)=P(X=Y=1)=\frac{1}{4},\qquad P(V=0)=P(X=Y)=\frac{1}{2}$$

から $P(U=2)P(V=0)=1/8\neq P(U=2,V=0)$ となり，U と V は独立ではない．

問題 5.14　$\mathbf{E}[X]=\mu$, $\mathbf{E}[X^2]=\sigma^2+\mu^2$ に注意する．そうすれば，$\mathbf{E}[(X+2)(X+3)]=\mathbf{E}[X^2]+5\mathbf{E}[X]+6=\sigma^2+\mu^2+5\mu+6$.

問題 5.15　平均値の線形性から $\mathbf{E}[X+Y]=\mu_1+\mu_2$．$X,Y$ は独立だから，平均値の乗法性から $\mathbf{E}[XY]=\mathbf{E}[X]\mathbf{E}[Y]=\mu_1\mu_2$, 分散の加法性から $\mathbf{V}[X+Y]=\mathbf{V}[X]+\mathbf{V}[Y]=\sigma_1^2+\sigma_2^2$．分散公式によって，$\mathbf{V}[XY]=\mathbf{E}[(XY)^2]-\mathbf{E}[XY]^2$．ここで，$X^2$ と Y^2 も独立なので，$\mathbf{E}[(XY)^2]=\mathbf{E}[X^2]\mathbf{E}[Y^2]=(\sigma_1^2+\mu_1^2)(\sigma_2^2+\mu_2^2)$．したがって，$\mathbf{V}[XY]=(\sigma_1^2+\mu_1^2)(\sigma_2^2+\mu_2^2)-(\mu_1\mu_2)^2=\sigma_1^2\sigma_2^2+\sigma_1^2\mu_2^2+\sigma_2^2\mu_1^2$.

問題 5.16　計算により $\mathbf{Cov}(X+Y,Z)=\mathbf{Cov}(X,Z)+\mathbf{Cov}(Y,Z)$ が示される．

第 6 章

問題 6.1　X は m 個の独立なベルヌーイ型確率変数の和，Y は n 個の独立なベルヌーイ型確率変数の和であるから，$X+Y$ は $m+n$ 個の独立なベルヌーイ型確率変数の和になるので，$X+Y\sim B(m+n,p)$ がわかる．あるいは次のように，$X+Y$ の分布を直接計算してもよい．

$$P(X+Y=k)=\sum_{j=0}^{k}P(X=j,Y=k-j)=\sum_{j=0}^{k}P(X=j)P(Y=k-j)$$
$$=\sum_{j=0}^{k}\binom{m}{j}p^{j}(1-p)^{m-j}\binom{n}{k-j}p^{k-j}(1-p)^{n-(k-j)}$$
$$=\sum_{j=0}^{k}\binom{m}{j}\binom{n}{k-j}p^{k}(1-p)^{m+n-k}.$$

ここで，$m+n$ 個から k 個を選ぶ組合せの数を m 個から j 個選び，n 個から残りの $k-j$ 個選び組合せの数で表せば，

$$\sum_{j=0}^{k}\binom{m}{j}\binom{n}{k-j}=\binom{m+n}{k}$$

となる．したがって，

$$P(X+Y=k)=\binom{m+n}{k}p^{k}(1-p)^{m+n-k}$$

が得られ，$X+Y\sim B(m+n,p)$ がわかる．

問題 6.2　$X+Y$ の分布を直接計算する．

$$P(X+Y=n)=\sum_{k=0}^{n}P(X=k,\,Y=n-k)$$
$$=\sum_{k=0}^{n}P(X=k)P(Y=n-k)=\sum_{k=0}^{n}\frac{\lambda_1^k}{k!}\,e^{-\lambda_1}\times\frac{\lambda_2^{n-k}}{(n-k)!}\,e^{-\lambda_2}$$
$$=e^{-(\lambda_1+\lambda_2)}\frac{1}{n!}\sum_{k=0}^{n}\binom{n}{k}\lambda_1^k\lambda_2^{n-k}=e^{-(\lambda_1+\lambda_2)}\frac{(\lambda_1+\lambda_2)^n}{n!}$$

から，$X+Y$ がパラメータ $\lambda_1+\lambda_2$ のポアソン分布に従うことがわかる．

問題 6.3　指数関数のテイラー展開から

$$\frac{e^{\lambda}+e^{-\lambda}}{2}=\sum_{n=0}^{\infty}\frac{\lambda^{2n}}{(2n)!},\qquad\frac{e^{\lambda}-e^{-\lambda}}{2}=\sum_{n=0}^{\infty}\frac{\lambda^{2n+1}}{(2n+1)!}.$$

これらを用いて，

$$P(X\in E_0)=\sum_{n=0}^{\infty}P(X=2n)=\sum_{n=0}^{\infty}\frac{\lambda^{2n}}{(2n)!}e^{-\lambda}=\frac{1}{2}\,(1+e^{-2\lambda}),$$
$$P(X\in E_1)=\sum_{n=0}^{\infty}P(X=2n+1)=\sum_{n=0}^{\infty}\frac{\lambda^{2n+1}}{(2n+1)!}e^{-\lambda}=\frac{1}{2}\,(1-e^{-2\lambda}).$$

したがって，$P(X\in E_0)>P(X\in E_1)$．

問題 6.4

(1) 幾何分布であり,

$$P(N=k)=\Big(\frac{6}{10}\Big)^{k-1}\times\frac{4}{10}=\frac{2}{5}\Big(\frac{3}{5}\Big)^{k-1},\qquad k=1,2,\ldots.$$

(2) $P(N=1)=2/5$. $k\ge 8$ では $P(N=k)=0$. $2\le k\le 7$ に対して,

$$P(N=k)=\frac{6}{10}\cdot\frac{5}{9}\cdots\frac{8-k}{12-k}\cdot\frac{4}{11-k}.$$

問題 6.5　成功確率 p の幾何分布の母関数は,

$$G(z)=\sum_{k=1}^{\infty}(1-p)^{k-1}pz^k=pz\sum_{k=1}^{\infty}((1-p)z)^{k-1}=\frac{pz}{1-(1-p)z}.$$

微分して,

$$G'(z)=\frac{p}{(1-(1-p)z)^2},\qquad G''(z)=\frac{2p(1-p)}{(1-(1-p)z)^3}.$$

平均値は $\mu=G'(1)=1/p$ となり, 分散は $\sigma^2=G'(1)+G''(1)-G'(1)^2=1/p+2(1-p)/p^2-1/p^2=(1-p)/p^2$ となる.

パラメータ λ のポアソン分布の母関数は,

$$G(z)=\sum_{n=0}^{\infty}e^{-\lambda}\frac{\lambda^n}{n!}z^n=e^{-\lambda}\sum_{n=0}^{\infty}\frac{(\lambda z)^n}{n!}=e^{-\lambda}e^{\lambda z}.$$

微分して,

$$G'(z)=\lambda e^{-\lambda}e^{\lambda z},\qquad G''(z)=\lambda^2e^{-\lambda}e^{\lambda z}.$$

したがって, $\mu=G'(1)=\lambda$, $\sigma^2=G'(1)+G''(1)-G'(1)^2=\lambda+\lambda^2-\lambda^2=\lambda$.

問題 6.6　$P(X>1)=4/5$. $P(X\le 3.5)=3.5/5=7/10$. $P(X>1.5|X\le 3.5)=P(1.5<X\le 3.5)/P(X\le 3.5)=(2/5)/(3.5/5)=4/7$.

問題 6.7　まず, $a\ge 0$ に対して,

$$P(X\ge a)=1-P(X<a)=1-\int_0^a\lambda e^{-\lambda x}dx=1-(1-e^{-\lambda a})=e^{-\lambda a}.$$

$\{X\ge a+b,\ X\ge a\}=\{X\ge a+b\}$ に注意して,

$$P(X\ge a+b|X\ge a)=\frac{P(X\ge a+b,\ X\ge a)}{P(X\ge a)}=\frac{P(X\ge a+b)}{P(X\ge a)}$$
$$=\frac{e^{-\lambda(a+b)}}{e^{-\lambda a}}=e^{-\lambda b}=P(X\ge b).$$

問題 6.8　(1) 0.6844. (2) 0.0164. (3) $a=-1.17$.

問題 6.9　$P(X < 18.46) = P(Z < (18.46 - 16)/3) = P(Z < 0.82) = 0.7939.$

問題 6.10　$Z \sim N(0,1)$ に対して，$P(b < Z) = 0.86$ を満たす b は $b = -1.08$. したがって，$a = 6b - 2 = -8.48$.

問題 6.11　偏差値 X は $N(50, 10^2)$ に従う．$Z \sim N(0,1)$ とすれば，$P(X \geq 58) = P(Z \geq 0.8) = 0.5 - 0.2881 = 0.2119$, $P(X \leq 18) = P(Z \leq -3.2) = 0.5 - 0.4993 = 0.0007$.

第 7 章

問題 7.1　定理 7.3 の証明を見直せば，$\mathbf{E}\left[\sum_{k=1}^{n}(X_k - \bar{X})^2\right] = (n-1)\sigma^2$ がわかる．あとは両辺を n で割ればよい．

問題 7.2　X, Y は $[0,1]$ 上の一様分布に従うから，

$$\mathbf{E}[\sqrt{X}] = \mathbf{E}[\sqrt{Y}] = \int_0^1 \sqrt{x}\,dx = \frac{2}{3}.$$

X と Y は独立であるから，$\mathbf{E}[\sqrt{XY}] = \mathbf{E}[\sqrt{X}]\mathbf{E}[\sqrt{Y}] = (2/3)^2 = 4/9$ となり，これは母平均 $1/2$ に一致しない．

問題 7.3　$\{1, 2, \ldots, N\}$ から無作為非復元抽出で選んだ n 個の標本を $X_1, X_2, \ldots, X_n$ として $T = \max\{X_1, X_2, \ldots, X_n\}$ とおく．このとき，$n \leq k \leq N$ に対して $P(T = k) = \binom{k-1}{n-1}/\binom{N}{n}$ となる．これを用いて直接計算することで $\mathbf{E}[T] = n(N+1)/(n+1)$ が示されるので，$\mathbf{E}[(1 + 1/n)T - 1] = N$ が得られる．

第 8 章

問題 8.1　信頼係数 $1 - \alpha$ の信頼区間は

$$18.26 \pm z_{\alpha/2}\frac{0.4}{\sqrt{20}} = 18.26 \pm z_{\alpha/2} \times 0.0894.$$

95% 信頼区間は $z_{0.025} = 1.96$ から $18.26 \pm 1.96 \times 0.0894 = 18.26 \pm 0.18$ となる．90% 信頼区間は $z_{0.05} = 1.64$ から $18.26 \pm 1.64 \times 0.0894 = 18.26 \pm 0.15$ となる．

問題 8.2　計算によって $\bar{x} = 146.5$, $u^2 = 15.547^2$. 信頼係数 $1 - \alpha$ の信頼区間は

$$146.5 \pm t_7(\alpha/2)\frac{15.547}{\sqrt{7}} = 146.5 \pm t_7(\alpha/2) \times 5.876.$$

95% 信頼区間は $t_7(0.025) = 2.365$ から $146.5 \pm 2.365 \times 5.876 = 146.5 \pm 13.9$. 90% 信頼区間は $t_7(0.05) = 1.895$ から $146.5 \pm 1.895 \times 5.876 = 146.5 \pm 11.1$.

問題 8.3　1060 人中の辞退者数を X とすると，$X \sim B(1060, 0.05)$. 正規分布で近似して，$B(1060, 0.05) \approx N(53, 50.35) = N(53, 7.096^2)$. 定員割れを起こす確率は

$$P(X \geq 61) = P(X \geq 60.5) = P\left(Z \geq \frac{60.5 - 53}{7.096}\right) = P(Z \geq 1.06) = 0.145.$$

問題 8.4　信頼係数 $1-\alpha$ の信頼区間は

$$0.236 \pm z_{\alpha/2}\sqrt{\frac{0.236(1-0.236)}{250}} = 0.236 \pm z_{\alpha/2} \times 0.0269.$$

95% 信頼区間は $z_{0.025} = 1.96$ から $0.236 \pm 1.96 \times 0.0269 = 18.26 \pm 0.053$ となる．
90% 信頼区間は $z_{0.05} = 1.64$ から $0.236 \pm 1.64 \times 0.0269 = 18.26 \pm 0.044$ となる．

問題 8.5　母比率の 90% 信頼区間は

$$\hat{p} \pm z_{0.05}\sqrt{\frac{\hat{p}(1-\hat{p})}{n}} = \hat{p} \pm 1.64\sqrt{\frac{\hat{p}(1-\hat{p})}{n}}$$

である．$0 \leq \hat{p} \leq 1$ から $\hat{p}(1-\hat{p})$ の最大値は $1/4$ である．したがって，90% 信頼区間の幅が 1% 以下ということは

$$2 \times 1.64\sqrt{\frac{1}{4n}} \leq 0.01$$

ということである．これを解いて，$n \geq 26896$．

第 9 章

問題 9.1　まず，$\bar{x} = 9.81$ と $u^2 = 4.60^2$ が得られる．

(1) 実現値 $z = (\bar{x}-\mu)/(\sigma/\sqrt{n}) = (9.81-7)/(4/\sqrt{8}) = 1.989$ が得られる．有意水準 5% の両側検定の棄却域は $|z| \geq 1.96$ であり，実現値は棄却域に落ちる．したがって，有意水準 5% の両側検定によって $H_0 : \mu = 7$ は棄却される．有意水準 1% の両側検定の棄却域は $|z| \geq 2.58$ であるから，有意水準 1% の両側検定によって $H_0 : \mu = 7$ は棄却されない．したがって，高度に有意ではない．

(2) 実現値 $t = (\bar{x}-\mu)/(u/\sqrt{n}) = (9.81-7)/(4.6/\sqrt{8}) = 1.728$ が得られる．有意水準 5% の両側検定の棄却域は $|t| \geq t_7(0.025) = 2.365$ であるから，有意水準 5% の両側検定によって $H_0 : \mu = 7$ は棄却されない．

問題 9.2　この集団における出生男児の比率を p とする．$H_0 : p = 0.51$ を $H_1 : p \neq 0.51$ に対して両側検定する．1046 個の標本から得られる標本比率を $\hat{p}$ とすると，$Z = (\hat{p}-0.51)/\sqrt{0.51 \cdot 0.49/1046} = (\hat{p}-0.51)/0.0155$ が $N(0,1)$ に従う．実現値から $z = (0.51434-0.51)/0.0155 = 0.280$ がわかる．有意水準を 5% とすれば，棄却域は $|z| \geq 1.96$ である．したがって，有意水準 5% の両側検定で H_0 は棄却されないので，この調査結果は定説を支持するといえる．ちなみに，実現値の P-値は 0.779 である．

問題 9.3　帰無仮説 $H_0 : \mu = 380$ を対立仮説 $H_1 : \mu > 380$ に対して検定する．検定統計量は $T = (\bar{X}-\mu)/(U/\sqrt{n}) = (\bar{X}-380)/(U/\sqrt{18}) \sim t_{17}$ を用いる．実現値は $t = (391-380)/(13/\sqrt{18}) = 3.590$ であり，有意水準 $\alpha = 0.05$ の棄却域は $t \geq t_{17}(0.05) = 1.740$ である．したがって，有意水準 5% の片側検定によって H_0 は棄却されるので，新しい工程の効果を認める．有意水準 $\alpha = 0.01$ の棄却域は $t \geq t_{17}(0.01) = 2.567$ であるから，有意水準 1% の片側検定によって H_0 は棄却され，高度に有意であることがわかる．

問題 9.4 $H_0 : \mu = 47.4$ を $H_1 : \mu \neq 47.4$ に対して検定しよう．検定統計量は $Z = (\bar{X} - \mu)/(\sigma/\sqrt{n}) = (\bar{X} - 47.4)/(24.2/\sqrt{25}) = (\bar{X} - 47.4)/4.84 \sim N(0,1)$ を用いる．実現値は $z = (36.7 - 47.4)/4.84 = -2.21$ である．有意水準 $\alpha = 0.05$ の棄却域は $|z| \geq 1.96$ となり，実現値は棄却域に落ちる．したがって，有意水準 5% の両側検定で H_0 は棄却される．有意水準 $\alpha = 0.01$ の棄却域は $|z| \geq 2.58$ となり，実現値は棄却域に落ちない．したがって，有意水準 1% の両側検定で H_0 は棄却されないので，このサークルは日本人の無作為標本と認められる．

問題 9.5 有意水準を $\alpha = 0.05$ とする．帰無仮説 H_0 の下，コインを 160 回振ったとき表の回数 X は $X \sim B(160, 0.5) \approx N(80, 6.32^2)$ となる．対立仮説において $0.6 > 0.5$ であるから片側検定となる．棄却域は $x \geq 80 + 1.64 \times 6.32 = 90.36$ となる．実現値 $x = 87$ は棄却域に落ちないので，有意水準 5% の片側検定で H_0 は棄却されないこととなり，このコインは公平であると判定される．この判定を誤る確率が第 2 種誤り確率 β となる．対立仮説 H_1 の下，コインを 160 回振ったとき表の回数 Y は $Y \sim B(160, 0.6) \approx N(96, 6.20^2)$ となる．そうすると，

$$\beta = P(Y < 90.36) = P\left(\frac{Y - 96}{6.2} < \frac{90.36 - 96}{6.2}\right) = P(Z < -0.91) = 0.181$$

問題 9.6 A 組，B 組の母集団分布を $N(\mu_A, 8.3^2)$，$N(\mu_B, 9.6^2)$ とする．帰無仮説 $H_0 : \mu_A = \mu_B$ を対立仮説 $H_1 : \mu_A \neq \mu_B$ に対して検定する．A 組 25 名の標本平均を $\bar{X}_A$，B 組 32 名の標本平均を $\bar{X}_B$ とすると，検定統計量は $Z = (\bar{X}_A - \bar{X}_B)/\sqrt{8.3^2/25 + 9.6^2/32} = (\bar{X}_A - \bar{X}_B)/2.374 \sim N(0,1)$．有意水準を 5% とすると棄却域は $|z| \geq 1.96$ となる．実現値は $z = 1.39$ となり棄却域に落ちない．したがって，有意水準 5% の両側検定で H_0 は棄却されないので，両組の成績に差は認められない．

問題 9.7 植物 A, B, C の割合がそれぞれ 3/6, 2/6, 1/6 であることを帰無仮説 H_0 として検定する．ピアソンの χ^2-値は $\chi^2 = (20 - 25)^2/25 + (17 - 16.67)^2/16.67 + (13 - 8.33)^2/8.33 = 3.62 < \chi_2^2(0.05) = 5.99$ であるから，有意水準 5% で H_0 は棄却されない．定説は支持される．

問題 9.8 この映画を見ているすべての人を母集団として，そのうち女性の割合を母比率 p とする．帰無仮説を $H_0 : p = 0.5$ とする．

(1) 対立仮説 $H_1 : p \neq 0.5$ に対して検定する．大きさ 146 の標本における標本比率を $\hat{p}$ とする．H_0 の下で $Z = (\hat{p} - 0.5)/\sqrt{0.5 \times 0.5/146} \sim N(0,1)$ となる．実現値 $z = 0.0890/0.414 = 2.15$ は有意水準 5% の棄却域 $|z| \geq 1.96$ に落ちる．したがって，有意水準 5% の両側検定で H_0 は棄却されるので男女差を認める．

(2) $H_0 : p = 0.5$ の下で，理論度数は男女とも 73 となる．したがって，ピアソンの χ^2-値は $\chi^2 = (60 - 73)^2/73 + (86 - 73)^2/73 = 4.63$ は有意水準 5% の棄却域 $\chi^2 \geq \chi_1^2(0.05) = 3.84$ に落ちる．したがって，有意水準 5% の両側検定で H_0 は棄却されるので男女差を認める．なお，(1) と (2) の z-値と χ^2-値には，数値計算上の誤差

が含まれるが，理論的には厳密に $z^2 = \chi_1^2$ が成り立つ．

第10章

問題 10.1　略.

問題 10.2　右上がりと $r = 1$ が同値であることを示す．右下がりと $r = -1$ が同値であることも同様に示される．まず，$(x_1, y_1), \ldots, (x_n, y_n)$ が直線 $y = ax + b\,(a > 0)$ 上にのっていると仮定する．そうすると，$y_i = ax_i + b$ がすべての i について成立し，$\bar{y} = a\bar{x} + b$ も成り立つ．よって，

$$s_{xy} = \frac{1}{n}\sum_{i=1}^{n}(x_i - \bar{x})(y_i - \bar{y}) = \frac{1}{n}\sum_{i=1}^{n}a(x_i - \bar{x})^2 = as_x^2.$$

同様に $s_y^2 = a^2 s_x^2$ もわかり，$r_{xy} = s_{xy}/(s_x s_y) = 1$ が従う．逆に，$r_{xy} = 1$ とすると $s_{xy} = s_x s_y$ であるから，

$$\begin{aligned}&\sum_{i=1}^{n}\left(\frac{x_i - \bar{x}}{s_x} - \frac{y_i - \bar{y}}{s_y}\right)^2 \\ &= \frac{1}{s_x^2}\sum_{i=1}^{n}(x_i - \bar{x})^2 - \frac{2}{s_x s_y}\sum_{i=1}^{n}(x_i - \bar{x})(y_i - \bar{y}) + \frac{1}{s_y^2}\sum_{i=1}^{n}(y_i - \bar{y})^2 \\ &= n - 2n\,\frac{s_{xy}}{s_x s_y} + n = 0.\end{aligned}$$

したがって，すべての i に対して，$(x_i - \bar{x})/s_x = (y_i - \bar{y})/s_y$ が成り立ち，(x_i, y_i) は同一直線にある．その直線の傾きは $s_y/s_x > 0$ であるから右上がりである．

問題 10.3　散布図は省略．まず，$\bar{x} = 59.0$, $s_x^2 = 17.3^2$, $\bar{y} = 67.0$, $s_y^2 = 10.4^2$, $s_{xy} = 150.4$, $r_{xy} = 0.832$. これらから，x を説明変数，y を目的変数とする回帰直線は $y = 0.50x + 37.5$, y を説明変数，x を目的変数とする回帰直線は $x = 1.38y - 33.79$. また，$\mathrm{SS_T} = 1086.0$, $\mathrm{SS_R} = 752.5$ から決定係数 $R^2 = 0.693$.

問題 10.4　L_1, L_2 の傾きを α_1, α_2 とすると，

$$\alpha_1 = r_{xy}\frac{s_y}{s_x}, \qquad \alpha_2 = \frac{1}{r_{xy}} \cdot \frac{s_y}{s_x}.$$

したがって，$|\alpha_1/\alpha_2| = r_{xy}^2 \leq 1$ となり，$|\alpha_1| \leq |\alpha_2|$ がわかる．

問題 10.5　L_1, L_2 の傾きを α_1, α_2 とする．L_1, L_2 と x 軸とがつくる交角 θ_1, θ_2 を $-\pi/2 < \theta_1, \theta_2 < \pi/2$ で定めると，$\alpha_1 = \tan\theta_1$, $\alpha_2 = \tan\theta_2$ が成り立つ．問題 10.4 略解にあるように，α_1, α_2 は同時に正または負になるので，θ_1, θ_2 もそうである．したがって，L_1, L_2 の交角を $0 \leq \theta < \pi/2$ とすると，$\theta = |\theta_1 - \theta_2|$ となる．$\theta_1 \geq \theta_2$ であれば，

$$\tan\theta = \tan(\theta_1 - \theta_2) = \frac{\tan\theta_1 - \tan\theta_2}{1 + \tan\theta_1 \tan\theta_2} = \frac{\alpha_1 - \alpha_2}{1 + \alpha_1\alpha_2}$$

同様に，$\theta_1 \leq \theta_2$ であれば，$\tan\theta = (\alpha_2 - \alpha_1)/(1 + \alpha_1\alpha_2)$ となり，問題 10.4 略解にある α_1, α_2 を用いて，両式をまとめると

$$\tan\theta = \frac{|\alpha_1 - \alpha_2|}{1 + \alpha_1\alpha_2} = \left| r_{xy} - \frac{1}{r_{xy}} \right| \frac{s_x s_y}{s_x^2 + s_y^2}$$

が得られる．$r_{xy} \to 0$ のとき，$\tan\theta \to \infty$ となるから，$\theta \to \pi/2$ となる．また，$r_{xy} \to 1$ のとき，$\tan\theta \to 0$ となるから，$\theta \to 0$ となる．

第 11 章

問題 11.1　身長，体重，年齢をそれぞれ x_1, x_2, x_3 として，分散共分散行列 $\Sigma = [s_{jk}]$ と相関行列 $R = [r_{jk}]$ を書けばよい．なお，例 10.5 も参照せよ．

$$\Sigma = \begin{bmatrix} 28.82 & 28.27 & -3.46 \\ 28.27 & 70.32 & -1.33 \\ -3.46 & -1.33 & 24.48 \end{bmatrix}, \qquad R = \begin{bmatrix} 1 & 0.628 & -0.130 \\ 0.628 & 1 & -0.032 \\ -0.130 & -0.032 & 1 \end{bmatrix}$$

問題 11.2　結合分布 $P(X = x, Y = y)$ は次表の通り．ただし，空欄は 0 である．

$x \backslash y$	1	2	3	4	5	6	計
1	1/36						1/36
2	2/36	1/36					3/36
3	2/36	2/36	1/36				5/36
4	2/36	2/36	2/36	1/36			7/36
5	2/36	2/36	2/36	2/36	1/36		9/36
6	2/36	2/36	2/36	2/36	2/36	1/32	11/36
計	11/36	9/36	7/36	5/36	3/36	1/36	1

これをもとに計算して，

$$\mathbf{E}(X) = \frac{161}{36}, \qquad \mathbf{E}(Y) = \frac{91}{36},$$
$$\mathbf{E}(X^2) = \frac{791}{36}, \qquad \mathbf{E}(Y^2) = \frac{301}{36}, \qquad \mathbf{V}(X) = \mathbf{V}(Y) = \frac{2555}{36^2},$$
$$\mathbf{E}[XY] = \left(\frac{7}{2}\right)^2, \qquad \mathbf{Cov}(X, Y) = \frac{1225}{36^2}, \qquad r_{XY} = \frac{35}{73}.$$

したがって，

$$\boldsymbol{\mu} = \frac{1}{36}\begin{bmatrix} 161 \\ 91 \end{bmatrix}, \quad \Sigma = \frac{1}{36^2}\begin{bmatrix} 2555 & 1225 \\ 1225 & 2555 \end{bmatrix}, \quad R = \begin{bmatrix} 1 & 35/73 \\ 35/73 & 1 \end{bmatrix}.$$

問題 11.3　X と Y が独立なので，$\mathbf{V}[aX+bY]=a^2\sigma_X^2+b^2\sigma_Y^2$，$\mathbf{V}[cX+dY]=c^2\sigma_X^2+d^2\sigma_Y^2$, $\mathbf{Cov}(aX+bY,cX+dY)=ac\sigma_X^2+bd\sigma_Y^2$. したがって，$aX+bY$ と $cX+dY$ の相関係数 r は，

$$r=\frac{ac\sigma_X^2+bd\sigma_Y^2}{\sqrt{(a^2\sigma_X^2+b^2\sigma_Y^2)(c^2\sigma_X^2+d^2\sigma_Y^2)}}.$$

問題 11.4　密度関数の条件

$$\int_{-\infty}^{+\infty}\int_{-\infty}^{+\infty}f(x,y)\,dxdy=1,\qquad f(x,y)\geq 0$$

が成り立つように C を定めればよい．実際，

$$\int_{-\infty}^{+\infty}\int_{-\infty}^{+\infty}f(x,y)\,dxdy=C\int_0^{+\infty}e^{-2x}dx\int_0^{+\infty}e^{-3y}dy=C\times\frac{1}{2}\times\frac{1}{3}=\frac{C}{6}$$

となるから，$C=6$. 周辺密度関数 $f_X(x)$ は $x<0$ では $f_X(x)=0$, $x\geq 0$ では，

$$f_X(x)=\int_0^{+\infty}6e^{-2x-3y}dy=2e^{-2x}.$$

同様に，$f_Y(y)$ は $y<0$ では $f_Y(y)=0$, $y\geq 0$ では $f_Y(y)=3e^{-3y}$. いずれも指数分布である．

問題 11.5　$\boldsymbol{x}=[x\ y]^T$ として，

$$\langle\boldsymbol{x},\Sigma\boldsymbol{x}\rangle=\frac{1}{4}(4x^2+4xy+3y^2)=\frac{1}{4}\big\{(2x+y)^2+2y^2\big\}\geq 0.$$

さらに，$\langle\boldsymbol{x},\Sigma\boldsymbol{x}\rangle=0$ となるのは $\boldsymbol{x}=\mathbf{0}$ のときだけであるから Σ は正定値行列である．2 次元正規分布 $N(\mathbf{0},\Sigma)$ の密度関数 $f(x,y)$ については，

$$|\Sigma|=\frac{1}{16}(4\cdot 3-2\cdot 2)=\frac{1}{2},\qquad \Sigma^{-1}=\frac{1}{2}\begin{bmatrix}3&-2\\-2&4\end{bmatrix}$$

を用いて

$$f(x,y)=\frac{1}{\sqrt{2}\,\pi}\exp\Big\{-\frac{1}{4}\big(3x^2-4xy+4y^2\big)\Big\}.$$

問題 11.6　$h(x,y)=5x^2-4xy+y^2-18x+8y+17$ とおく．$\partial h/\partial x=\partial h/\partial y=0$ から $x=1$, $y=-2$ がわかるので，これらを使って，

$$\begin{aligned}h(x,y)&=5(x-1)^2-4(x-1)(y+2)+(y+2)^2\\&=\frac{1}{2}\left\langle\begin{bmatrix}x-1\\y+2\end{bmatrix},\begin{bmatrix}10&-4\\-4&2\end{bmatrix}\begin{bmatrix}x-1\\y+2\end{bmatrix}\right\rangle\end{aligned}$$

のようにベクトルの 2 次形式の形に書く．ここで，

$$\boldsymbol{\mu} = \begin{bmatrix} 1 \\ -2 \end{bmatrix}, \qquad \Sigma = \begin{bmatrix} 10 & -4 \\ -4 & 2 \end{bmatrix}^{-1} = \frac{1}{2}\begin{bmatrix} 1 & 2 \\ 2 & 5 \end{bmatrix}.$$

とおけば，$h(x,y) = (1/2)\langle \boldsymbol{x} - \boldsymbol{\mu}, \Sigma^{-1}(\boldsymbol{x} - \boldsymbol{\mu})\rangle$ となる．さらに，Σ は正定値行列であることがわかるので，$\exp\{-h(x,y)\}$ は 2 次元正規分布 $N(\boldsymbol{\mu}, \Sigma)$ の密度関数の定数倍になる．$N(\boldsymbol{\mu}, \Sigma)$ の密度関数の具体形と比較して，$C = 1/(2\pi|\Sigma|^{1/2}) = 1/\pi$．なお，$\boldsymbol{X}$ の平均ベクトルは $\boldsymbol{\mu}$，分散共分散行列は Σ である．

第 12 章

問題 12.1　結合分布を用いて，$\mathbf{E}[X|Y = 0] = \{1(1/48) + 2(1/24) + 3(1/48) + 4(1/24) + 5(1/48) + 6(1/24)\}/(9/48) = 11/3$．同様に，$\mathbf{E}[X|Y = 1] = 25/7$, $\mathbf{E}[X|Y = 2] = 17/5$, $\mathbf{E}[X|Y = 3] = 3$.

問題 12.2　例 11.3 から $\mu_X = a/3$, $\mu_Y = b/3$, $\sigma_X^2 = a^2/18$, $\sigma_{XY} = -ab/36$．定理 12.12 によって，最小二乗法によって得られる回帰直線は $\hat{a} = \sigma_{XY}/\sigma_X^2$, $\hat{b} = \mu_Y - \hat{a}\mu_X$ として $y = \hat{a}x + \hat{b} = b(a-x)/(2a)$ となる．

問題 12.3　$h(x,y) = (x^2 - xy + y^2 + x - 2y + 1)/3$ とおく．$\partial h/\partial x = \partial h/\partial y = 0$ から $x = 0, y = 1$ がわかるので，これらを使って，

$$\begin{aligned} h(x,y) &= \frac{1}{2}\left\{\frac{2}{3}x^2 - \frac{2}{3}x(y-1) + \frac{2}{3}(y-1)^2\right\} \\ &= \frac{1}{2}\langle \boldsymbol{x} - \boldsymbol{\mu}, \Sigma^{-1}(\boldsymbol{x} - \boldsymbol{\mu})\rangle, \qquad \boldsymbol{\mu} = \begin{bmatrix} 0 \\ 1 \end{bmatrix}, \quad \Sigma = \begin{bmatrix} 2 & 1 \\ 1 & 2 \end{bmatrix}. \end{aligned}$$

また $|\Sigma| = 3$ であることも合わせて，$f(x,y)$ は正規分布 $N(\boldsymbol{\mu}, \Sigma)$ の密度関数であることがわかる．特に，$\mu_X = 0$, $\mu_Y = 1$, $\sigma_X^2 = 2$, $\sigma_{XY} = 1$．定理 12.12 によって，最小二乗法によって得られる回帰直線は $\hat{a} = \sigma_{XY}/\sigma_X^2$, $\hat{b} = \mu_Y - \hat{a}\mu_X$ として $y = \hat{a}x + \hat{b} = x/2 + 1$ となる．

問題 12.4　Ω 上の一様分布を用いて，

$$\mathbf{E}[X] = \int_0^2 \int_0^{6x^2} x\,\frac{1}{16}\,dxdy = \frac{3}{2}, \quad \mathbf{E}[X^2] = \int_0^2 \int_0^{6x^2} x^2\,\frac{1}{16}\,dxdy = \frac{12}{5}.$$

同様に，$\mathbf{E}[Y] = 36/5$, $\mathbf{E}[Y^2] = 576/7$, $\mathbf{E}[XY] = 12$ が積分の計算によってわかる．そうすると，$\mathbf{V}[X] = 3/20$, $\mathbf{Cov}(X,Y) = 6/5$．定理 12.12 によって，最小二乗法によって得られる回帰直線は $\hat{a} = \mathbf{Cov}(X,Y)/\mathbf{V}[X]$, $\hat{b} = \mathbf{E}[Y] - \hat{a}\mathbf{E}[X]$ を用いて $y = \hat{a}x + \hat{b} = 8x - 24/5$ となる．

索　引

■ま

■や

■ら

■ わ

〈著者紹介〉

尾畑伸明（おばた のぶあき）

1984 年　京都大学大学院理学研究科修士課程修了
現　在　東北大学大学院情報科学研究科 教授，理学博士
専　門　関数解析，スペクトル解析，量子確率論
主　著　「量子確率論の基礎」（共著，牧野書店，2003）
「確率統計要論」（牧野書店，2003）
「情報数理の基礎と応用」（サイエンス社，2008）
「確率モデル要論」（牧野書店，2012）
「数理統計学の基礎」（共立出版，2014）
「集合・写像・数の体系」（牧野書店，2019）
White Noise Calculus and Fock Space (Springer, 1994)
Quantum Probability and Spectral Analysis of Graphs（共著，Springer，2007）
Spectral Analysis of Growing Graphs (Springer, 2017)

探検データサイエンス
データサイエンスのための確率統計
Probability and Statistics for Data Science

2021 年 7 月 10 日　初版 1 刷発行
2022 年 5 月 10 日　初版 2 刷発行

著　者　尾畑伸明　© 2021
発行者　南條光章
発行所　**共立出版株式会社**
〒112-0006
東京都文京区小日向 4-6-19
電話番号　03-3947-2511（代表）
振替口座　00110-2-57035
www.kyoritsu-pub.co.jp

印　刷　大日本法令印刷
製　本　協栄製本

一般社団法人
自然科学書協会
会員

検印廃止
NDC 417

ISBN 978-4-320-12518-6

Printed in Japan